Mobile
Phone
Behavior

手机行为

手机如何改变
我们的生活

[美] 严　正（Zheng Yan）◎著
刘　烨 等◎译

华东师范大学出版社

图书在版编目(CIP)数据

手机行为:手机如何改变我们的生活/(美)严正著;刘烨等译.—上海:华东师范大学出版社,2020
ISBN 978-7-5760-0446-5

Ⅰ.①手… Ⅱ.①严…②刘… Ⅲ.①移动电话机—社会行为—研究 Ⅳ.①TN929.53

中国版本图书馆 CIP 数据核字(2020)第 107305 号

手机行为:手机如何改变我们的生活

著　　者　[美]严正(Zheng Yan)
译　　者　刘　烨　等
责任编辑　彭呈军
责任校对　刘　瑾　时东明
装帧设计　卢晓红

出版发行　华东师范大学出版社
社　　址　上海市中山北路 3663 号　邮编 200062
网　　址　www.ecnupress.com.cn
电　　话　021-60821666　行政传真 021-62572105
客服电话　021-62865537　门市(邮购)电话 021-62869887
地　　址　上海市中山北路 3663 号华东师范大学校内先锋路口
网　　店　http://hdsdcbs.tmall.com

印 刷 者　常熟市文化印刷有限公司
开　　本　787×1092　16 开
印　　张　15.25
字　　数　291 千字
版　　次　2020 年 10 月第 1 版
印　　次　2020 年 10 月第 1 次
书　　号　ISBN 978-7-5760-0446-5
定　　价　48.00 元

出 版 人　王　焰

This is a simplified Chinese translation of the following title published by Cambridge University Press:

Mobile Phone Behavior
By Zheng Yan
ISBN: 9781107561946

上海市版权局著作权合同登记图字：09－2018－1082 号

目 录

序言 …… 1
译者序 …… 5
中文版序 …… 7

第一章　手机行为科学 …… 1
第二章　手机用户 …… 19
第三章　手机科技 …… 46
第四章　手机活动 …… 69
第五章　手机效应 …… 92
第六章　医疗领域的手机行为 …… 115
第七章　商业领域的手机行为 …… 146
第八章　教育领域的手机行为 …… 170
第九章　日常生活中的手机行为 …… 192
第十章　手机行为的复杂性 …… 215

索引 …… 227

序　言

2014年10月，我编辑完成了三卷本《手机行为百科全书》。之后，我就考虑写一本有关手机行为的入门书籍，以作为《手机行为百科全书》的辅助阅读材料。考虑写这本书的理由很简单：(1)这三卷《手机行为百科全书》的内容相当全面，但是对于普通读者来说，要从中迅速了解手机行为并不容易；(2)《手机行为百科全书》虽然有效整合了已有的科学研究文献，但是对于普通读者来说它显得过于专业化，读者可能很难从中获取对手机行为复杂性的认识。在互联网心理学领域，剑桥大学出版社已经成功出版了多部广为知晓的书籍，例如，《互联网心理学》、《心理学与互联网：个体、人际与跨个体影响》、《网络心理学：人机交互导论》和《网络空间的心理学：理论、研究与应用》。手机正在成为人类历史上最普及的科技产品，手机行为也正成为21世纪最为重要的社会现象之一。在手机心理学的浪潮正在形成之际，剑桥大学出版社应该再次引领这股潮流。正因为如此，我在2015年1月份向剑桥大学出版社发送了提议征询邮件。仅仅两小时之后，我就收到了高级编辑戴维·里佩托(David Repetto)的热情回复。这封邮件促成我开始了令人愉悦的写作之旅，并且最终促成了本书于2017年得以完成。

有关手机行为的优秀著作已有不少，它们侧重于手机行为的不同角度，针对不同的读者群体，并且从不同层次探讨了手机行为。已有的著作可以归纳为三大类：(1)针对手机行为某些具体问题的学术专著，例如，卡茨(Katz)的著作《永久联系：移动通讯、私人对话和公共表演》和《空中魔法：移动通讯与社会生活的转变》，林(Ling)的著作《理所当然：移动通讯的社会融入》，林和坎贝尔(Campbell)的著作《移动通讯：将我们拉近也将我们分离》，巴伦(Baron)的著作《永远在线：网络和移动世界的语言》，戈金和约尔特(Goggin和Hjorth)的著作《劳特利奇移动媒体指南》以及卡洛和施拉姆(Carlo和Schram)的著作《手机：无线时代的无形危险》；(2)有关手机行为的概述，例如卡茨的著作《移动通讯研究手册》和杜什斯基(Dushinski)的著作《移动营销手册》；以及(3)有关如何设计和使用手机的技术类书籍，例如费尔克

(Felker)的著作《安卓应用开发新手入门》，缪尔(Muir)的著作《老年人 iPhone 使用入门》与迈尔林和琼(Meurling 和 Jean)的著作《移动电话丛书：移动电话行业的发明》。此外，还有几本即将出版或正在写作的著作(例如，林和坎贝尔正在编辑的著作《移动通讯研究系列丛书》)。这些都表明手机行为领域正在飞速发展。我强烈推荐读者阅读这些优秀著作，以便我们能站在巨人的肩膀上。这些也是读者在阅读和使用本书的知识时所需要知道的知识基础。这些背景知识虽然只是入门水平，但涵盖全面，并且属于多学科交叉。

回顾这一令人愉悦的写作历程，我想借此感谢那些为本书的完成作出过珍贵贡献的人。

在学术层面，本书深受我们同时代的几位伟大思想者的影响：(1)丹尼尔·卡尼曼(Daniel Kahneman)的理论是贯穿全书最重要的分析框架，用来分析手机行为。2008 年 4 月 16 日，当他在哈佛大学进行系列讲座的时候，我与他有过一次短暂的交谈。在这次交谈中，他提及互联网决策和手机决策是一门新兴领域，但是现有的研究仍然很有限。也正是这次交流促成我进入这一领域开展研究。(2)来自新英格兰复杂性研究所(New England Complexity Institute)的杨纳尔·巴亚姆(Yaneer Bar-Yam，我的博士后导师)所提出的复杂系统理论，以及来自 MIT 斯隆管理学院(Sloan school of Management)的杰伊·福里斯特和约翰·斯特曼(Jay Forrest 和 John Sterman，我在斯隆旁听过这两位老师的多系统动力学课程)所提出的系统动力理论是本书所采用的另一个重要分析框架。(3)唐纳德·诺曼(Donald Norman)的开创性著作《日常心理学》(*Psychology of Everyday Things*)教会了我两件事：第一，基于日常观察，进而在心理学研究中酝酿出有深度的科学观点是多么重要；第二，写一本让人可以轻松阅读的严肃科学书籍是多么有用的事情。(4)我在哈佛教育学院的两位导师库尔特·菲舍尔和凯瑟琳·斯诺(Kurt Fischer 和 Catherine Snow)，从一开始就支持我研究现代科技与人类发展的想法。没有他们的鼓励，我可能仍然在黑暗中搜寻一个理想的研究课题。(5)手机之父马丁·库伯(Martin Cooper)在为人处事上都是我真正的榜样。在其为《手机行为百科全书》撰写的精彩前言中，他写了发生在印度村庄的一则有关一位贫穷女性的小故事。这位女性借钱买了一部手机，并将手机借给其他农民，以便他们给临近的村庄打电话，为他们的农产品寻找最好的市场。这是我人生第一次认识到，如此简单的一则小故事就可以有效地帮助我们理解手机行为的复杂性。

我是手机行为研究的一名学生。在向该领域众多权威学者学习的过程中，我才逐步形成自己对手机行为的理解。这些权威学者包括：罗伯特·阿特金森(Robert Atkinson)，内奥米·巴伦(Naomi Baron)，乔尔·比利厄(Joël Billieux)，卡雷尔·布鲁克豪斯(Karel Brookhuis),詹宁斯·布莱恩特(Jennings Bryant),海蒂·坎贝尔(Heidi Campbell),斯考特·坎贝尔(Scott Campbell),伊丽莎白·卡迪斯(Elisabeth Cardis),苏珊·凯里(Susan Carey),朱迪思·卡塔(Judith Carta),乔纳森·唐纳(Jonathan Donner),戴维·芬克尔(David Finkelhor),傅小兰(Xiaolan Fu),辛西娅·加西亚·科尔(Cynthia Garcia Coll),瑞·加斯帕(Rui Gaspar),苏珊·杰尔曼(Susan Gelman),帕特里夏·格林菲尔德(Patricia Greenfield),马克·格里菲思(Mark Griffiths),莱斯利·哈登(Leslie Haddon),伦纳特·哈德尔(Lennart Hardell),拉里萨·约尔特(Larissa Hjorth),兰迪·约梭尔(Randi Hjorthol),黄国祯(Gwo-Jen Hwang),雷诺·朱昂科(Reynol Junco),萨拉·基斯勒(Sara Kiesler),罗伯特·克劳特(Robert Kraut),阿曼达·伦哈特(Amanda Lenhart),梁永炽(Louis Leung),索尼娅·丽云斯通(Sonia Living-stone),珍妮·雷德斯基(Jenny Radesky),迈克尔·雷帕乔利(Michael Repacholi),唐纳德·雷德迈尔(Donald Redelmeier),爱瑞克·赖斯(Eric Rice),马丁·鲁斯利(Martin Röösli),马修·施奈普斯(Matthew Schneps),戴维·斯特雷耶(David Strayer),卡维里·苏布拉曼尼亚姆(Kaveri Subrahmanyam),约翰·特拉克斯(John Traxler),玛丽安·安德伍德(Marion Underwood),帕蒂·瓦尔肯伯格(Patti Valkenburg),汪旦(Dan Wang),埃伦·瓦瑟拉(Ellen Wartella),贾尼斯·沃拉克(Janis Wolak),克莱尔·伍德(Clare Wood),徐恒(Heng Xu),金伯利·杨(Kimberly Young),朱廷劭(Tingshao Zhu),以及来自波士顿大学的詹姆斯·卡茨(James Karz)和来自南洋理工大学的里奇·林(Rich Ling)。最后两位学者也是该领域的开创者。对于以上所有学者,以及很多在此没有提及的学者,我对他们都表示由衷的感谢。

我也要诚挚地感谢五名匿名的审稿人,感谢他们对本书提案做出的一流审阅。他们卓有见地的审阅意见对本书的总体设计,以及各方面的技术细节有很大的帮助。主要体现在以下四个方面:(1)总体设计:审稿人提出本书的重点应放在手机的行为和心理层面,而不该"过多地讨论具体的手机"。他们建议从一个"全新的角度来整理该领域的研究和理论",并且要超越只是将已有的文献编辑整合起来这种做法。这样做的目的是扩展本书所涵盖的学术材料广度,以便供教学和研究使用。他们也分析了在策划和市场营销时,将该书定位成教科书或者专著,或者两者兼而有之的各种优势和弊端。(2)教学型特征:审稿人强调了一本书的教学型特征的重要性。通过使用统一的叙述方式,以及对引言、图表、图片、案例和总结等多种有效方式的使用,让本书带给人"一种充满直觉和教育性的阅读体验"。(3)比较的视角:审稿人建议本书要比较各种不同现代技术和技术相关行为的异同(例如,比较所有现代技术的普及率),以此有效地凸显手机和手机行为的独特性。(4)技术性处理:审稿人讨论了各种技术性问题的可能处理方式。例如，如何准确地估计手机用户的数量，什么样的行为可以作为手机行为的合理起点，以及如何涵盖隐私安全这一重要议题。我将所有这些意见和建议谨记于心，并且尽最大努力在本书中实现它们。如果将来有一天我知道他们是谁，我会给他们每人买一大杯啤酒！

我要感谢剑桥大学出版社的很多人，他们直接促成了本书的出版。他们是亚历山德拉·波里达(Alexandra Poreda)、简·鲍布里克(Jane Bowbrick)和约书亚·佩尼(Joshua Penney)。另外，尤其要感谢戴夫·雷佩托(Dave Repetto)的热忱、信任和智慧，贝萨尼·约翰逊(Bethany Johnson)出色的产品管理能力，以及索菲·罗辛克(Sophie Rosinke)杰出的编辑能力。

我也必须要对我的博士生们特别说声谢谢：(1)感谢霍莉·梅雷迪斯(Holly Meredith)对整本书极为细致的校对，以及见解深刻的意见。如果不是她纠正了本书的诸多错误，本书也不可能完成；(2)感谢萨曼莎·博尔多夫(Samantha Bordoff)在完成参考文献和索引方面提供的帮助；(3)朴宋勇(Sung Yong Park)搜索了与电话、电视、电脑、互联网和手机有关的人类行为的现有文献，感谢他在这方面做的出色工作；(4)感谢陈权(Quan Chen)在驾驶与学习的同时，做出的富有启发性的研究工作，以及与我在手机行为科学方面进行合作；(5)感谢副山·沙欣(Fusun Sahin)与我在手机行为测量领域进行合作；(6)感谢卢黎莉(Lai-Lei Lou)博士与我在手机与脑癌关系领域所进行的探讨与合作；(7)同样也感谢华南师范大学的高秋凤(Qiufeng Gao)博士在手机校园政策领域与我进行合作。能够和他们一起工作、向他们学习对我来说，是一笔真正的财富。

我同样要感谢我的学生、朋友和亲人，对我提出的有关手机行为问题，感谢他们分享各自的见解，并且快速地反馈。他们直觉而真诚的回答建构了普通人在该领域非常有用的基础知识，并且也成为本书的重要部分。

最后，我要感谢我的家人 WQY、YAM、ZXS、ZKX、YY、YH、BJ、LK。尤其是 ZJK、Riv 和 Sisi，在我写作过程中面对不寻常的困境时，感谢他们给予的支持。

严　正

牛顿市(Newton)

2016 年 10 月 14 日

译者序

手机在最近的十年间已然成为我们生活中不可或缺的必需品。你是否每天醒来的第一件事就是拿起手机？是不是甚至还躺在床上，最先必做的是刷微信朋友圈或微博等手机社交应用软件，或者诸如今日头条之类的新闻客户端？你是否每天睡觉前的最后一件事也是放下手机？睡前追追剧、刷刷朋友圈是否是你每日睡觉前躺在床上的必修课？我们每天手里握着手机、眼睛不离手机的时间已经远远超过了我们做其他事情的时间。手机已成为我们日常生活的一部分。

2018 年，中国工业和信息化部（简称工信部）发布了《中国无线电管理年度报告（2018 年）》。报告里称，2018 年我国手机用户（从移动通讯服务商那里购买手机号码和通讯服务的用户）达到 15.7 亿，比 2017 年增长了 1.49 亿，增长率为 10.48%。但是，根据 2017 年中国人口普查数据，截至 2017 年中国人口数仅为 13.9 亿（不包括港澳台以及海外华人），而且其中还包括那些没有使用手机能力的婴幼儿。如此算来，中国大约有 2 亿人可能拥有两部手机或者两个手机号码。2019 年 8 月，中国互联网络信息中心发布第 44 次《中国互联网络发展状况统计报告》，报告显示，截至 2019 年 6 月，中国手机网络用户规模达 8.47 亿，较 2018 年底增长 2 984 万，网民中使用手机上网的比例由 2018 年底的 98.6%提升至 99.1%。人们使用手机上网做得最多的 10 件事情，分别是即时通讯、手机搜索、看网络新闻、网络购物、网络支付、听网络音乐、玩手机网络游戏、看网络文学、订外卖和学习在线教育课程。

除了我们自己的切身体会，通过以上数字，我们可以对中国当前的手机使用状况产生更为宏观的认识。手机几乎已经成为我们日常生活中使用最频繁、功能最齐全、依赖性最强的物品。但是，与此相反，我们对手机行为的认识却非常匮乏，甚至在学术界，有关手机行为的研究数量和深度也远远无法与手机在普通人群中的普及率相媲美。

美国纽约州立大学奥尔巴尼分校心理学系副教授严正博士的这本著作正是当前有关手机行为领域为数不多的学术著作之一。围绕手机用户、手机科技、手机活动和手机效应这四个研究手机行为的要素，《手机行为》一书分别介绍了医疗、商业、教育和日常生活这四种典型的手机使用情境中的一些生活事例、实验报告、综述类研究，由简入繁，从直觉思维到复杂思维，再由繁入简，从复杂思维到直觉思维，为我们全面介绍和揭示了手机行为的复杂性，以及我们在研究手机行为时应该遵循的思维过程。这本书不仅仅为我们提供了当前有关手机行为研究的成果和相关知识，更为我们思考手机行为和其他领域的问题提供了系统的思维方法。

不管你是手机的设计者、制造者，或者是手机应用软件的开发者，或者网络客户端的服务提供者，甚至你仅仅是普普通通的一位手机用户，这本书的内容都与你的工作或者生活密切相关。虽然这本书的英文原稿成稿于 3 年前，而且其中的绝大多数研究都不是针对中国用户的研究，但是你仍可以从这本书中学习到与自己手机行为相关的知识，甚至解决你在手机使用中产生的疑问（例如，使用手机到底与脑癌的发生是否有关系）。希望通过翻译这本书，我们可以把手机行为研究的进展介绍给国内相关领域的研究者和手机行为研究的爱好者，能够促进国内相关领域研究的开展，进一步丰富和深化我们对手机行为的认识，并且能够用于指导和规范手机的软件开发和应用。

非常感谢华东师范大学出版社教育心理分社的彭呈军社长在本书的翻译过程中给予的支持和指导，让这本相对学术化的科普书籍能够顺利翻译成中译本；也非常感谢参与此书翻译的四位研究生，他们分别是：

倪龙，美国宾夕法尼亚大学心理学系博士生，负责翻译第 1 章至第 3 章第 3 节

於文苑，中国科学院心理研究所博士生，负责翻译第 3 章第 4 节至第 5 章

孙洵伟，中国科学院心理研究所博士生，负责翻译第 6 章和第 7 章

励奇添，中国科学院心理研究所博士生，负责翻译第 8 章至第 10 章。

通过两轮研究生之间的相互审校，两轮我与各位研究生之间的相互审校，以及与原著作者严正博士核对书中的数据，我们力求使此书的翻译质量得到保障，并能够保留原书的写作风格，使读者可以原汁原味地体会严正博士循循善诱、引人入胜的写作思路和思维体系。

由于本人和翻译团队的水平所限，翻译过程中难免有纰漏，在此也敬请各位读者批评指正。

刘　烨

中国科学院心理研究所

2019 年秋

中文版序

序言好写，因为自古没有定规，愿意写的人不少；序言难写，因为常常内容纷繁，记得住的不多。这里我就讲自己的三个小故事，但不企望有多少人记得住。

1996 年春天的一个星期天，我在哈佛大学教育学院的计算机房做博士必修课统计分析的作业。整整一天，程序就是调不出来，统计结果自然出不来。查来查去，最后在夜幕深深中终于发现竟然是没有加一个小小的连字符。于是就有了研究计算机心理过程的想法，于是就有了动态分析学生学习统计软件的微过程的毕业论文，于是就有了研究计算机视觉症的研究，于是就有了在《教育计算研究杂志》(*Journal of Educational computing Research*)出版的特辑“电子学习的心理学：一项田野研究”(The Psychology of E-learning: A Field of Study)，于是自己就有了第一个正儿八经的研究方向：计算机行为。这是一个“跟跑型“的方向，因为当时许多人早已在这个领域开展工作多年。

2001 年夏天，几乎每天苦苦思考下一步的研究方向，如何超越现有的计算机心理的工作而不是跟在很多人的后面走。偶然听到一个同学正在研究人们如何在互联网搜索信息，一天中午就专门开车到同学的研究所，向她与她的同事请教，一顿工作午餐下来，受益匪浅。于是就有了研究互联网心理学的想法，于是就有了研究儿童理解互联网的技术复杂性与社会复杂性的研究，于是就有了在《发展心理学》(*Developmental Psychology*)杂志发表的专辑“儿童、青少年与互联网”(Children, adolescents, and the Internet)，于是就有了《互联网行为百科全书》，于是自己就有了第二个正儿八经的研究方向：互联网行为。这是一个“并跑型”的研究方向，因为当时有些人也开始了在这个领域的工作。

2011 年冬天的一个下午，家里人警告我要尽量少用手机，因为手机致癌，非常可怕。我觉得听起来好像天方夜谭，难以相信。于是就开始查找文献，于是就有了手机成瘾、手机多重行为、手机安全、手机研究方法、学校手机政策等方面的研究，于是就有了在《儿童发展》(*Child Development*)杂志发表的专辑“当代移动科技与儿童和青少年发展”(Contemporary mobile technology and child and adolescent development)，于是就有了《手机行为百科全书》，于是就有了《手机行为》(*Mobile Phone Behavior*)一书，于是自己就有了第三个正儿八经的研究方向：手机行为。这是一个可以说是“领跑型“的研究方向，因为当时在这个领域开展全局性与前瞻性工作的人为数不多。

这三个我个人研究的小故事，实际上涉及一个当代人类面临的大挑战。计算机行为、互联网行为、手机行为，都属于21世纪的基本问题，即人类与技术的关系问题，或者说当代人类在日新月异的新技术中间如何生存发展的问题。但是，包括我自己作为研究这一问题的研究者在内，许多人对这一基本问题的认知与应对往往是被动的而不是主动的，直觉的而不是理性的，零散的而不是系统的。因此，我今后5—10年的研究方向，包括与著名的威利出版社(Wiley)合作在今年创办出版具有鲜明特点的英文杂志《人类行为与新兴技术》(*Human Behavior and Emerging Technologies*)，直接指向当代人类面临的这个重大挑战。

近年来，以物流网、人工智能、智慧城市等为代表的又一轮新技术浪潮开始涌入人类生活。这样一来，对人类与技术的关系这一基本问题的认知与应对变得愈加重要迫切。感谢中国科学院心理研究所刘烨博士与她的研究生们的辛勤认真的工作，现在《手机行为》中文版即将与读者见面。希望这能使国内有更多的人投身于此，从而使当代人类在世界范围内对人类与技术的关系这一基本问题的认知与应对变得更加主动、理性与系统，尽快把人类面临的又一个重大挑战转变为人类取得的又一个重要成就。

严　正

2019年6月于波士顿

第一章　手机行为科学

1. 意想不到的回答 / 1 1
2. 手机　/ 3
　2.1　经典手机 / 4
　2.2　现代手机 / 5
　2.3　未来手机 / 6
3. 手机行为 / 7
　3.1　从人的角度 / 7
　3.2　一种特殊的人类行为 / 8
　3.3　四个基本要素 / 8
　3.4　四种复杂系统 / 8
　3.5　多样的情景 / 9
4. 手机行为科学 / 9
　4.1　手机行为研究 / 9
　4.2　“智慧儿童期”(1991—2005) / 13
　4.3　“智慧青年期”(2005—2015) / 14
5. 了解手机行为　/ 15
　5.1　目标读者　/ 15
　5.2　学习目标和内容框架　/ 16
　5.3　写作风格　/ 17

1. 意想不到的回答

2015 年的一个下午,我收到一封邮件,发件人邀请我给一群研究生做一个有关手机行为的报告。这是我第一次受邀以手机行为为主题做报告。鉴于手机行为是我目前研究专注的焦点,我就欣然接受了这次邀请。在准备这次报告的过程中,我意识到自己并不清楚这些听众对手机行为的了解程度。为此,在报告开始前,我询问了在场的听众,他们是否有手机,并且是否在日常生活中使用手机。在场的每位听众都举 2
手表示肯定。我接着又问了他们几个简单的问题,并要求他们快速写下关于这几个问题的看法。这么做的目的是掌握他们对手机行为的了解情况,并以此调整我的报告进度。与此同时,这也算是为这场手机行为报告热热场。

整场报告进展得十分顺利,我和听众们针对手机行为研究也进行了饶有兴趣的讨论。报告之后,我重新阅读了当时听众写下来的有关手机行为问题的想法,总结如下:(1)当要求快速写下两个最典型的手机特征时,绝大多数人都写下可以打电话和发短信。(2)当要求快速罗列 2 到 3 个手机行为的日常例子时,大部分人回答的是发短信、查看邮件和使用脸书(Facebook)。(3)当让他们估计已发表的有关手机行为研究论文的数量时,他们大多数给出的数字是在 6 篇至 500 篇之间,平均值是 173 篇。

听众们的这些回答让我感到既有趣又有些意外。首先,尽管我研究手机行为已有好些年,并且在这次报告的前几周,我也刚好完成了《手机行为百科全书》[①]的编撰,但是这次报告却让我第一次如此直观地了解到大众对于手机行为的直觉看法。很显然,这群研究生听众不假思索就做出回答,非常快速和非正式。但是这些看似快速和非正式的回答却反映出了一些真实并有趣的信息:普通大众到底在多大程度上直观地了解手机、手机行为以及有关手机行为的研究。

其次,尽管我们都知道很多人都有自己的手机,并且他们每天都使用手机,但是当看到听众的答案时,我还是感到相当意外,因为普通大众竟然对于他们的手机以及手机行为的了解如此之少。他们有点儿过度简单化了手机行为的复杂性。正如我们在本章这个概述性章节里,以及贯穿本书所有章节中所讨论的那样,现代手机、手机行为,以及手机行为的相关研究比我们想象的其实要复杂得多。这次演讲之后,我又与好几个研究机构、团体以及个人进行了沟通交流,以这种非正式的方式了解他们对
3 于手机行为的认识。从他们那里得到的答案也是惊人的相似:尽管他们拥有不同的背景、需求和知识体系,他们都将手机行为的复杂性过于简单化。这最终构成了写作本书的基本动机、核心主题和主要目的:描述、分析、整合以及解释手机行为的复杂性。

此外,我们现在可能会问,为什么有些人会将手机行为的复杂性过度地简单化。这个现象可以由不同的理论和假设来解释。根据诺贝尔奖获得者丹尼尔·卡尼曼(Daniel Kahneman)的直觉判断理论[②]:(1)存在两种不同的思维系统——直觉思维(系统 1)和理性思维(系统 2);(2)由于各种认知的启发式和偏见,直觉思维往往具有局限性;(3)人们在日常生活中常常以直觉思维为主,但是在付出额外努力或者提升已有知识后,人们也可以进行理性思维。就手机行为来说,人们基于他们日常使用

---

① Yan, Z. (ed.). (2015). *Encyclopedia of Mobile Phone Behavior*. Hershey, PA: IGI Global.

② Kahneman, D. (2011). *Thinking, Fast and Slow*. New York: Farrar, Straus and Giroux.

手机的经验形成有关手机的直觉思维。但是由于各种认知上的偏见，他们对于手机行为的直觉思维具有局限性。一定程度的学习和训练能够帮助我们提升对于手机行为的理性思维，并促进对手机行为异乎寻常的复杂性的理解和认识。因此，在本书中，我们将使用直觉思维（系统 1）和理性思维（系统 2）作为主要的概念框架来分析手机行为。

在本章接下来的部分里，我们将简要讨论手机与手机行为的基本知识，以及手机行为的相关研究。与此同时，我也将对整本书进行简介，包括指出阅读本书后需要实现的两个主要目标，以此促进本书对手机行为各个方面的深入讨论，并揭示手机行为的复杂性。

2. 手机

公元前 490 年，斐迪庇第斯（Pheidippides），一位希腊的传令官，从位于马拉松的战场跑了超过 42 千米到达雅典，传递希腊战胜波斯的讯息。到达雅典后，他高喊“庆祝吧，我们胜利了！”说完之后便倒地而亡。

2366 年之后的 1876 年，一位美国发明家亚历山大 · 格拉汉姆 · 贝尔（Alexander 4
Graham Bell），时任波士顿大学语音生理学和演讲学教授，坐在他的实验室第一次成功地完成了与他的研究助理托马斯 · 沃特森（Thomas Watson）的通话。贝尔接通电话时说道：“沃特森先生，到我这儿来，我要见你。”自此之后，人们便开始使用电话进行有效而又便捷的远距离语音信息传送，而不再需要由人长途跋涉亲自传递信息。

大约 100 年后的 1973 年，另一位美国发明家马丁 · 库伯（Martin Cooper），时任摩托罗拉通讯系统部门主任，站在纽约曼哈顿第六大道上用手机给时任 AT&T 公司贝尔实验室的研究部门主任约尔 · 恩格尔（Joel Engel）打了第一通电话。电话中库伯说道：“约尔，我是马丁，我在用手机给你打电话，一个真正可以拿在手里携带的电话。”此后，仅仅过了 42 年，全球范围内的手机服务的签约用户就已经增长至 70 亿，人口覆盖率高达 96.8%。[1]

当时马丁 · 库伯手中拿的手机叫 DynaTAC，[2]是最早期的经典手机之一。而如今，各种各样的手机让人眼花缭乱。我们听到过各种不同的手机称谓，例如基本型手机、功能性手机、智能手机、手提电话、移动蜂窝电话、网络电话、卫星电话或者应用软件电话。这些名称只是突出了手机不同的特征，它们通常可以相互通用。在市场上

---

① 参见 www.itu.int/net/pressoffice/press_releases/2015/17.aspx#.V_j1rcm2LeY.

② DynaTAC 是摩托罗拉生产的第一款手机，也是世界上最早的手机。1973 年，马丁 · 库伯首次使用，之后历经 10 年，于 1983 年，摩托罗拉才把这款手机做成了可以面向普通用户的产品。——译者注

我们也能看到不同品牌的手机，例如诺基亚3310、摩托罗拉360、苹果6、黑莓护照、三星Galaxy和小米Mi 4等。每种手机都由不同的公司生产，包括三星、诺基亚、苹果、LG、中兴和华为等。我们的手机也连接着不同的信号网络（例如1G、2G、3G、4G）或者无线Wi-Fi网络（例如基于常规基站的Wi-Fi、校园范围的Wi-Fi、城市范围的Wi-Fi，以及点对点无线连接Wi-Fi）。在苹果应用商店、谷歌Play、微软手机商店或黑莓应用商店上陈列的手机应用软件数以万计，它们可以帮助我们实现很多特定功能，包括收发邮件、管理日历、查看股市信息、天气信息、新闻等。还有一些应用软件针对诸如医疗健康、财务管理、游戏、阅读、厨艺、银行、健身、导航、旅游、任务管理，以及叫车等几乎一切我们可以想到的功能。如果想了解手机是什么，以及它们有哪些基本功能，我们就需要考察在不同的手机历史阶段中出现的手机，并且要了解经典手机和现代手机的异同。

5 ## 2.1 经典手机

尽管手机种类繁多，但是每一款经典的手机（通常被称作为基本型手机，例如DynaTAC、诺基亚3310和摩托罗拉的Moto 300）都具备两个基本特征。

第一个特征可以简单地归纳为电话，即"移动电话"这一名词的第二部分。顾名思义，一款手机必须具备的功能就是能实现基于语音（如传统座机）或短信（如传统的电报）的通讯。在这一点上，手机本质上就是一种通讯科技。

第二个特征可以称之为"移动"，即"移动电话"的另一部分。移动通常意味着手机是可移动的，这样人们就可以把它们带在身边，并且在广阔的空间内自由使用。手机的移动性特征至少包含四个层面：(1)它必须能够便于用户随身携带，而不需要借助于其他移动的物体，例如警车或飞机。(2)它应该足够小巧轻便，以便用户随身携带。(3)通过充分高效的无线电频谱，它应该能够连接到信号强的基站以及信号稳定的蜂窝数据或无线网络。这样即使在使用流量高峰时段，低功率的无线电信号也能够被众多的使用者发送或接受。(4)它应该装备小巧但高效的电池，以保证长时间使用。

这两个基本特征可以用来区分手机和其他不同的相关技术设备（例如，手机与无绳电话），以解答普通手机用户目前存在的各种困惑（例如，手机与车载电话）。与此同时，这两个基本特征也为今后关于手机的研究与应用提供了很好的概念基础（例如，我们应该把什么时刻当做手机问世的起点？在研究手机诱发癌症的可能性时，我们是否应该同时将手机和无绳电话纳入考虑？）

DynaTAC之所以被称为手机，就是因为它具备了这两个基本特征。但是，传统的固定线路电话只能被称为电话而非手机，就是因为它不能被移动，也不具备无线连接。无绳电话是无线电话，但不是移动电话，因为它不能连接到蜂窝数据网络或者互联网，并且只能在小范围内打电话。在警车或救护车里使用的车载电话也不是移动电话，因为这些电话只能跟着车四处移动，实际上它们是固定在车内，体积大且笨重，并不能放在口袋里。台式电脑同样也不是移动电话，因为它并不具备这两个基本特征，尽管台式电脑通常能连接到互联网并且能够收发邮件。寻呼机也不是移动电话， 6
因为它虽然便携，但并不具备语音或短信功能。电视既不能"移动"也不具备电话功能，但是如果它能够通过各种电视应用软件连接到手机的话，可以具备手机的功能特征。全球定位系统(GPS)设备也不是移动电话，虽然它可以通过无线方式连接到卫星，但是这种连接是单向的，而且没有接通公共电话网络。但是，GPS 一旦整合到移动电话中，就可以成为移动电话的功能特征。游戏机或许可以被携带并且连接到蜂窝数据网络(例如，手机游戏)或者互联网(例如，在线游戏)中，但是它的主要功能并不是通讯。但是它如果被整合到手机中，也可能成为手机游戏的特征。至于平板电脑，可以被认为是手机和电脑的混合体。考虑到手机通常具备多种计算功能(例如，打游戏)，而一台平板电脑通常也具备各种通讯功能(例如，更新脸书)，只要符合以上提到的两个基本特征，较大的手机与小型的平板电脑在本质上没有差别。

2.2 现代手机

从最早的经典手机 DynaTAC 或 MicroTAC，[1]到本书出版时最新的手机 iPhone 6 plus 或三星 Galaxy S6 4G LTE，它们之间存在着巨大差异。尽管现代手机仍然具备"移动"和"电话"两个基本特征，但它们已经转变成一种多功能的个人科技设备。

克莱顿·克里斯滕森(Clayton Christensen)[2]是国际上颠覆性创新领域最具权威的专家之一。他认为存在四种形式的创新：(1)持续性创新。这类创新是可预见的，且不会产生巨大的影响，例如微软开发了电子百科全书 Encarta，能与最优秀的纸质词典《大英百科全书》相媲美。(2)进化型创新。这类创新是可预见的，并且会产生重大影响，例如燃料喷射技术取代效率低下的化油器，成为目前主要的汽车引擎燃料输送系统。(3)革命性创新。这类创新是不可预见的，但是并不会产生巨大影响。例如，协和式飞机是超音速飞机，但是在 2003 年就终止了服役。(4)颠覆性创新。这类 7
创新不仅不可预见，而且会产生巨大的影响，例如，继邮政邮递之后的电子邮件，化学相片之后出现的数码相片，以及固线电话之后发明的移动电话。按照这个理论框架，我们可以将现代手机看作拥有两项颠覆性创新的新科技。

首先，它是一种具备多功能的技术产品。由于科技的发展，通常被称为智能手机

① MicroTAC 是由摩托罗拉公司于 1989 年推出的一款个人手机。——译者注

② Christensen, C. (2013). *The Innovator's Dilemma: When New Technologies Cause Great Firms to Fail*. Brighton, MA: Harvard Business Review Press.

的现代手机相比于经典手机具备更为强大的功能。实现这种强大的功能依靠的是：(1)添加了各种新型的硬件设备，如摄像头、GPS和传感器等；(2)拥有数以百万计的新型应用软件；(3)可以连接到各种新型网络中，包括4G网络或无线网络。这种所谓的“智能手机”具有超出两项基本功能的额外功能。这使得一个小小的手机不仅仅是一个可携带的、基于语音交流的工具，而且是一个拥有多种功能的强大技术设备。在本质上，手机融合了通讯技术(例如，可以用来通话或短信的电话)、信息技术(例如，可以让用户浏览网络的互联网应用程序)和计算技术(例如，可以让用户生成word文档的个人电脑)，使之成为一个复杂却小巧的平台。综上所述，手机可以通过全球定位系统确定它的位置，可以安装摄像头和各种传感器，具备超强的计算和存储能力。这些都使得手机对于用户来说更为实用。

第二，它是一种个人化的科技。伴随着多功能这项新特征，现代手机因其大幅提升的便携性，不再限制用户的移动范围，因此最终变得更加个人化。它们变得更加便宜、轻巧、快速，且拥有更好的用户界面；它们更加实用，配备了更高效的电池，并且可以进行无线充电；它们也变得更加“智能”，拥有了新的感应器、CPU芯片以及屏幕。因此，手机用户们也开始与他们的手机在身体、认知以及情感上建立起更加紧密的联系。手机几乎可以随时、随地被任何人用来做任何事情。

因此我们可以看到，经典手机的这两个基本特征——电话和移动，与现代手机的两项高级功能——多功能和个性化，存在着紧密的关联。对于手机用户来说，了解手机的基本特征，以及从基本特征到高级特征的巨大转变尤为重要。手机不再仅仅是手机，它们已经进化并转变为一种多功能个性化科技。了解这些核心变化能够让我
8 们认识到手机的使用现状、最新发展、千变万化、对人类的实际影响，以及手机使用的巨大潜力。

2.3 未来手机

如果经典手机是可移动的通讯工具，现代手机是强大的多功能个性化科技产品，那我们可能不禁要问：未来手机的核心特征将会是什么？

从目前来看，至少已经有两个主要特征已初现端倪。首先，手机正日趋成为互联网上所有一切的强大远程控制器，或者指挥中心。第二，手机正变得更加可穿戴，iWatch就是一个很好的例子。在未来的50年左右，随着手机变得更加强大且更易穿戴，未来手机有可能成为一个强大的人造器官，或者说成为人类历史上最早出现的人类第二大脑。人的身体有各种生物器官，包括耳朵、眼睛、心脏、大脑、胳膊和腿。未来手机可能与人的身体构成个性化的无缝对接，从而成为人体的特殊器官，作为高度复杂的人工智能科技，它们变得如此强大，可以满足人们的各种需求。它们将基于

现有的多功能和个性化科技,未来可能拥有强大的人工认知智能、人工社会智能和人工情感智能;它们可能配备各种各样的现代感受器,能够无缝、自动地接收信息输入,可能开发更多的计算能力和多种应用软件来存储和分析庞大的数据,由此变成一个命令执行中心,能够快速高效地为用户执行几乎所有功能。不管未来人类将如何发展,有一件事是肯定的:手机将不再只具备打电话和发短信这两项功能。

3. 手机行为

我们在第一部分讨论的是“什么是手机”,而没有涉及手机行为,或人们如何与手机进行交互,或手机如何影响人们的生活。那么什么是手机行为?手机和手机行为之间的关系是什么?手机行为是否就是给父母打电话或给朋友发短信这么简单,正如那群研究生即兴回答的那样?还有其他类型的手机行为吗?为了回答这些问题, 9
我们将在接下来的五个小节分别讨论手机行为的五个核心概念。

3.1 从人的角度

之前提到过,马丁·库伯在 1973 年使用的手机 DynaTAC 是由摩托罗拉生产的最早的一批手机。除了手机之外,1973 年发生的首次公开的手机通话还涉及了更多的方面,其中包括手机的使用者(打电话的马丁·库伯和接电话的约尔·恩格尔)、打电话这一行为(例如,拨号、边走边打、电话交流的目的和内容等)、这次通话的影响(包括对人类的直接影响和间接的历史影响,以及对马丁和约尔可能产生的认知、社会和情感影响),还有这次通话的背景(例如,公共关系、媒体通讯、手机的研发,以及曼哈顿的特定背景等)。这些方面都与手机使用或者手机行为相关,并且都是从人而非手机技术的角度看待手机。

如图 1.1 所示,手机和手机行为的基本关系就如同车与驾车,电视与看电视,电脑与用电脑的关系。前者都是关于工程师如何发明并改进某项技术,是从技术的角度看待问题;而后者则都是关于用户如何获取和使用这项技术,是从人的层面看待问题。如果上一节主要关注的是手机作为一种强大的人性化技术产品,即手机的技术

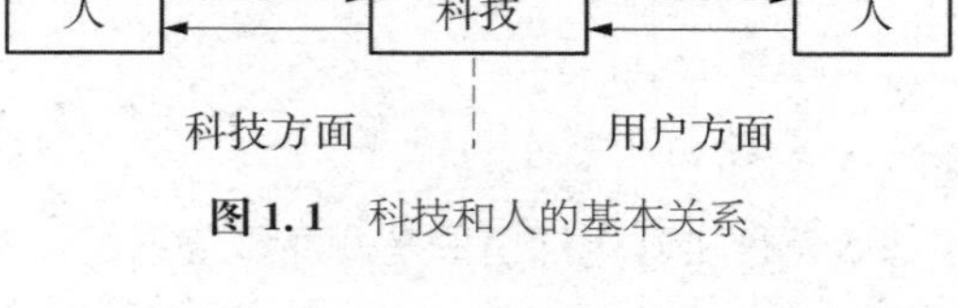

图 1.1 科技和人的基本关系

层面，这部分将从复杂的人类行为角度关注手机，即手机的用户层面。

10 3.2 一种特殊的人类行为

人类的各种不同行为，都已经成为研究者关注的主题，诸如健康行为、组织行为、企业行为、暴力行为、经济行为、性行为、消费行为、社会行为、运动行为、攻击行为、成瘾行为、机器行为和网络行为（其中某些行为甚至是学术期刊的名称或名称的一部分）。行为科学本质上是从不同的学科研究人类行为的交叉学科，这些学科包括心理学、社会学、生物学、医学、法学、商学、教育学、犯罪学、神经科学、精神病学、经济学和人类学等。

作为一种特殊的人类行为，手机行为在广义上可以指人们在使用手机过程中任何身体的、认知的、社会的或者情感的活动。正如我们在日常生活中观察到并在现有研究文献中报告过的那样，手机行为存在多种类型，例如失聪患者或阅读障碍患者的手机行为、色情短信及其对儿童社会发展的影响、手机游戏、灾难中的手机使用行为、手机和睡眠障碍、手机咨询、手机与大脑肿瘤、驾驶过程中打电话与发短信、手机治疗、手机购物、手机银行、手机学习以及手机投票。在接下来的章节中，我们将会系统讨论这些手机行为。

3.3 四个基本要素

如图 1.2 所示，尽管存在多种类型，手机行为主要关注的是四个要素：手机用户、手机技术、手机活动和手机效应。基于这四个要素，手机行为可以被归为四大
11 类：(1)基于用户的手机行为；(2)基于技术的手机行为；(3)基于活动的手机行为；(4)基于效应的手机行为。每一种类型的手机行为都被深入地研究过，这些研究增加了我们对于手机行为的科学认识，并且揭示了手机行为的极端复杂性。

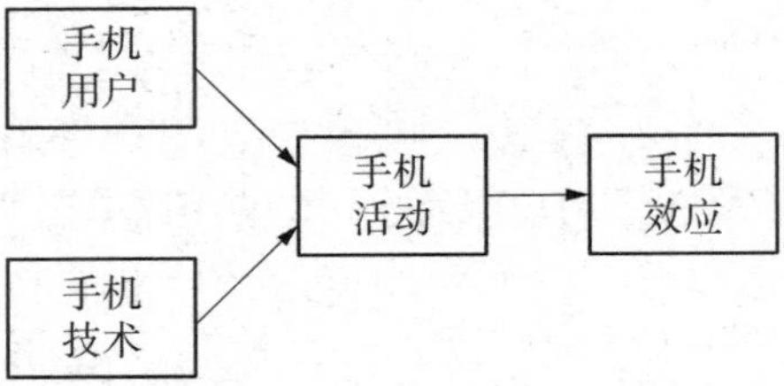

图 1.2 手机行为的四个基本要素

3.4 四种复杂系统

手机行为的四种基本特征实际上探讨的是四种复杂系统。在现实世界中存在着

不同类型的手机用户(例如,普通用户和拥有特殊需要的用户),不同的手机技术(例如,短信、GPS、摄像头和应用软件),不同的活动(例如,手机学习、手机购物、手机诊疗)和不同的效应(例如,对人们认知和情绪的积极与消极影响)。这四种复杂的系统衍生出了众多的人类手机行为。本书中的四章(分别是手机用户、手机技术、手机活动和手机效应)分别将讨论这四类手机行为(分别是基于用户、基于技术、基于活动和基于效应的手机行为)。

3.5 多样的情景

手机行为可以发生在各种人类活动的情景之中,例如日常生活、医疗、商业、教育、司法、农业、政府、艺术和宗教。因此,这四类复杂的系统(用户、技术、活动和效应)也适用于各种不同的情景,并在现实生活中生成了种类繁多的手机行为,也因此使得手机行为更加复杂。本书中的四个章节分别以四类情境下(分别是医疗、商业、教育和日常生活)的各种手机行为为例,阐明在丰富情境下的复杂手机行为。

4. 手机行为科学

4.1 手机行为研究

考虑到手机行为的复杂性,我们对它究竟有多大程度的了解?有多少关于手机行为的学术期刊文章被发表了?读者可能会回想到本书开头那群学生的回答:介于 12
6 到 500 篇之间,平均数是 173 篇。这个回答对吗?这个问题的答案真的十分重要吗?它又是如何与手机行为科学联系在一起的?到底什么才是手机行为科学?它是一门新兴的研究学科吗?以上这些问题,我们接下来都会作出讨论。

首先,我们可以做一个初步的数据检索,从而快速地估算下目前有关手机行为研究的数量。我们首先在三个著名的数据库——PsychINFO、PubMed 以及 WOS 中选择了 PubMed 进行查阅,这主要是出于两方面考虑:第一,PsycINFO 由美国心理学会出版,目前已有近 300 万篇文献,主要收录的是心理学领域的文献,因此研究领域有些狭窄。WOS 是由汤森路透集团(Thomson Reuters)运营,收录了近 1 亿篇文献,主要关注自然科学、社会科学、艺术,以及人文学科,因此涵盖的范围有些过于宽泛。PubMed 是由美国国家卫生研究院(National Institutes of Health)运营,收录了 2 500 万篇文献,涵盖生命科学和生物医药科学,其中包括行为科学,因此相对来说更接近手机行为科学的交叉学科本质,尤其是考虑到大量研究关注的是手机对人类健康的影响。其次,除了 PubMed 涵盖范围广之外,它也同时具备便捷的可视化功能,可以帮助我们查看发表文献随年份的变化情况。这个功能可以用来分析和比较特定研究领域的发展趋势。

在 2016 年 4 月份,如果使用关键词“手机”在 PubMed 数据库中进行初级检索,我们会看到在 1992 至 2016 年间,共有 8 938 篇相关文献,其中包括 809 篇临床实验报告以及 671 篇综述文章。此外,如图 1.3 所示,基于 PubMed 的数据,我们可以看到相关的研究文献在这些年间,尤其是 2010 年之后快速增长。由于论文发表滞后,尤其是数据库对文献录入存在滞后,2015 和 2016 年的数据应该并不完整。如果我们检索 2016 或者 2017 年之后的文献,其数量应该多得多。[①] 据此,我们应该能够非常清楚地看到,学生们估计的 173 篇文献数量要远远低于实际上在 PubMed 中查找到的 8 938 篇文献的数量,更不要说在近五年内这一数字正呈指数型增长。

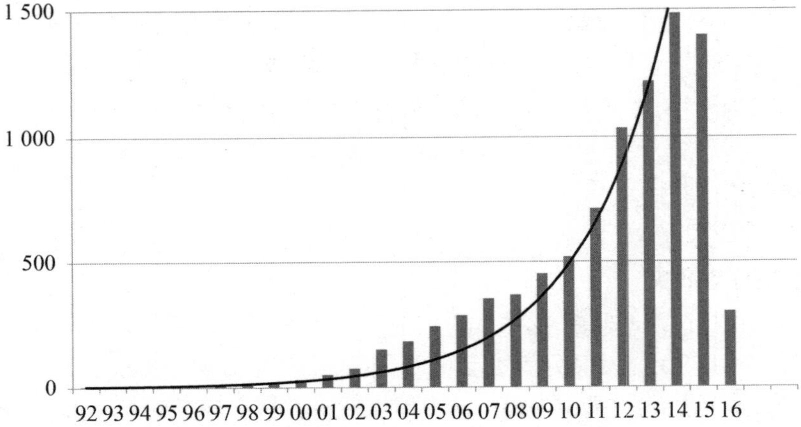

图 1.3 有关手机的已发表期刊论文的初级检索结果

第二,期刊论文的发表数量是一个研究领域发展的基本指标。当然,还有一些其他指标,例如引用率或影响因子。文献统计学和科学计量学是学者用来评估科学发表物指标的方法。作为科学研究的一个基本指标,关于手机行为的期刊文章的发表
13 数量可以回答很多有趣的问题:国际上有多少研究者在从事手机行为的研究?谁是这个领域的权威专家?哪些问题已被深入地研究过,而哪些问题又鲜有人关心?这个领域的核心期刊是什么?这个领域的科研成果存在哪些总体趋势或具体趋势?有一点是清楚的:如果一个领域只有区区 173 篇已发表文献,我们可以得出结论,这个领域的研究尚处于初期。相反,如果一个领域有 8 938 篇已发表文献,我们则可以认

① 在 PubMed 中以“手机”为关键词进行初级检索,2015 年至 2018 年间,每年发表的文献数量保持在 1 500 篇左右。——译者注

为该领域的研究已相当成熟。

我们可以做个对比，如果我们在 PubMed 中使用关键词“电视”进行初级检索，我们会发现自 1922 年以来，已有 35 227 篇期刊论文发表，其中包括 1 794 篇临床研究和 1 339 篇综述文章。这个领域的研究仍然在发展，但是近五年内显示出了发展减速的迹象(见图 1.4)。

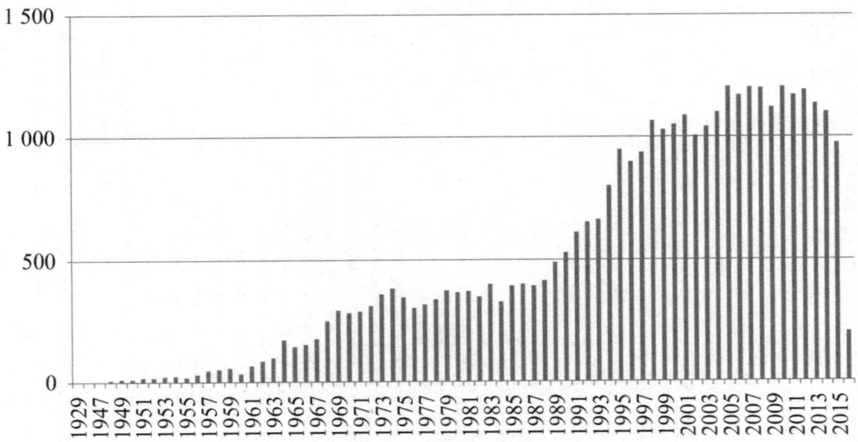

图 1.4 有关电视的已发表期刊论文的初级检索结果 14

如果使用关键词“电脑”在 PubMed 中进行初级检索，我们会发现自 1922 年以来，共发表了 644 634 篇期刊论文，其中包括 22 216 篇临床研究论文和 34 913 篇综述文章。从 PubMed 显示的数据可以看出，该领域的研究仍然在强势增长中(见图 1.5)。

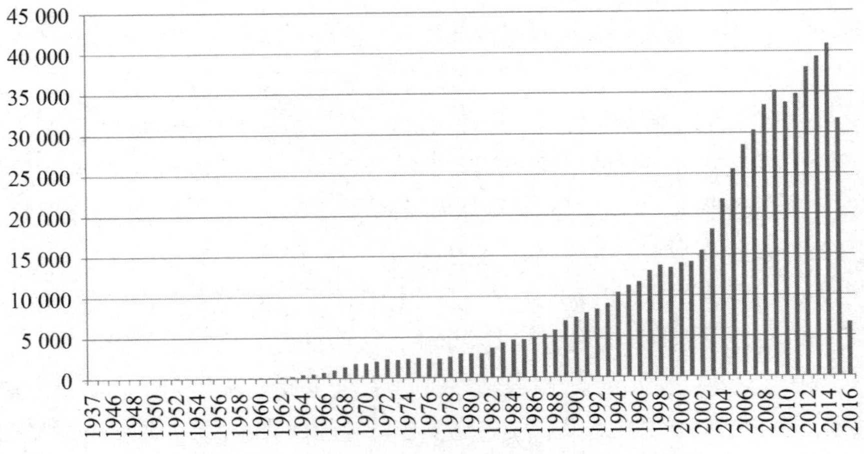

图 1.5 有关电脑的已发表期刊论文的初级检索结果

当使用关键词“互联网”在 PubMed 中进行初级检索，我们会看到自 1947 年以来共有 79 171 篇期刊论文被发表，其中包括 3 169 篇临床研究论文和 7 239 篇综述文章。从 PubMed 上的数据来看，该领域从 1995 年开始有显著的增长，并且这一强劲增长势头延续至今(见图 1.6)。

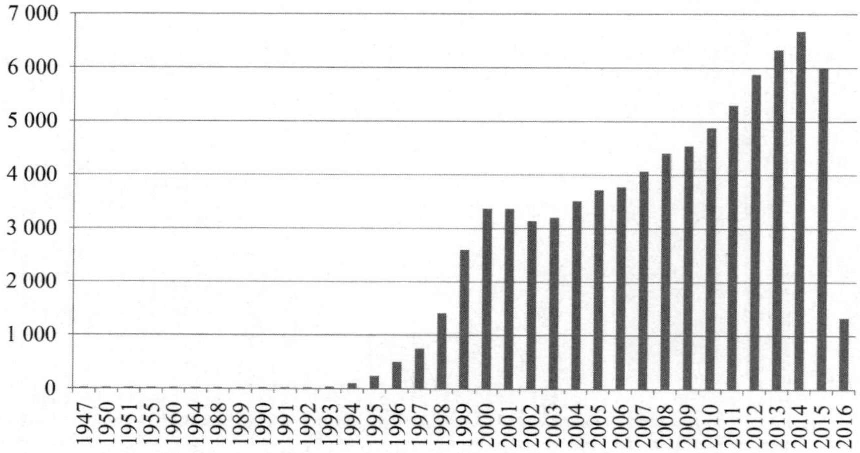

15 **图 1.6** 有关互联网的已发表期刊论文的初级检索结果

虽然这些只是非常粗浅的比较，但是从这四个研究领域的发展趋势图表中，我们可以得出两点结论。第一，相对于电视、电脑和互联网研究领域，针对手机行为的研究才刚刚起步。第二，针对手机行为的研究已经有了充足的知识积累，并且自 2010 年以来增长尤为迅速。很显然，该领域的研究并不是一些研究生估计的那样，只有不到 200 篇文献，仅处于起步阶段。

第三，从历史与发展的角度来描述和分析手机行为科学，有助于进一步了解这一学科。

一个人的一生通常由三个发展阶段构成：儿童期、青少年期和成年期。儿童期(0 到 10 岁)是人类发展的早期。在此阶段，个体基本的身体、语言、认知和社交能力得以发展。成年期(20 岁之后)是个体发展的最后阶段。在此阶段，个体已经具备了成熟的身体素质、认知能力和社交能力，可以在社会中作为完全行为独立的个体。青少年期(11 到 20 岁)是儿童期到成年期的转变阶段。类比人类的发展阶段，我们可以将手机行为科学的发展现状看成一个由儿童期成长为成年期的阶段。这是因为这个领域通过 25 年的“儿童期”阶段，已经建立起了基础的知识系统和研究方法(例如，目前已有 10 到 20 个学术期刊发表过手机行为的研究论文)，但是这一领域尚未完全成熟，也没有成为一门被广泛认可的独立学科。例如，在《社会和行为科学国际百科大全》[1]的 4 000 个词条中，并没有“手机行为”这一词条。詹姆斯・赖特(James 16
Wright)在 2015 年编辑出版了第二版《社会和行为科学国际百科大全》[2]，其中收录了一个名为“移动通讯”的词条。这个词条由该领域的知名学者里奇・林(Rich Ling)编写。因此，我们认为这个领域目前正处于“青少年期”的过渡阶段。如果要收集证据并证明这一观点的合理性，就要从定性与定量两个方面分析手机行为学术期刊的现状。

4.2 “智慧儿童期”(1991—2005)

1991 年，卡雷尔・布鲁克休斯(Karel Brookhuis)与其合作者在《事故分析与预防》杂志上发表了题为“移动通话对驾驶行为的影响”[3]的论文。从该论文发表之日算起，手机行为科学已经有了近 25 年的历史。正如雪莉・特克尔(Sherry Turkle)影响深远的著作《第二自我》[4]标志着网络行为研究的开端，布鲁克休斯的这篇文章也是从行为科学角度研究手机使用行为的开端。12 位成年人参加了这项为期三天的研究。每名参与者都被要求每个工作日驾驶 1 个小时的汽车。研究中使用了两辆改装后的沃尔沃汽车，车上安装了多种测量设备，包括水平位置的车道追踪器、采用键盘输入的事件记录器、记录心跳周期的心电图设备、记录查看后视镜的视频摄像头、电位计、测速雷达以及激光测距仪。通过比较参与者在驾驶过程中使用与不使用手机时记录到的各项数据，研究者发现：(1)在无交通拥堵时，两种情况下驾驶者的转弯控制存在差异，但在交通拥堵时并无差异；(2)在无交通拥堵时，两种情况在转向控制上没有差异，但是在交通拥堵时，两种情况存在差异；(3)在无交通拥堵时，两种情况下驾驶者查看后视镜的行为没有差异，但是交通拥堵时存在差异；(4)无论交通是否拥堵，跟车行为在两种情况下没有差异，不过如果驾驶者在行驶过程中使用手机，会出现 600 毫秒的变速延迟以及 130 毫秒的刹车延迟；(5)无论交通是否拥堵，驾驶过程中使用手机会加重认知负荷，从而心跳加速。上述首个关于手机使用行为的实证性研究揭示了最初关于手机使用研究的两个重要特征。第一，它选择了具有急迫

---

[1] Smelser, N. J. and Baltes, P. B. (eds.). (2001). *International Encyclopedia of the Social & Behavioral Sciences*. Amsterdam: Elsevier.

[2] Wright, J. D. (2015). *International Encyclopedia of the Social and Behavioral Sciences* (2nd edn.). Amsterdam: Elsevier.

[3] Brookhuis, K. A., de Vries, G., and de Waard, D. (1991). The effects of mobile telephoning on driving performance. *Accident Analysis & Prevention*, *23*(4): 309 - 316.

[4] Turkle, S. (2005). *The Second Self: Computers and the Human Spirit*. Cambridge, MA: MIT Press.

性和及时性的研究问题。该研究主要探究的是驾驶安全,而不是在日常手机使用时
17 遇到的其他常见问题。早在1991年,手机在发达国家刚刚开始被普通人使用时,这篇论文就已经被发表了。第二,这项研究采用严谨的实验方法,同时收集了各种类型的数据,而不是用调查问卷或者其他常用的观察方法进行数据收集。

4.3 "智慧青年期"(2005—2015)

2005年之后,手机行为科学开始迅猛发展。为了更进一步评估该领域的研究现状,我们在几年前进行了手机行为科学的范围界定的综述写作(scoping review),题为"手机使用科学:过去、现在和未来"①。在这篇综述中,我们查阅了19个数据库,包括PsyINFO、PubMed和ERIC。我们使用的关键词包括手机使用、移动电话使用、便携式电话使用、智能手机使用、苹果手机使用、行为与行为科学,并且将这些关键词进行各种排列组合。此外,我们还和一些资深的大学图书馆管理员进行交流,以确认我们的搜索结果,并且也联系了该领域的权威专家以获取指导和建议。根据一些具体的排除和纳入的标准,我们最终选取了3 305篇1991—2013年间发表的文献。这些文献从行为科学的不同学科角度明确地考察了手机使用,这些学科包括医学、教育学、心理学、社会学、政治学和商学。例如,仅在2011年,就有455篇关于手机行为的论文被发表。发表手机行为的学术期刊主要包括《事故分析与预防》、《人因学》、《交通伤害预防》、《人类行为中的计算机》以及《计算机与教育》。还有一些专门发表手机行为的新设期刊,包括《移动媒体与通讯》、《国际移动通讯期刊》、《无线通讯与移动计算》以及《国际交互移动科技期刊》。从研究工作的质量、数量以及影响力来看,该领域的顶级研究者包括波士顿大学的詹姆斯·卡茨(James Katz)、犹他大学的戴维·斯特雷耶(David Strayer)、美国大学的娜奥米·巴伦(Naomi Baron)、就职于Telenor公司②研发部和密歇根大学的里奇·林、密歇根大学的斯科特·坎贝尔
18 (Scott Campbell)、澳大利亚塔斯马尼亚大学的内纳·肯普(Nenagh Kemp)、美国高速公路安全保险研究院的安妮·麦卡特(Anne McCartt),以及英国伯明翰大学的迈克·沙普尔斯(Mike Sharples)。

在过去的25年里,来自人类工效学、医学、社会学、教育学、心理学以及其他各种学科的学者们深入研究了人们如何使用手机,以及手机使用如何影响人们的日常生活。这使得手机行为科学对很多领域产生了广泛而深远的社会影响,例如手机使用

---

① Yan, Z., Chen, Q., and Yu, C. (2013). The science of cell phone use: Its past, present, and future. *International Journal of Cyber Behavior, Psychology and Learning* (*IJCBPL*), *3*(1): 7 - 18.

② 一家挪威的国际化移动通讯公司,为挪威、瑞典、东欧和亚洲的部分国家提供移动通讯、宽带和电视节目发行服务。——译者注

与大脑肿瘤、驾驶过程中的通话、手机引发的分心、手机成瘾、手机健康、手机商务和手机学习等。

手机行为研究已有25年历史，目前仍然是一个十分活跃且潜力巨大的研究领域，因此，编写一部多卷本百科全书，整合手机研究对行为科学的重要贡献十分有必要。

《手机行为百科全书》在2015年由IGI Global出版。来自近40个国家、跨越5大洲（非洲、美洲、亚洲、欧洲和大洋洲）的近300位学者参与了这部百科全书的编写。在这些作者当中，除了这个领域的开创者和顶级专家之外，大部分都是学术圈内活跃的学者。他们曾在涵盖了十个以上科学领域的优秀期刊上发表过实证性研究，这些学科包括心理学、医学、商学、教育学、通讯学、社会学、经济学、政治学、法学和计算机科学。通过这部百科全书，这些研究者将他们的研究成果传播到全世界，同时，世界各地的更多读者可以从他们的智慧、知识和专长中获益匪浅。读者也可以通过这本书来了解手机行为科学领域的开创性学者、顶级专家以及有潜力的年轻学者们。

编写这部百科全书的目的是提供一部多卷本的权威性参考丛书，以整合这些年来手机研究的成果。具体来说，这部书共有120个章节，包含了12个按照字母顺序排列的大类。全书主要由四个方面的内容构成：(1)手机行为引言（在学科与方法论类别下）；(2)聚焦手机使用的四个基本要素（手机科技、手机用户、手机活动和手机效应）的四个主要部分（分别归属的类别是活动与过程、效应与影响、科技与应用，以及用户与特殊人群）；(3)聚焦在手机行为的六个领域（分别是手机商务、手机通讯、手机教育、手机健康、手机政策和手机安全）的六个重要部分（分别归属的类别是商贸、通 19
讯与日常生活、教育与学前教育、健康护理与医学、政治与政策、交通与运输）；(4)最后是结论，总结概括了手机行为在全球范围内各个国家的情况（归属的类别是区域与国家）。在这个整体框架之下，这部百科全书呈现了手机行为科学的历史、现状和未来，并且展现了人类手机行为的复杂性。

可以预见的是，鉴于手机技术的持续发展，以及手机使用对人类产生的巨大和深远的影响，这个领域在未来十年还将继续迅猛发展。因此，可以说手机行为的研究已经是一个初现规模的学科，而非一个正处于酝酿阶段的学科，它正在结束其活跃、智慧的“青少年期”，并即将开启一段更加繁荣的“成年期”。

5. 了解手机行为

5.1 目标读者

这本书的目标读者是那些有兴趣了解手机对人类生活深远影响的群体。他们可能已经有多年使用手机的经验，或者甚至还不曾拥有自己的手机。他们可能是研究生或本科生、学者、工业开发人员，或者研究者、商务人士、决策者，或者是那些曾经拥有移动电话，并对手机使用研究比较好奇的爷爷奶奶们。他们可能从事行为科学领域的研究，例如心理学、通讯学、社会学、卫生保健、商业或者教育学，并且对研究科技与媒体，尤其是手机行为很感兴趣。考虑到如此广泛的读者群体，本书将以入门级的叙述方式和交叉学科的介绍为导向，全面介绍该领域的相关研究。

5.2 学习目标和内容框架

我们的直觉思维是有限的，这一点从本书开始所描述的学生答案就可以看出来。
20 考虑到直觉思维的局限性，以及手机行为科学 25 年的发展历史，我们设定了两个学习目标。我们希望在读完本书后，读者能够：(1)掌握有关手机行为复杂性的有用知识，并且(2)掌握可运用于分析手机行为复杂性的相关技能。通过建立基本概念，以及掌握分析手机行为的有效工具，第一个目标的实现为第二个目标的完成提供了前提条件。通过加深我们对手机行为的认识，第二个目标也能够帮助我们更好地实现第一个目标。

为了实现这两个目标，本书的结构分为四部分，如图 1.7 所示。第一部分由第一章构成，介绍了手机、手机行为、手机行为研究的基本知识，并提出了两个主要学习目标。第二个部分有四章，分别讨论某个手机行为的基本要素(用户、科技、活动和效应)，以帮助我们认识手机行为的复杂性，并掌握分析这种复杂性的技能。第三部分也有四章，分别讨论了手机行为的四个主要领域(医疗、商业、教育和日常生活)，帮助读者进一步了解手机行为的复杂性，以及提升读者分析这种复杂性的技能。最后一

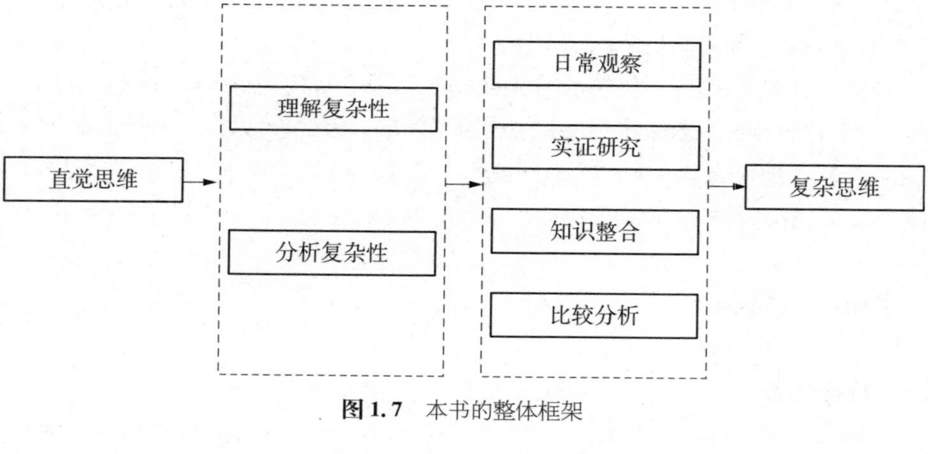

图 1.7 本书的整体框架

部分总结了手机行为复杂性的核心知识，以及分析手机行为复杂性的核心技能。本书最后进一步深化了我们提出的两大学习目标，包括希望读者能够对手机行为的复杂性有更为深刻的认识，同时掌握分析这种复杂性的有效技能。本书在内容的安排上，首先介绍手机行为的基本知识，接着把手机行为进一步细化为四个基本要素，以及论述这四种要素在日常生活领域的主要应用。我们希望这种从基本问题到复杂问题的渐进转变能帮助我们的读者更好地掌握概念性知识以及实际的分析方法，从而更好地理解手机行为的复杂性。

此外，为了完成本书设定的两个主要目标，从第二章到第九章，我们都会依循类似的 6 个步骤来展开：直觉思维、日常观察、实证研究、知识整合、比较分析和复杂思维。

每个主要章节都会以(1)一个日常生活的小调查为开端，对象是我周围遇到的人，这样做的目的是体现直觉思维，然后(2)我会通过几个日常生活的案例，给读者展现在真实世界中一些可观察到的手机行为，接着(3)我会讨论一些研究论文，帮助读者了解一些具体的科学证据，(4)我也会介绍一些研究综述，目的是让读者了解目前相关科学研究的现状，接下来(5)我会将相似的人类行为(比如，残障用户或者成瘾行为)与其他不同的科技(比如，电视、电脑和互联网)进行比较，以扩展读者的知识，最后(6)我会运用复杂思维对本章的主要内容进行总结。这个写作顺序主要是基于丹尼尔·卡尼曼(Daniel Kahneman)的直觉判断理论。正如我们在前文论述的，该理论解释了人类思维的两个基本系统：直觉思维和理性思维。直觉思维是不需要付出太多努力的自动化思维，主要依靠启发式和偏见，会导致各种错误的结果。理性思维是需要付出大量认知努力的思维方式，可以通过学习、训练和教育而习得。

值得注意的是，本书将沿用直觉思维，但是会用复杂思维替代理性思维来讨论手机行为的初级和高级知识。因为我认为复杂思维是理性思维的一个特殊类别，主要是强调理解和分析一个客观事物复杂性的能力。换句话来说，本书的目的在于帮助读者习得分析关于手机行为的复杂思维能力，而不是毫不遗漏地向他们灌输关于手机行为的知识。我们希望这个叙述流程能够促使读者逐渐养成一种思考的习惯，从基于日常观察的直觉性思维过渡到基于对书中所呈现的各种材料进行分析的复杂性思维。事实上，本书的总体结构也是从直觉思维开始，体现在那群研究生对手机行为的认识，并且以关于手机行为的复杂思维的总结来结束，这也是我们希望读者能够达到的思维方式。

5.3 写作风格 22

考虑到手机行为科学知识的快速增加，以及其多学科的性质，本书在写作上特意做到不像一个资深学者面对一群学生那样做一番长篇大论。相反,本书的写作风格更像是一群充满好奇且擅长分析的人们在学术研讨会上进行对话和讨论。每一个参与者都对这次智慧的对话和讨论有所贡献。作为贯穿本书的一次特意的尝试,我们将使用“我们”指代这个智慧讨论组,而不用“你们”指代听者,也不以“我”指代叙述者。我真诚地希望我们作为一个团体一起努力,获得对手机行为复杂性更深入的认识,以此帮助全世界为数众多的手机用户们获取更多的知识,并养成复杂思维的习惯。

第二章　手机用户

1. 起初的想法：三个研究生的回答/ 19 23
2. 日常观察：从察尔纳耶夫兄弟到约尔马·奥利拉 / 21
2.1 察尔纳耶夫兄弟和法鲁克夫妇 / 21
2.2 一个 1 岁的男孩和一群老年人 / 22
2.3 丹尼·鲍曼和马修·斯勒伯斯 / 22
2.4 巴拉克·奥巴马和比尔·盖茨 / 23
2.5 马丁·库伯和约玛·奥利拉 / 24
3. 实证研究：从使用覆盖率到多个用户群体 / 25
3.1 PEW 和 ITU：手机用户有多少？/ 25
3.2 青少年发送色情图片短信 / 27
3.3 年轻的澳大利亚手机用户 / 28
3.4 不同人格的手机用户 / 31
3.5 阅读障碍用户 / 32
3.6 在驾驶过程中打算使用手机的用户 / 34
3.7 手机校园政策中涉及的多个用户群体 / 35
4. 知识整合：从拉美用户到“问题”用户 / 37
4.1 百科全书章节：拉丁美洲的用户和视觉损伤的用户 / 37
4.2 综述文章：年轻用户与辐射曝露以及“问题”用户 / 38
5. 比较分析：从电视观众到手机用户 / 40
5.1 总结四种科技用户 / 40
5.2 比较四种科技用户 / 41
6. 复杂思维：多样的用户与复杂的行为 / 44

1. 起初的想法：三个研究生的回答

“哪些人是手机用户？请快速给出 3 至 5 个你能想到的例子。”这是我问三位研究生的一个简单问题，目的是激发他们关于手机用户的直觉思维。下面是他们的 24
回答：

研究生 A：我觉得手机用户是青少年、青年、成年人以及老年人。我觉得除了幼儿，所有人都可以是手机用户。

研究生 B：我觉得每个人都是手机用户，只是他们使用手机的目的不同而已。即便是小孩子，也可以用手机来打游戏或者娱乐。就目前而言，我不知道哪个人没有手机。

研究生 C：我觉得现在每个人都是手机用户（美国 90％的人口?）。因此，我觉得他们之间的差异是哪些人使用手机的时间更多，哪些人使用手机的时间更少。经常使用手机的人群包括年轻人（尤其是大学生）、商务人士（或者是任何需要频繁与人沟通的工作人员）、频繁出差的人（在旅途中花费很长时间，因此无法使用电脑）以及缺乏自我管理的人。使用手机较少的群体包括接受较少教育的老年人（大于 65 岁的群体）、生活在农村的人群、低收入人群、办公室员工（通常在上午 9:00 到下午 5:00 的工作时段无法使用手机），以及繁忙的家庭主妇。

这些或简或繁的回答相当有趣，主要体现在两个方面。第一，这些回答的相似处在于，他们都认为所有人，或者几乎所有人都是手机用户。回答者 A 说道："我觉得除了幼儿，所有人都可以是手机用户。"回答者 B 说道："就目前而言，我不知道哪个人没有手机。"回答者 C 说道："我觉得现在每个人都是手机用户（90％的美国人口?）。"第二，他们的回答也有不同之处。虽然他们三个都认为几乎每个人都是手机用户，但是每个人都侧重于手机用户的不同方面，并以此来对使用者分类。回答者 A 用年龄阶段来对手机用户分类，回答者 B 侧重于手机用户不同的使用目的，回答者 C 则强调不同用户在使用手机时存在时长的差异。

我们很多人都会觉得这些都是相当不错的回答，并且我们自己也很可能给出相似的回答。但是，我们中的一些人也可能会提出更多的问题。例如，这些回答之间的共性和差异说明了什么？他们的回答是否能代表他们对手机用户具有正确、全面、深入的理解？每个人都是手机用户的说法正确吗？手机用户的差异真的只体现在年龄、使用目的或者使用时长方面吗?

在本章中，我们将要回答这些问题，并深化对手机用户的理解。具体来说，我们会：(1)讨论几个日常生活中的例子，(2)分析以往研究文献中的几项实证研究，(3)整合该领域现有的知识，(4)比较不同科技产品的用户差异（例如，电视、电脑和互联网）。在本章结束时，我们就能够看到我们对手机用户最初的了解只是冰山一角。对我们而言，手机用户可能是最难以定义、理解、学习和应用的复杂概念之一。

2. 日常观察：从察尔纳耶夫兄弟到约尔马·奥利拉

手机用户可以被简单地定义为拥有或使用手机的人。但是从下面将要呈现的实例中，我们或许可以看到手机用户要远比这一定义复杂得多。

2.1 察尔纳耶夫兄弟和法鲁克夫妇

2013 年 4 月，[1]塔梅尔兰·察尔纳耶夫(Tamerlan Tsarnaev)和卓克哈·察尔纳耶夫(Dzhokhar Tsarnaev)使用手机在第 117 届波士顿马拉松终点线附近引爆了两枚用高压锅自制的炸弹。这次恐怖袭击造成 6 人死亡，280 人受伤。依据我们上面的定义，察尔纳耶夫兄弟是手机使用者。他们购买了手机，拥有它们，并且使用它们进行日常沟通和炸弹引爆。卓克哈，那位年轻的弟弟，甚至在被捕之前故意砸碎手机以销毁里面的关键信息。然而，他们并不是典型的手机用户，而是手机犯罪用户。

这场恐袭事实上牵涉到了不同类型的手机用户。例如，很多马拉松长跑者使用手机给他们的家人发信息确认安全。一名中国留学生的朋友们给她发信息，却一直没有收到她的回复，朋友们以此推断这名留学生已经遇难。通过追踪丹妮(Danny，是一位中年女性，她的汽车被这对兄弟在加油站偷走，但是她的手机却落在车上)的手机，警察决定在沃特敦对察尔纳耶夫兄弟进行搜捕。作为这对兄弟的好朋友，克海 26
鲁洛洪·马塔诺夫(Khairullozhon Matanov)为了隐藏他与这对兄弟的关系，删除了手机中的上百份文件，并且扔掉了手机。简言之，虽然都是手机用户，但他们之间存在巨大的差异。

2015 年 12 月，[2]赛德·里兹万·法鲁克(Syed Rizwan Farook)和塔什芬·马利克(Tashfeen Malik)在美国加利福尼亚州的圣博娜迪诺(San Bernardino)制造恐袭，造成 14 人死亡，22 人受伤。在这次恐袭中，法鲁克通过手机与其妻子相互配合开枪，甚至要用手机引爆自制的炸弹。这两名恐怖分子最终在与警察的枪战中丧命。

袭击过后，为了获取恐怖分子在 iCloud 中的备份数据，美国联邦调查局(Federal Bureau of Investigation, FBI)要求圣博娜迪诺镇重设法鲁克的 iCloud 账号密码，该镇曾向身为政府雇员的法鲁克发放手机。但是，除非输入原始密码，不然该手机无法将最新的数据上传备份到 iCloud 上。恐袭过后，警察将手机完好无损地恢复，但由于

---

① 参见 https://en.wikipedia.org/wiki/Boston_Marathon_bombing.

② 参见 https://en.wikipedia.org/wiki/2015_San_Bernardino_attack.

密码保护设置,无法打开手机。如果输入错误密码达到 10 次,手机中的所有数据将会被完全清除。FBI 想要苹果公司开发新的软件,以便让 FBI 能够解锁这部 iPhone 5C 手机。苹果公司为了保护所有 iPhone 用户的安全,拒绝开发这种软件。这件事后来也演变为众所周知的 FBI 与苹果公司之间的诉讼案。

依据对手机用户的传统定义,身为丈夫的法鲁克不应该被认为是手机用户,因为他并不拥有自己的手机。他使用的是政府部门派发给他的 iPhone 5C。在恐袭期间,法鲁克尝试使用这部手机引爆自制炸弹。此外,更为复杂的是这次事件涉及了主要三方:拥有这部手机但并不知道密码的圣博娜迪诺镇政府,为了调查恐怖分子而持有这部手机却无法打开它的 FBI,以及有能力打开并使用这部手机,但为了保护 iPhone 其他用户的产品安全而拒绝这么做的苹果公司。

27 2.2 一个 1 岁的男孩和一群老年人

有一天,我在一个舞蹈课教室外看见一个年龄很小的男孩。小男孩从他母亲那里快速地找到手机,接着非常娴熟地点击了屏幕上的几个按键,然后开始玩手机上的儿童游戏。他的母亲告诉我,她的儿子只有 1 岁,非常喜爱在手机上玩游戏。小男孩自己没有手机,他可能也并不知道如何使用手机,但是他非常了解如何在手机上打游戏,这是他最爱的玩具。

还有一天,我在苹果公司产品专卖店里看到一群大概 70 到 80 岁左右的老年人。他们刚刚从苹果专卖店买了 iPhone,但是还没有开始使用。他们每个人手里都拿着 iPhone,并围坐在桌子旁,听苹果店的技术员讲解如何使用手机。考虑到他们的高龄,他们学习新科技的愿望和激情给我留下了深刻的印象。

这个 1 岁的小男孩应该被认为是手机用户,即使他自己并不拥有手机,也仅仅只知道如何在手机上打游戏。这群老年人也应该被认为是手机用户,因为他们各自拥有自己的手机,尽管刚刚开始学习如何使用。他们可能属于那群最新的手机用户群体。因此,就年龄而言,那个小男孩可能属于最年轻的用户群体,而那群老年人则属于最年长的手机用户群体。除了年龄之外,手机用户可能在其他重要的人口学特征方面存在差异,例如,性别、民族、教育、社会阶层、宗教、文化和出生地等。

2.3 丹尼·鲍曼和马修·斯勒伯斯

来自英国的青少年丹尼·鲍曼(Danny Bowman)[1]非常痴迷于手机自拍,并经常

---

① 参见 http://time.com/35701/selfie-addict-attempts-suicide.

把自拍照分享到脸书网[1](Facebook)和照片墙[2](Instagram)上。丹尼有一个 iPhone 手机,他每天能花上 10 个小时拍 200 多张自拍照,并试图拍出他所认为的“完美的自拍照”。然而,有一天他意识到自己不可能拍出所谓完美的自拍照时,便试图自杀。根据定义,丹尼是一个典型的手机用户,因为他拥有并且使用自己的手机。然而,对自拍的沉迷使他成为一个非正常的手机使用者。

马修·斯勒伯斯(Matthew Schneps)是哈佛大学的物理学教授。他领导下的研 28
究团队长期以来研究如何应用科技来帮助学习障碍患者。他本人就患有阅读障碍,在拼写、朗读单词、快速阅读和语义理解方面都有困难。因此他创造出了一种独特的方式,利用手机进行阅读和发送信息。最近几年,他与合作者已经发表了好几篇研究论文,探讨如何运用手机帮助阅读障碍患者更好地阅读。根据通常意义上的定义,他也是一个手机用户,但他是一个存在阅读障碍的特殊用户,并且正在研究如何帮助其他患有阅读障碍的手机用户。

丹尼·鲍曼和马修·斯勒伯斯教授是手机用户的两个极端案例:一个沉迷于自拍,一个患有阅读障碍。但是,他们却具备一个共同点:他们都是存在心理和行为异常的特殊手机用户。在世界范围内,手机用户在生理、神经、认知、社会、道德和行为层面存在诸多心理差异。他们其中很多是特殊手机用户:要么存在多种障碍(例如,视觉障碍、听觉障碍),要么具备各种才能或天赋。

2.4 巴拉克·奥巴马和比尔·盖茨

众所周知,美国总统巴拉克·奥巴马使用黑莓手机达十多年。2008 年成为总统之后,为了保护国家安全,他不得不用由美国国家安全局专门开发的高安全防护黑莓手机。其他使用这款高安全防护手机的人包括副总统约翰·拜登,第一夫人米歇尔·奥巴马以及奥巴马的主要咨询顾问。2015 年奥巴马总统向他的幕僚借用了一款苹果手机并首次在推特上发文:“你好,推特! 我是真的巴拉克!”奥巴马总统使用过三款手机:曾经拥有过的黑莓手机、总统期间使用的一款高安全防护的黑莓手机,以及借用别人的用来发推特的苹果手机。作为一个政治领袖,他是个特殊的手机用户。德国总理安格拉·默克尔也是如此,她使用的手机受到美国国家安全局监听。这些世界政治领袖都属于手机用户的特殊群体。

---

① 脸书网又称为脸谱网(Facebook),是美国的一个社交网络服务网站,创立于 2004 年 2 月 4 日。——译者注

② 照片墙(Instagram)是一款手机移动端的社交应用软件,主要功能是用户可以方便、快速地将自己抓拍的照片相互分享。2012 年被脸书网收购。——译者注

作为世界的科技领袖而非政治领袖，微软前 CEO 比尔 · 盖茨在为慈善事业到处奔波时使用的是苹果 5S。但是，比尔 · 盖茨家中有一条关于手机的不成文的规定：他们的孩子珍妮弗 · 凯瑟琳（Jenifer Kathrine，1996 年出生）、罗里 · 约翰（Rory John，1999 年出生）以及菲比 · 阿黛勒（Phoebe Adele，2002 年出生）在 13 岁前不得使用手机。[①] 关于孩子使用手机方面，美国还有其他几个 IT 行业的 CEO 都有类似的家规。根据传统的定义，盖茨很显然是一个手机用户，但是他不足 13 岁的孩子却
29 不是。在许多家庭中，不被允许过早使用手机的孩子也不是典型的手机用户。然而，这些孩子却能看到别人使用手机，因此对手机很熟悉，也渴望拥有他们自己的手机。因此，他们或许可以被归类为手机用户的特殊群体，即隐藏或潜在的手机用户，就像俄国总统弗拉基米尔 · 普京，因自称没有手机被人们津津乐道。

2.5 马丁 · 库伯和约玛 · 奥利拉

作为手机之父，马丁 · 库伯（Martin Cooper）是一个手机使用者。他在 1973 年使用摩托罗拉 DynaTac 打了第一通电话。他可能是最早的一批手机用户，也是最早的一批手机开发者。和马丁 · 库伯类似，芬兰企业家约玛 · 雅科 · 奥利拉（Jorma Jaakko Ollila）也是手机的先驱之一。他是诺基亚集团的前主席（1999 年至 2012 年）和 CEO（1992 年至 2006 年），在他执掌期间，他将诺基亚发展成当时世界最大的手机制造商。同样，他也是一个手机用户和开发者。有很多像马丁 · 库伯和约玛 · 奥利拉这样的特殊手机用户，包括手机设计者、手机开发者和手机企业家，他们是手机用户中的超级明星。

总结来说，从以上简要讨论的 10 个日常案例中，我们可以看到手机用户这个概念比我们之前假设的要复杂得多。这些例子可以用来展现手机用户的大体结构：好的和坏的手机用户，以及手机用户具有的不同人口学特征、行为特征和其他特殊特征。相比于本章开头三位研究生的回答，我们可以注意到两者的差异。首先，总体上看所有人都是手机用户，这可能没错，但是意识到这些人中有好的用户和坏的用户是很重要的。这三位学生并没有清楚地意识到这点，并且总体上内隐地假设所有的移
30 动手机用户都是好人。第二，年龄只是一个特征，这几个研究生并没有考虑到用户人口学特征的其他方面，包括性别、民族和社会经济地位等。第三，一个人是否使用手机是使用者的一个自然属性，但是在日常生活中却更加复杂。想想以上讨论的关于 FBI、苹果和 IT 行业 CEO 的例子，用户构成实际上要复杂得多。第四，一个人花在手机上的时间是一个有趣的观察角度，但这不应该成为定义手机用户的一个核心特征。

---

① 参见 http://betanews.com/2014/04/01/bill-gates-loves-his-new-iphone-5s-can-now-beat-bono-at-candy-crush/.

最后，手机用户中包括很多特殊群体，例如残障人士和政治领袖，如奥巴马总统等。

3. 实证研究：从使用覆盖率到多个用户群体

以上讨论了一些手机用户的日常案例，接下来我们将讨论研究者是如何考察这些用户的。在手机行为这个领域，研究者们对于不同用户群体的行为研究已经开展了很多年。因此，基于用户的手机行为的相关研究已经有很多。在这部分中，我们就来讨论五个案例。

3.1 PEW 和 ITU：手机用户有多少？

在本章开头，三位研究生都相信基本上每个人都是手机用户。果真如此吗？有没有一些科学证据支持这一观点？哪里可以找到这些科学证据？在美国真的几乎每个人都是手机用户吗？世界范围内，也几乎每个人都是手机用户吗？在研究手机用户之前，我们应该首先回答这几个问题。

总体来看，估计手机用户数量最可靠、引用率最高的两个来源分别是国际电信联合会(International Telecommunication Union, ITU)和皮尤研究中心(Pew Research Center, PEW)。谷歌我们的移动星球(Google Our Mobile Planet)是另一个提供详细数据的来源，但并不经常更新。通常，用来估计手机用户数量的指标是覆盖率(penetration rates)。在商业领域的文献里，覆盖率通常被用来衡量品牌覆盖率或者市场覆盖率：[①]通常是指在特定的研究时段内，至少一次购买某种产品或服务的人群 31
在相应群体中的比例。[②] 对于手机而言，如果一个国家有 90%的手机覆盖率，大致是指该国家 90%的人口使用手机。

PEW 针对美国的报告。针对美国手机用户覆盖率的最准确报告由皮尤研究中心发布。作为皮尤慈善基金会(一个独立的非盈利组织，1948 年由皮尤家族创立)的一个独立运行的下属机构，PEW 创建于 2004 年。该机构从事针对民意调查、人口统计学研究、媒体内容分析以及其他实证性社会科学研究的政策分析。该机构因在多种科技使用趋势上做出的高质量调研而被人们熟知。

根据 PEW 的数据，2015 年 92%的美国成年人都拥有某个品牌的手机。尽管这些移动设备在今天看来无处不在，但是拥有手机的成人比例自 2004 年起(PEW 针对手机拥有率做的第一次调查)一直显著增长。在 2004 年，只有 65%的美国成人拥有

---

① Ansoff, H. I. (1957). "Strategies for diversification," *Harvard Business Review*, *35*(5): 113-124.
② 参见 https://en.wikipedia.org/wiki/Market_penetration.

手机。[1] 在美国,92%的覆盖率是从 PEW 研究中心做的两次调研中获取的。第一次于 2015 年 3 月到 4 月在全美范围进行,共抽样查了 1 907 名 18 岁以上居住在美国的 50 个州以及哥伦比亚特区[2]的成年人。其中 627 受访者通过固定电话接受访谈,1 235 名受访者通过手机接受访谈(这其中有 730 位受访者没有固定电话)。第二次针对智能手机拥有率的调查主要从 2015 年 6 月到 7 月间做的电话访谈中得出。样本是全国范围内抽样调查的 18 岁以上分布在美国 50 个州及哥伦比亚特区的 2 001 名成人。其中 701 名接受的是固定电话访谈,1 300 名接受的是手机访谈(其中 709 名没有固话)。

PEW 一直以来以手机拥有率来评估手机行为的普及程度。在访谈中,参与者被问到一个简单的问题:你有手机吗?以拥有率作为衡量手机行为的主要优势在于,获知一个人是否拥有手机非常快速简单。但它的主要缺点是无法根据拥有率直接估计手机用户的数量。

32 **ITU 针对世界范围的报告。**ITU 为世界范围内的手机覆盖率提供了最为全面的评估。ITU 是联合国负责信息和通讯科技的专门机构。它的主要任务是分配全球无线电频谱和卫星轨道,制定确保网络、技术无缝连接的可行标准,并在全球范围内提高信息通讯技术在服务欠缺地区的使用。

基于 ITU 提供的数据,全球范围内的手机服务订购用户已经达到 71 亿人,占全球人口比重的 96.8%。相比之下,传统电话用户只占 14.5%,家用电脑用户占 45.4%,家用互联网的覆盖率为 46.4%(ITU, 2015)。

ITU 使用手机服务订购率而非拥有率来估计手机用户数量。与传统电话类似,一个手机用户可能不只买一部手机(例如一部苹果或者黑莓手机),还需要订购手机网络公司提供的手机服务(例如 T-mobile 或者 Verizon wireless)来激活手机。根据世界银行的数据,[3]手机服务订购指的是通过蜂窝技术为手机提供公共交换电信网络连接(public switched telephone network, PSTN)的公共手机服务订购。技术上来说,PSTN 是所有公共电话通讯网络的基础网络。这些公共电话通讯网络由国家、区域或地区性电信公司运营。PSTN 由电话线路、光纤电缆、微波传输链接、蜂窝网络、通讯卫星和海底电话光缆构成,它们通过调控中心相互连接,使得移动电话和固定电话能够彼此接收信号。

① PEW (factsheet). Monica Anderson, "Technology device ownership: 2015" (Pew Research Center, October 29, 2015), available at: www. pewinternet. org/2015/10/29/technology-device-ownership-2015.

② 哥伦比亚特区即华盛顿哥伦比亚特区,简称华盛顿,又称华府,美国的首都。——译者注

③ See http://data. worldbank. org/indicator/IT. CEL. SETS. P_2.

如同手机的拥有数一样,手机服务的订购数也不能反映手机用户的准确数量。根据爱立信公司(2014 年 2 月)的估计,[1]在 2014 年初全球共有 67 亿份手机服务订购,但是仅有 45 亿的手机用户。这是因为很多手机用户同时拥有多部手机和多个订购服务。手机服务订购数作为手机用户数的评估指标的主要优势是,该指标直接与手机的现存激活用户的数量相关。然而,它的不足在于,它是基于手机服务订购数的估计,而非对手机用户数量的直接统计。

总结一下,手机覆盖率、手机拥有率以及手机服务订购率都是对手机用户数量的 33
大致估计。准确地估计手机的用户量是一个复杂且具有挑战性的任务。尽管如此,有两个事实是清楚的:手机是受欢迎的;但是并不是每一个人都是手机用户。在美国,92%的成年人拥有手机。全球范围内,98%的人正订购手机服务。但是在美国和世界范围内手机用户的准确数字是多少,是一个仍未解决的谜团。

3.2 青少年发送色情图片短信

刚刚我们讨论了全球范围内到底有多少手机用户这个具有挑战性的问题。现在我们将讨论手机用户的一些具体群体。

一项研究。我们接下来要讨论的研究文献题为“青少年因为发送色情短信被捕有多频繁?来自全国警方案件抽样的数据”。[2] 在这篇论文中,色情短信的定义是青少年制造并传播儿童色情图片的行为。数据来源是对美国各地执法部门长官的邮件问卷调查和警署官员的电话采访。文章的作者是詹尼斯·沃拉克(Janis Wolak)、戴维·芬克尔(David Finkehor)和金伯利·米切尔(Kimberly Mitchell),三位就职于新罕布什尔大学,是儿童犯罪研究的知名学者。这篇文章于 2012 年发表在《儿科学》杂志上。该杂志是美国儿科学会的官方杂志,也是在儿科学领域引用率最高的杂志。

研究者在全美范围内,抽样调查了执法机构在 2008 到 2009 年间处理的 2 712 个色情短信案件,并采访了 675 宗案件的办案警察。对这些案件的进一步分析之后得出以下几个主要发现:(1)在 2008—2009 年,执法机构共处理了 3 500 宗相关案件。(2)其中 67%的案件情节严重,要么是因为犯罪过程中有成年违法者参与,要么是因为青少年的色情短信行为构成故意伤害,或者性质恶劣。例如,一个 13 岁的女孩曾将自己的裸照发给她的男朋友。在两人分手后,这名 14 岁的男孩使用手机将这
名女孩的裸照发给了 200 名学生。(3)其中 33%案件的发生是为了寻求恋爱关系, 34
或者是获取他人的性注意。(4)超过 60%的色情短信发送者的年龄是 13 到 15 岁,绝

---

① See www. ericsson. com/mobility-report.

② Wolak, J., Finkelhor, D., and Mitchell, K. J. (2012). “How often are teens arrested for sexting? Data from a national sample of police cases,” *Pediatrics*, *129*(1): 4 - 12.

大部分的色情图片都是由涉案青少年自己拍摄并传播的。其中大约70%的案件中涉及的色情图片都包含生殖器或暴露性动作。(5)在80%以上的案件中,色情图片是通过手机发送的,并没有上传到互联网。

评论。该研究揭示了手机用户的阴暗面,尤其是对于年轻的手机用户。首先,该研究主要聚焦的是青少年拍摄的色情图片,这也是色情短信行为的主要方面。研究并没有考察其他类型的色情短信行为(例如,色情文字信息)。对于色情短信行为的这个主要方面,论文作者也揭示了两个主要类别:情节严重的行为和试探性的行为,其中包含7个子类别。因此,青少年色情短信行为多样且复杂。第二,这3 500个案件仅仅是那些最终向警察局报案的案件。更多的案例,尤其是那些情节不那么严重的案例,可能根本没有引发注意或得到警方的处理。第三,这些青少年是通过手机而非单独的电脑或相机拍摄、存储和传播色情图片。

3.3 年轻的澳大利亚手机用户

一项研究。在有关手机用户的研究中,年龄是被研究最多的人口学特征。关于手机用户的人口学特征,我们可以讨论一篇题为"过度联系?澳大利亚青少年与其手机关系的质性研究"的论文。[1] 这项由沃尔希(Walsh)及其合作者进行的研究为揭示年轻用户与特定手机行为(如手机成瘾)的关系提供了科学证据。沃尔希是澳大利亚知名咨询心理学家。她和她的团队发表了一系列关注澳大利亚青少年手机使用状况的论文。因此,在讨论这篇文章之前,我们有理由相信她是一个有经验的研究者。

在该研究中,研究者的目的是找到能够反映澳大利亚青少年手机成瘾的潜在指
35 标。为了实现这一目的,她们采用了焦点小组讨论的设计(通过谈话方式采访一个特定群体),收集通过自我报告的方式得到的质性数据。她们接着分析这些质性数据并提炼主题,形成特定的成瘾行为标准,作为研究成瘾行为指标的框架。

他们招募了32名16到24岁的实验参与者,包括全日制的大一心理系学生、贸易职员、办公室职员和高级白领。参与者被分成6个焦点小组,并要求他们每天使用手机的次数不少于1次。参与者实际使用手机次数为每天1次到超过25次不等,拥有手机的年限也从两个月到八年不等。研究者采用"滚雪球"的方式招募参与者,即把招募信息通过邮件发给最先应招的参与者,这些人再把招募信息转发到他们自己的社交网络中。

研究者设计出了焦点小组讨论的指导方针,其中包括一系列的讨论重点和建议

① Walsh, S. P., White, K. M., and Young, R. M. (2008). "Over-connected? A qualitative exploration of the relationship between Australian youth and their mobile phones," *Journal of Adolescence*, *31*(1): 77 - 92.

问题，共包括三类：(1)概括性的手机使用问题(例如，你使用手机的主要目的是什么)；(2)具体的情境性问题(例如，可以想象一下你在什么情境下会被要求关闭手机。在这些情境下你会怎么处理自己的手机)；(3)在使用过程中引发的问题(例如，在使用手机时，你遇到过什么问题吗？如果有，能描述一下吗)和使用成瘾(例如，思考一下成瘾行为，你认为人们有可能产生手机成瘾吗？如果你认为是，你认为哪些指标可以反映出手机成瘾)。很明显，第三类问题和该研究的目的最为相关，即寻找反映手机成瘾的指标。

焦点小组讨论的流程具有以下几个特点：(1)研究者主持整个焦点小组的讨论进程。(2)每次讨论持续大约 1 小时。(3)每次焦点小组的讨论内容都会被录音，以方便后续分析。(4)参与者被要求以坦诚的态度讨论每一个聚焦问题。如有需要，主持人会要求参与者对其回答进行澄清或确认。(5)在对每个问题进行总结讨论时，研究者会对该组的每个成员进行核查。参与者的概括性评论和讨论总结也会被研究者复述，目的是确保研究者理解了参与者的观点，并且允许参与者澄清或确认一些表意模糊的内容。(6)在每个焦点小组总结陈述之后，研究者会标记出那些未能陈述清楚的，或引发新主题的问题。这些问题在经过焦点小组进一步的讨论之后会得到改进。 36
一旦没有新的主题出现，数据收集过程就会结束，这表明理论上对主题和问题的挖掘已经穷尽。

该研究有两个主要发现。首先，澳大利亚年轻人讨论了手机使用的多种优点(例如安全、方便)，并认为手机使用已成为年轻人生活不可或缺的部分。例如，一位 16 岁的女性谈到，她的手机已经成为她自己的一部分，因为手机陪伴她的时间比任何其他事物都要长。第二，在焦点小组讨论过程中，一些潜在的手机成瘾指标也显现出来。一些年轻人过度依赖手机，并呈现出一些成瘾行为的早期症状。在讨论中被参与者频繁提及的早期症状包括：(1)手机使用在认知和行为上的凸显性(例如，一个女性使用者每天一醒来就要查看她的手机，洗完澡之后也要再次查看手机。)(2)手机使用与其他日常活动存在冲突，但是并非人际冲突(例如，一个参与者说如果有人发短信给他，他会立即停止手头上的事情去回复。)(3)激情与放松(例如，一个年轻女孩说当有人想要和她聊天时，她会感到焦虑或者激动，并且想回复他们。)(4)自我控制和忍耐度的降低(例如，一个参与者告诫自己不要再给任何人打电话，但是最终却忍不住打电话给其他人，她甚至都意识不到她什么时候打的电话。)(5)被抛弃感(例如，一个参与者说如果没有人联系她，她会感到非常沮丧，并且因此认为没有人爱她了。)(6)周而复始(例如，一个年轻女性提到当她面临大额的手机使用费时，她会想要缩减手机费用，但是这么多年来她却一直没有做到。)

评论。该研究存在很多优点：(1)该研究收集了澳大利亚年轻手机用户的质性数据。相比于通常收集到的泛泛的问卷数据，这些数据非常丰富、独特、有趣且信息量巨大；(2)该研究进行的焦点小组讨论考虑周密、执行到位；(3)该研究以布朗标准为框架进行数据编码，增强了数据处理的理论基础。

该研究也存在一些局限：(1)在招募参与者时，要求参与者使用手机至少一年。考虑到93%的澳大利亚年轻人都使用手机，以及该研究的目的是找到手机成瘾的前期征兆，这个年限要求可能太短；(2)使用特定的成瘾指标会有帮助，但与此同时也应
37 该参考现有的手机和网络成瘾的研究，并在此基础上提出更加具体的问题，而不是一般性的问题；(3)正如本文作者提到的，应该采用扎根理论(Grounded)[1]的研究取向，从数据中挖掘真正主题；(4)考虑到3%—5%的网络成瘾发生率，在普通人群或学生群体中找寻成瘾行为的真实症状可能不太可行。从该研究搜集的样本中，并没有发现符合临床标准认定的典型成瘾行为，只观察到了一些低水平的成瘾指标，鉴于该研究的样本选择，这种结果并不令人惊讶；(5)该文中写道："本研究发现的特定指标为手机成瘾的针对性研究提供了扎实的基础。"但是，考虑到该研究只是尝试性研究，以及其提前设定的标准，该结论有些夸大其词。但是，这些局限性可以理解，因为该研究早在2008年就完成了，在类似研究中算是比较早的。

从手机用户的角度来看，该研究最具启发性的贡献有两点。第一，该研究表明澳大利亚的年轻手机用户可能正处于一种不确定阶段，即介于对手机正面的依赖和负面的过度依赖之间。年轻的手机用户可能在使用手机初期对手机形成正面的依赖情绪，但是这种正性的依赖接下来可能会发展为负性的成瘾。换句话说，一些年轻的澳大利亚手机用户在刚拥有手机时并不是手机成瘾者。第二，该研究提供的丰富质性数据，揭示了澳大利亚年轻手机用户早期成瘾的六种类别，而不仅仅是通常在研究文献里看到的一般性调查数据。初步识别手机成瘾的症状有助于检测年轻用户手机成瘾的先兆。因此，相比于临床诊断出的手机成瘾症状，识别成瘾先兆可以使得预防和干预更加及时进行。总之，手机用户类别丰富而复杂。通过考察两种具体的手机用户的人口学特征(例如，年龄和国籍)，以及描述六种具体的手机成瘾症状(例如，被抛弃感和周而复始)，这篇文章丰富了我们对手机用户的认识。由此可见，比尔·盖茨只允许他的孩子在13岁之后使用手机可能是对的，因为13岁之后，他们才可能更加合理地使用手机。

---

① 扎根理论是近20年逐渐受到心理学界重视的一种心理学理论思潮。该理论认为人类对外界的认识是根植于我们自己的身体里，以及根植于我们所处的物理环境和社会情境中，也就是说人的认知会受到自身身体机能的影响，以及所处的物理环境和社会情境的影响。——译者注

3.4 不同人格的手机用户

一项研究。上述案例聚焦于手机用户的人口学特征，接下来我们要讨论的案例主要关注手机用户的行为和心理学特征。从方法学角度来看，前者是通常无法被改 38
变的固定变量，而后者则是可以通过预防和干预而改变的随机变量。

下面这篇文章的题目是“人格与手机使用的关系：来自心理信息学的证据”。[1]这篇论文的主要作者克里斯琴·蒙塔格(Christian Montag)是德国乌尔姆大学的生物心理学家。他主要是从遗传学和神经科学的角度进行精神病学研究，例如抑郁症、互联网和游戏导致的成瘾。他在2008年发表了首篇关于手机行为的研究论文。

在这项研究中，作者试图证实一个假设：具有高外向型人格的用户会更频繁地使用手机(例如，接听和拨打的电话数量、通话时长以及联系人的数量)。

为了验证该假设，研究者招募了49名德国本科生。研究设计非常简明。每位拥有智能手机的学生将一款名为Menthal的应用软件安装到他们的手机上，该软件可以自动获取他们的手机行为数据。与此同时，研究者要求参与者填写德国版的大五人格测试量表，以此作为自变量。在人格心理学中，“大五人格”通常指的是5种人类性格特征，包括开放性(例如，能够迅速理解事物)、尽责性(例如，时刻都处于准备状态)、外倾性(例如，与周围人相处时感觉很自在)、宜人性(例如，能体会到他人的情绪)以及神经质(例如，很容易感到沮丧)。研究者将这5种人格特质作为自变量，将获取的10种手机行为作为因变量(例如，拨打电话次数、通话时间、接收短信人数、发出短信长度)。该研究共持续五周时间。

他们的主要发现包括：(1)所有的10个因变量(例如，接听次数、拨打次数和未接次数等)都与外倾性人格得分存在显著的正相关。只有两个拨打电话的行为(拨出时长和拨打总时长)与尽责性人格特质存在相关。因此，某些特定的人格特质，如外倾性和尽责性，确实会导致各种手机电话拨打更加频繁。(2)与拨打电话行为不同， 39
有7项短信行为(例如接收短信总数、发出短信总数、短信总数和短信长度等)与这五种人格特质存在显著正相关。短信长度与尽责性存在负相关。

评论。该研究有诸多优点。(1)它开创了一种新的研究方法，通过应用软件自动收集大数据。(2)这种独特的数据采集过程逻辑缜密、描述清晰，包括了数据记录、提取、归类和筛选过程。(3)该研究涵盖的信息丰富，揭示了5种人格特质(尤其是外倾性人格)之间的显著差异，以及手机拨打行为和短信行为的显著差异。

然而，该研究也存在一些不足。(1)数据分析并没有支持研究者的假设。文章应

---

[1] Montag, C., Błaszkiewicz, K., Lachmann, B. et al. (2014). “Correlating personality and actual phone usage,” *Journal of Individual Differences*, *35*(3): 158 - 165.

该通过比较五种人格特质，以说明为什么是外倾性，而非其他 4 种人格特质，对于用户的拨打电话和短信行为尤为重要。(2)回归分析并没有报告模型拟合结果。仅仅出于技术上不便的理由，该研究使用外倾性人格特质的得分作为预测变量，并且论证了使用人格特质作为预测变量的合理性，但是文中实际上却是将人格特质作为输出变量使用。这种情况的发生主要是由于在大数据分析的初始阶段，收集的数据很丰富，数据分析却很薄弱。未来需要做的是开发并使用更为有效的方法去分析这些庞大的数据。

然而，尽管数据分析存在局限，该研究还是通过大数据揭示了外倾性人格特质与手机拨打和短信行为的关系之间的差异。换句话说，了解不同人格特质和各类手机行为(如拨打和短信行为)的各自作用十分重要。该研究让我们对不同人格特征的手机用户有了更加具体的了解。

3.5 阅读障碍用户

一项研究。当下几乎每个人都拥有或使用至少一部手机，导致手机用户群体类别繁多。这些不同的用户群体有不同的人口学特征(例如，年龄、种族、社会经济地位、宗教和教育水平等)，不同的特质(例如，人格、智商、态度和动机等)，并且表现出不同的手机行为。在众多针对手机用户的已有研究中，由马修 · 斯勒帕斯(Matthew
40 Schneps)与其合作者在近期做的一项研究显得格外有趣。这篇研究的题目是“短句能促进阅读障碍者的阅读效率”。[1] 马修 · 斯勒帕斯是哈佛大学的物理学教授，其本身也是一位阅读障碍患者。广义上的阅读障碍是指神经性原因和遗传导致的阅读困难。马修 · 斯勒帕斯目前的研究集中在如何利用手机帮助阅读障碍患者阅读文本。

该研究主要想考察的核心问题是：对于阅读障碍患者来说，使用小屏幕的 iPod(如手机屏幕大小)是否比大屏幕的 iPad(如一本书的大小)更有利于阅读文本？通常情况下手机屏幕都较小，因此呈现的每一行文字都更短。相比而言，电脑或者平板电脑屏幕较大，和一本书的大小差不多，因此呈现的每一行文字会更长。对于阅读障碍的个体而言，在手机的小屏幕上阅读文本是会加重他们的阅读障碍还是会提升他们的阅读效率？

为了通过实证的方式回答这一问题，研究者招募了 27 名患有先天阅读障碍的高中生，他们在专为语言障碍患者提供教育的特殊学校学习。研究中使用的阅读材料是 16 段非小说类的段落，每一段有 208 个字。在这项精心设计的研究中，作者采用

---

[1] Schneps, M. H., Thomson, J. M., Sonnert, G. et al. (2013). “Shorter lines facilitate reading in those who struggle,” *PloS one*, *8*(8): e71161.

了常用的组内设计。每位学生分别在不同条件下阅读这16段文本。这些条件包括两种不同的字母间距(正常间距对两倍间距)、两类不同的设备(iPod对iPad)和两种不同的手部姿势(手持设备对不手持设备)。为了避免顺序效应,阅读这16段文本的顺序,以及不同阅读条件的顺序都采用正交拉丁方设计加以平衡。由此产生的3个自变量分别是:文本拥挤度(字母间距)、阅读设备和手部姿势。学生的阅读状况由眼动仪记录的七项眼动数据指标来评估,由此产生7个因变量:阅读速度(即每分钟阅读的单词量,越快越好)、注视点数量(越少越好)、回视数量(越少越好)、无效扫视数量(越少越好)、下方注视数量(越少越好)以及页面边缘注视数量(越少越好)。除此之外,每位学生在阅读完成之后,需要回忆阅读文本的细节,并在四点量表上评定他们回忆的准确度(越高越好)。

研究者使用结构线性模型分析数据,没有发现手部姿势效应,但是却发现了一定程度的字母间距效应以及显著的阅读设备效应。显著的阅读设备效应表现为,阅读障碍学生在iPod上阅读文本的速度更快,眼动更加有效,阅读错误更少,并且阅读理解更深入。这种显著性效应在上述8个阅读成绩变量中的7个上均有体现。这些研 41
究结果表明,对于阅读障碍的学生来说,在小屏幕上阅读更为有效。这种阅读效率的提升可能是由于在小屏幕上用于呈现每行文字的物理长度缩短,因此会减小每行文字的拥挤度或密度,使阅读过程更加容易、快速和有效。

评论。总而言之,这项研究有以下几项优点:(1)该研究采用了被试内设计,而非被试间设计来获取实验证据;(2)研究采用正交拉丁方设计来处理顺序效应;(3)研究采用多个因变量从多个方面来评估阅读效率,而不只采用了单一变量;(4)研究收集了眼动数据,而不是自我报告数据;(5)在分析数据时,控制了潜在的混淆变量,例如视觉注意广度和参与者已有的阅读能力;(6)实验设计排除了诸如行间距、字符大小和每行物理宽度等因素的影响。这项研究的局限性包括:(1)样本量相对较少,只招募了27名学生而没有招募多组阅读障碍患者;(2)缺少正常学生的控制组;(3)没有操控每行的物理宽度来考察文本宽度对阅读的影响;(4)没有考察在注视运动条件下阅读障碍的注意和拥挤效应;(5)没有测试不同口语和书面语。

手机阅读在普通手机用户中变得越来越流行。作为移动阅读革命的一部分,手机阅读正成为一个非常有前途的新兴研究领域。然而,针对有特殊需求用户的移动阅读的研究还非常少。上述研究则带来一些我们意想不到的益处。手机具有一项关键性优势:电子文本可以很容易地被调整,以适应不同个体的需求。这种灵活性使得手机阅读具备很大的潜力。因此,在这个手机时代,通过变革阅读的方式可以使每一个人都从中获益,与此同时,阅读障碍患者所经历的阅读困难也将不复存在。综合这些原因,这项研究为手机用户研究提供了一个很好的案例,并且通过开创性地研究手机阅读而为手机行为领域的研究作出了科学贡献。该研究为如何使用 iPod 提高阅读障碍学生(特殊的手机用户)的多项阅读水平提供了实验证据。简言之,具有阅读障碍的读者是否能够使用手机并从中获益? 答案是肯定的。但是这些益处是具体
42 且复杂的,而非笼统和简单的。在这一部分里,我们从能力障碍的角度了解手机用户,尤其是手机使用给特殊人群带来的独特而意想不到的好处。

3.6 在驾驶过程中打算使用手机的用户

一项研究。除了通常的人口学特征以及一些笼统的行为特征,其他特殊手机用户(例如,驾驶者、病人和政客等)的特征也被研究过。这部分我们将介绍一项题为“影响驾驶员使用手机的意愿的因素调查”[①]的研究。这项研究主要考察在驾驶过程中使用手机的这一用户群体的特征。虽然我们不太了解该研究第一作者(学生作者)的信息,但是该研究的通讯作者爱奥尼·刘易斯(Ioni Lewis)博士是澳大利亚咨询/健康心理学家,她有好几篇研究论文考察手机与驾驶行为。这篇文章发表在一个名称很特别的期刊上:《交通研究: F 子刊》。《交通研究》这个期刊自 1980 年以来已经发表了很多关于驾驶过程中的通话行为的研究。该期刊是同类期刊中最早也是最好的期刊之一,后来分解为 6 个期刊,分别关注不同的具体研究领域。这 6 个期刊分别是: A 子刊: 政策和执行;B 子刊: 方法学;C 子刊: 新兴科技;D 子刊: 交通和环境;E 子刊: 后勤和交通综述;以及 F 子刊: 交通心理学与行为。

该研究尝试验证三种假设,在驾驶过程中,手机使用的意愿是否与(1)基于情境的因素(例如,驾驶过程中的突发状况),(2)基于意图的内在因素(例如,计划过的行为),以及(3)基于人格的内在因素(例如,外向型人格)相关。之所以进行这项研究,是因为在澳大利亚,驾驶过程中手持使用手机是非法的。但即便如此,仍然有很多人在驾驶时使用手机。

为了验证上述假设,研究者使用了重复测量设计(重复测量同一批参与者多次),并且制定出一套基于情境的问卷(要求参与者针对四种不同的情境做出回答)。研究共招募了 160 名澳大利亚的本科生。研究采用结构回归的方式分析数据,结果变量是驾驶者接下来三个月中在驾驶过程中使用手机的意愿。预测变量是四种情景,即驾驶
43 过程中的时间急迫性、驾驶过程是否有其他乘客、驾驶者的计划行为、驾驶者的外倾性人格得分以及神经质人格得分。控制变量包括年龄、性别(包含在数据分析中)、交通拥堵情况以及天气条件(包括在情境设计的指导语中)。这项研究在教室中进行,以基于场

① Rozario, M., Lewis, I., and White, K. M. (2010). “An examination of the factors that influence drivers' willingness to use hand-held mobile phones,” *Transportation Research Part F: Traffic Psychology and Behaviour*, *13*(6): 365-376.

景的问卷形式开展。研究使用的问卷由基于四种情景的计划行为量表和人格量表构成。

该研究发现,预测这些参与者在驾驶中使用手机的意愿时,需要不止一种特征。具体而言包括:(1)一些关乎手机用户倾向性行为、社会准则和执行能力的信念是预测他们在驾驶过程中使用手机意愿强度的重要预测变量;(2)外倾性和神经质人格特质并不是显著的预测变量;(3)驾驶过程中是否有乘客是三种计划行为变量(即倾向性行为、社会准则和执行能力)的显著调节变量,而非时间紧迫性,同时两种人格特质(神经质和外倾性)与此无关。

评论。这项研究具有以下优点:(1)设计合理,开展顺利,写作顺畅;(2)采用重复测量设计,要优于简单的基于调查的组间设计;(3)控制了一些潜在的混淆变量;(4)数据分析细致;(5)结构回归分析的方法恰当且有效;(6)采用基于情境的调查;(7)在被试间平衡了实验开展的顺序;(8)描述了两种理论模型:计划行为理论和意愿原型理论;(9)区分了自发行为、习惯性行为和计划行为。

该研究的缺陷包括:(1)主要考察的是意愿而非实际行为;以及(2)仍然依赖主观报告获取数据,而没有客观的观察性数据。尽管研究问题和研究设计很契合,但是该研究并不是在真实生活中的实际观察,因此生态效度比较低。

从基于用户的手机行为角度来看,这项研究也揭示了手机行为复杂性的另一面。首先,该研究主要关注的是手机用户的特殊群体:有意愿在驾驶中使用手机的澳大利亚本科生。要想使用一种单一的人口学或行为学特征(例如,年龄或智商)来命名这个群体并不容易。第二,识别该群体需要多种特征的复杂组合。这些特征可能包括他们的行为倾向性以及人格特质,并且也可能直接或间接地与人口学特征相关,诸 44
如年龄和性别等。这些特征可能还包括他们对于特定情境的反应,例如是否有其他乘客在场、时间紧迫性、交通拥堵状况和天气情况等。

3.7 手机校园政策中涉及的多个用户群体

一项研究。以上讨论的所有案例本质上都是从单个用户或单个用户群体出发的(例如,具有不同人格特质或者具有阅读障碍的用户)。然而,在现实生活中,手机用户可能会形成不同的用户群体,扮演多种角色,或同时与其他手机用户存在多种间接的关系。在这部分中,我们将要讨论一项多种手机用户群体的典型研究。这项研究的题目是"三种角色、五个方面:老师、家长与学生看待校园手机政策的共识与分歧"。[①]该文的第一作者高秋芳博士是中国深圳大学的一名年轻研究者,这是她与作为导师

---

① Gao, Q., Yan, Z., Wei, C., Liang, Y., & Mo, L. (2017). Three different roles, five different aspects: Differences and similarities in viewing school mobile phone policies among teachers, parents, and students. *Computers & Education*, *106*, 13 - 25.

的我合作的第二篇有关校园手机政策的论文。

该研究关注四个科学问题,考察老师、家长和学生在(1)动机,(2)实施,(3)评估和(4)改进校园手机政策方面的不同观点。为了回答这些问题,该研究调查了中国某城市 435 名小学生、中学生和高中生,435 名这些学生的家长以及 356 名这些学生的老师。这项调查针对学生、家长和教师有三个相似的版本,每一个版本由 25 题五点量表问卷构成(1 分代表十分反对,5 分代表十分赞同)。问卷调查的目的是评估这些不同群体对校园手机使用政策的看法。研究主要发现,学生、家长和老师在以下五个方面具有明显的不同意见:(1)手机使用的目的(例如,使用手机会帮助学生学习吗?);(2)手机使用政策的内容(例如,在课堂或考试时是否可以使用手机?);(3)手机使用的实施细节(例如,校园手机政策是否应该在家长会上被强调?);(4)手机使用政策的评估(例如,现有的政策是否有效?);以及(5)手机使用政策的改进(例如,学校是
45 否应该出于校园安全的目的增加公共电话的数量?)。在这五项结果中,学生和老师的观点都存在巨大分歧(学生给予最正面的观点,而老师给予最负面的观点)。

评论。这项研究存在以下优点:(1)在同一个研究中考察了三个不同的用户群体,并比较了他们对于校园手机政策的不同感受和观点;(2)研究样本量较大,针对三组用户群体使用不同版本的问卷,并且问卷经过了很好的实证检验;(3)数据分析妥当,首先进行总的方差分析,然后进行后续的方差分析。该研究的缺陷包括:(1)老师、家长和学生只是部分匹配,而非完全匹配,以及(2)研究主要关注的是用户的观点而非用户的实际行为。后续的研究可以通过结构线性模型进一步考察严格匹配的老师—家长—学生三者对于手机政策态度的关系。

从基于用户的手机行为来看,学生、家长和老师在广义上都是手机用户,并且都是校园手机政策的参与者。但是这三个不同的用户群体分别扮演着不同角色:老师通常是校园手机政策的制定者,学生是手机政策的被约束者,而家长可能是校园政策的支持者或批判者,或是学生手机使用的监督者。这三个用户群体构成了一个复杂的关系。出于多种原因,这三个用户群体在很多重要方面都有不同,因此对校园手机政策表达出不同的观点。最终,他们可能会针对这些政策做出不同的行为,产生不同的影响。

在上述实证研究部分里,我们讨论了两个调查报告和六篇研究论文。这些研究提供了关于各种手机用户的科学证据,包括在美国的用户、世界范围的用户、被指控发送性短信的用户、沉迷于手机的年轻用户、具备不同人格特质的用户、有阅读障碍

的用户、驾驶中分心的用户以及处于不同关系网络中的多个用户群体。这些实证研究表明:(1)不是每个人都是手机用户;(2)手机用户是一个复杂概念,涉及不同类别的、具有多种人口学、行为和其他特殊特征的群体;(3)不同的用户产生不同的手机行为(例如,发送性短信、手机阅读或者分心驾驶)。而这些不同用户的多种行为正是我们研究和理解手机用户的重要方面。

在讨论完有关手机用户的直觉思维、日常观察以及科学研究后,善于思考并且感 46
兴趣的读者可能想急于知道,我们在多大程度上了解手机用户,以及我们该如何形成对手机用户的全面认识,从而理解手机用户的复杂性和他们的手机行为。接下来的这部分,我们将着手回答这两个问题。

4. 知识整合:从拉美用户到"问题"用户

有两种特别有用的方法可以帮助我们全面了解某个特定领域:阅读该领域的指南手册或者百科全书的相关章节,以及阅读综述性文章。当然,对于任何研究领域,一定有逐渐积累的大量论文,也必须有学者去整合文献,并在该领域的指南手册或百科全书,或者杂志上发表综合性的论文。因此,不论某领域是正在兴起、已经兴起还是已发展成熟,综述文章,而非实证性文章,都应该是了解该领域发展现状的便捷指标。接下来,我们将要讨论两类关于手机用户的综合性文献,一类是百科全书的章节,另一类是已发表的综述文章。

4.1 百科全书章节:拉丁美洲的用户和视觉损伤的用户

如表 2.1 所示,在《手机行为百科全书》中约有 30 章讨论了不同的手机用户及其手机行为。其中一半的章节讨论的是具有不同人口学特征或行为特征的手机用户,另外一半主要讨论的是在医疗、教育和日常生活中的手机用户。这些章节生动地展现了世界范围内手机用户的多样性。例如,介绍墨西哥人手机使用的章节描述了手机网络为那些被排斥在科技世界之外的穷人提供了新的服务,也改变了他们的生活。然而,拉丁美洲移动宽带的覆盖率非常低,平均覆盖率只有 17%。另有一例,介绍视觉损伤的手机用户的章节中指出,具备触摸屏的智能手机给视觉损伤用户带来了新的挑战,这些扁平的屏幕不具备让他们能够感知的特征。但是,研究者们也已研发出了不同的方法用来克服这一困难,包括添加辨识度高的声音、知觉反馈、合成语音、语音控制和基于手势的输入。

表 2.1　百科全书中有关基于用户的手机行为的章节 47

特征	章节题目
年龄	儿童、风险和移动互联网
年龄	青少年色情短信：性表达遇上移动科技
年龄	手机与日本青少年
年龄	儿童的短信使用和语言能力
年龄	青少年的文本短信
国家	印度的“Y 一代”①与手机市场
国家	日本的移动互联网使用：文字短信依赖与社会关系
国家	手机对中国人生活的社会影响
国家	聚焦文字短信：对法国相关研究的综述
国家	拉美文化背景下的墨西哥移动通讯
国家	手机对非洲新闻实践的影响
国家	移动屏幕媒体在韩国的实践
国家	中国的手机用户行为
残障	耳聋青少年的短信行为
残障	面向所有人的手机科技：以减少数字科技差距为目标
残障	视觉损伤个体的手机使用
残障	手机：针对残障人士的辅助性科技
残障	手机：残障人士可获取的辅助性科技
残障	使用手机科技帮助自闭症患者
教育	探讨使用移动设备支持教师教学
教育	中学生的手机使用
医疗	紧急护理下的移动健康
医疗	使用手机帮助预防儿童虐待
医疗	学生伤害学生：作为手机行为的网络欺凌
医疗	全球移动健康在产妇、新生儿和儿童健康项目中的体现
日常生活	手机在恋爱关系中的作用
日常生活	离婚后共同家长的通讯科技使用
日常生活	便携式社会团体

4.2　综述文章：年轻用户与辐射曝露以及“问题”用户

有关手机用户的实证性研究相当丰富，但是已发表的相关综述文章却并不多。
48 如果使用“手机”和“文献综述”两个关键词在 PscyINFO 中进行搜索，我们也许只能找到五篇相关的综述。你可能在 WOS 数据库中找到 222 篇综述文章，但是其中只

① “Y 一代”通常是指出生日期处于 1980 年代初期到 2000 年的一代人，这一代人表现出多样化的群体特征。

有很少数关注的是手机用户，大部分都是关注脑癌和成瘾的医学研究。在这部分里，我们将讨论两篇相对近期发表的信息量丰富的论文。这两篇论文分别是由乔基姆·舒兹(Joachim Schuz, 2005)发表的《儿童群体的手机使用和辐射》[1]和乔尔·碧柳(Joel Billieux, 2012)发表的《手机使用的危害：文献综述与路径模型》[2]。

舒兹指出儿童与成人在手机使用过程中受到的无线电波辐射存在两点主要差异。第一，由于儿童在很小的年龄就开始使用手机，因此当他们成年后，在无线电波中暴露的时间更长。第二，儿童的手机使用更加频繁，表现为手机在儿童群体中更为流行，并且存在一些专为吸引儿童而设计的手机特征。这篇综述指出，在某些国家手机在青年群体中的覆盖率已经高达90%。对于儿童来说，手机已成为无线电波辐射和极低频磁场的主要来源。因此，当儿童长至成人时，他们会比现今同岁的成年人经历更多的无线电波辐射。儿童受到的无线电波曝露可能更加容易评估，因为相比成人而言，他们受到的辐射源的种类更少。该文最后指出，只要无法排除无线电波暴露对身体健康的不良影响，我们就应该告诫儿童和他们的家长，要谨慎对待儿童的手机使用。

碧柳将手机的危害性使用定义为因缺乏管理能力而给使用者的日常生活带来负面影响的手机使用。他总结了现有文献中导致手机的危害性使用的因素。根据他的总结，这些风险因素与手机用户的三种特征相关。第一种特征就是人口学特征。手机用户的性别和年龄与手机的危害性使用相关。相反，教育水平和社会经济地位与危害性使用并无关系。第二种是人格特质。手机用户的神经质(情感上不稳定的趋向性)和外倾性(喜社交的趋向性)人格特质，以及冲动特质都与危害性手机使用相关。但其他人格特质(宜人性和尽责性)与危害性手机使用不存在关联。最后一种特征是手机用户的低自尊水平，该特征也与危害性手机使用相关。

这两篇综述文章分别从两个主题出发，给我们呈现了深入而具体的整合性知识。 49
这两个主题分别是年轻手机用户面临的辐射威胁，以及与手机成瘾有关的用户特质。基于手机使用所带来的两方面危害，这两篇文献帮助我们理解了手机用户的复杂性。然而，这两篇文献是聚焦于具体问题的综述文章，而并非系统全面的综述。因此，并不足以让我们全面地了解手机用户的相关知识。

总结一下，与科学研究类似，对于已有文献的科学性整合仍然只是关注手机用户的某些具体特征(例如，人口学特征，诸如年龄或宗教；或者行为特征，诸如成瘾或视

---

① Schüz, J. (2005). "Mobile phone use and exposures in children," *Bioelectromagnetics*," *26* (S7): S45 - S50.

② Billieux, J. (2012). "Problematic use of the mobile phone: A literature review and a pathways model," *Current Psychiatry Reviews*, *8* (4): 299 - 307.

觉损伤)。即便如此,由于这些综述文章总结了已有的众多研究,因此我们仍然可以在一个相对大的背景下,了解手机用户复杂性的某些具体层面(例如,有关手机用户的各种不同发现,以及手机用户的各种需求)。

5. 比较分析:从电视观众到手机用户

在分析了有关手机用户的日常观察、科学研究以及进行研究的整合分析后,我们很自然地想知道手机用户是否不同于其他科技用户,例如电视用户、电脑用户或互联网用户?他们又是如何地不同?由于在比较方法上存在的挑战,该主题本身的复杂性,以及受篇幅所限,在这部分我们只是简要比较不同科技用户群体。为此,我们将讨论四篇综述文章,这四篇综述文章考察了不同科技用户共有的几个核心议题。

5.1 总结四种科技用户

电视观众。第一篇综述是一个元分析研究,是基于量化数据的一类独特综述。篇名为"儿童和青少年群体的媒体使用、肥胖与身体活动之间的关系:一项元分析"。[①] 一个专家小组在 1996 年提出,青少年肥胖和他们长时间看电视并缺少运动有关。因此,这项元分析的主要目标之一就是总结 1985 至 2004 年间发表在英文期
50 刊的文献,以论证上述专家观点。基于 30 多篇研究文献,作者得出如下几个主要结
论:(1)看电视与身体肥胖存在正相关,在统计上显著,但是效应量较小(皮尔逊相关 $r=0.084$, $p<0.005$)。这种相关在不同年龄段上存在差异(0—6 岁、7—12 岁、13—18 岁),但是在不同性别间不存在差异。(2)看电视与身体活动量存在负相关,统计上显著,但是效应量也很小(皮尔逊相关 $r=-0.129$, $p<0.005$)。同时,也发现了一些相关系数在年龄方面存在差异(0—6 岁、7—12 岁、13—18 岁),但是不存在性别差异。

电脑用户。第二项综述也是一篇元分析研究,题为"电脑焦虑及其相关因素:一项元分析"。[②] 其作者是蔡透莲(Siew Lian Chua)及两位共同作者(陈得圣和黄凤莲)。电脑焦虑在文章中被定义为:在个体使用或考虑使用电脑时所表现出的对电脑的恐惧情绪。电脑焦虑会导致个体对使用电脑的回避。该研究试图考察电脑焦虑

---

① Marshall, S. J., Biddle, S. J., Gorely, T. et al. (2004). "Relationships between media use, body fatness and physical activity in children and youth: A meta-analysis," *International Journal of Obesity*, *28*(10): 1238 - 1246.

② Chua, S. L., Chen, D. T., and Wong, A. F. (1999). "Computer anxiety and its correlates: A meta-analysis," *Computers in Human Behavior*, *15*(5): 609 - 623.

是否与性别、年龄以及电脑使用经验有关，这也是最常被考虑到的三个因素。这项元分析总结了36篇相关文献，得出以下结论：(1)在本科生群体中，性别与电脑焦虑显著相关。女性学生相比于男性学生存在更高的电脑焦虑水平。(2)在本科生中，电脑使用经验也与电脑焦虑显著相关。相比于经常使用电脑的学生，电脑使用经验较少的学生会体验到更高的电脑焦虑水平。(3)目前并没有足够的研究考察电脑焦虑的年龄差异。

互联网用户。第三篇综述也是一项元分析研究，题为“互联网使用和心理健康”，[①]作者是黄琼蓉(Chiung Jung Huang)。互联网使用对心理健康的影响是互联网行为研究领域最热门的课题。该研究旨在整合现有研究，以总结相关主题的元分析证据。这篇综述找到了40篇相关研究，从中生成了43个样本，其中包含接近22 000个参与者的数据。主要发现包括：(1)互联网使用和身心健康存在较小的负相关；(2)没有一致性证据表明这种相关存在年龄和性别上的差异。

手机用户。最后是一篇常规性的描述性综述，题为“儿童对于电磁场的敏感性”，[②]作者是加州大学洛杉矶分校的丽卡·赫费茨(Leeka Kheifets)和来自世界卫生组织的合作者。在手机行为研究领域，手机与脑癌曾是被最广泛研究的课题之一。 51
但是，目前为止，并没有元分析文献总结手机对年轻手机用户大脑的影响。主要原因是，虽然具体的实证性研究在快速增加，但是还没有累计到可以做元分析研究的数量。在这篇综述中，作者提出了多个重要的议题：(1)相比当下的成年人，儿童在无线电频率能量中暴露的时间更久。(2)儿童在生理上更易受到由移动电话引起的无线电频率能量的伤害。因为儿童的脑组织相比于成人更具传导性，因而会吸收更多的无线电频率能量。(3)在某些关键期，如胎儿期，无线电频率能量对儿童的伤害可能更大且更为持久。(4)居住地的辐射(例如，电视信号和家庭的无线网络)以及父母带来的辐射(例如，在婴儿期母亲使用手机)是低龄儿童接受辐射的两个主要来源。(5)无线电频率场给儿童带来的健康隐患包括：孕期内胎儿与母亲身体组织和血液循环温度的升高，蛋白质形成的变化，以及脑瘤风险的增加。

5.2 比较四种科技用户

从这四篇关于不同科技用户的文章中，我们可以学到哪些知识？首先，通常来讲，有关不同科技用户的研究会进一步考察用户的共性特征，这些特征或是人口学

---

① Huang, C. (2010). “Internet use and psychological well-being: A meta-analysis,” Cyberpsychology, *Behavior, and Social Networking*, *13*(3): 241 - 249.

② Kheifets, L., Repacholi, M., Saunders, R., and Van Deventer, E. (2005). “The sensitivity of children to electromagnetic fields,” *Pediatrics*, *116*(2): e303 - e313.

变量，或是独立的可控变量。例如，针对电视观众，一篇总结了 30 多位学生数据的元分析将年龄和性别作为两种独立的变量，以此考察观看电视是否会影响不同年龄和性别的电视观众的肥胖程度和身体活动程度。同样，针对个人电脑用户，一篇总结了 36 位学生数据的元分析将年龄和电脑使用经验作为两种独立的变量。结果发现电脑焦虑存在显著的性别差异以及使用经验差异。针对互联网用户，一篇
52 总结了 40 篇以往文献的元分析将年龄和性别作为两个调节变量进行考察，结果并没有发现一致的证据支持互联网使用和心理健康之间存在微弱的负相关。相反，二者的关系在不同年龄组和不同性别中不尽相同。最后，针对手机用户，从生物、发展和环境的角度来看，低龄儿童相比于成人更易受到由手机引起的无线电频率能量的危害。

第二，不同科技用户可能面临各自独特的困境，因此需要基于大量的实证性研究进行元分析。例如，从上述三篇元分析和一篇综述可以看出，电视观众可能面对身体活动不足的困境，电脑用户（尤其是女性大学生）可能面对电脑焦虑的困境，互联网用户面临心理健康问题，而手机用户则可能面临辐射曝露问题。

第三，直接比较不同科技用户，虽然可以做到，但是却相当的困难。原因之一在于手机整合了不同的科技。因此，手机用户可能同时是电视用户（例如通过移动电视观看）、电脑用户（例如，计算算术问题）或者互联网用户（例如，使用智能手机上网）。另一个原因是，各种科技正在经历各自的吸收和融合阶段。公共电视自 1940 年代起已有将近 80 年的历史，个人电脑自 1970 年代以来也有近 50 年的历史，大众上网自 1990 年以来也可能已有 30 年的历史，而自 1980 年代以来手机的普及也已有近 40 年的历史。把处于不同阶段的不同科技进行比较有些困难。第三个原因是，不同科技的使用单元是不同的。电视观众通常是以居住在一起的家庭为单元，而非单个个体，电脑用户在家庭和工作场所使用不同的电脑，互联网用户在家庭和工作场所连接不同的网络。但是，手机用户则是人手一部手机。

因此，比较不同科技用户非常困难，即便是比较诸如“每种科技有多少用户”这样基本的问题。回想一下在本章开头那三位研究生做出的直觉性回答：每一个人都是手机用户。这一回答是否同样适用于电视观众、电脑用户和互联网用户？为了让这种比较更为直观，我们可以通过考察家庭中不同科技的使用情况为例进行说明。很显然，只要有电视并且人们有能力观看电视，那么每个人都可以是电视观众。一个人
53 可以自己独自看电视，但是更多时候是多个人共同观看。通常，一个家庭可能有一到两台电视机。在家庭中，成人通常也有他们的个人电脑，年长些的孩子可能也有一台台式或笔记本电脑，年幼点的孩子可能有笔记本或平板电脑。每一个家庭成员都能上网。通常，一个家庭会有一条互联网服务线路。而对于手机用户而言，主要的差

别在于,手机是一种私人设备。通常,每个家庭成员都拥有自己的手机,很少有几个成员共享一部手机的情况。除此之外,之前提到的各种科技功能,例如电视、电脑和互联网,当下的手机都已具备。根据 ITU 的数据,世界范围内手机服务的订购用户已达到 71 亿,占全球人口的 96.8%。相比之下,使用传统电话的人口比例是 14.5%,使用家庭电脑的比例是 45.4%,有家庭网络连接的比例是 46.4%。这些数据更加侧重体现的是科技设备(例如,电脑或网络)的数量,而非实际科技用户(例如,实际使用和分享使用手机的人数)的数量。简言之,由于缺少准确的统计报告,我们不能轻易地下结论说一种科技的用户人数多于或少于另一种科技的用户人数。这使得科学比较不同科技的覆盖率变得几乎不可能。正因如此,为了更好地理解手机用户以及其他科技用户,未来的研究应该针对不同科技用户进行创新和严谨的科学比较。

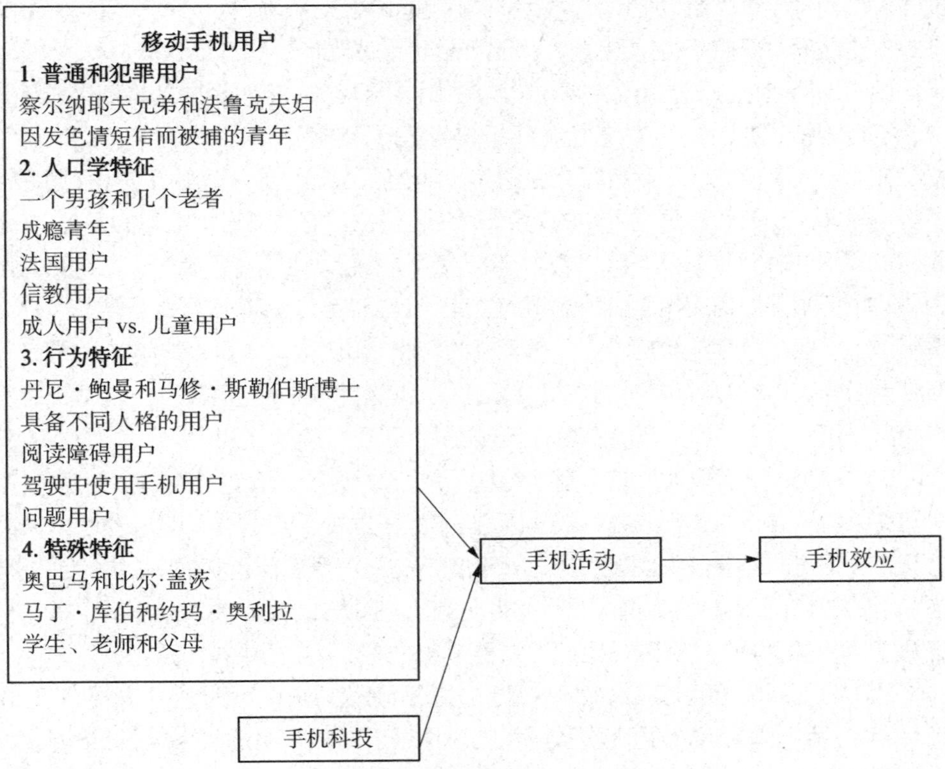

图 2.1 基于用户的手机行为总结表

6. 复杂思维：多样的用户与复杂的行为

在本章开头部分，我们讨论了三位研究生针对手机用户给出的直觉性回答。三位学生都认为每个人或几乎每一个人都是手机用户。但是他们却从不同侧面强调这一问题(例如，用户的年龄、使用手机的方式以及使用手机的时长)。在读完本章后，我们应该很容易地发现这三位同学的直觉性判断是真实的，但不够深入、宽泛和全面。我们可以对本章中已经讨论和学到的内容做进一步思考：(1)或许我们现在可以意识到手机用户并不一定拥有手机，手机用户这个概念比手机拥有者更加宽泛；(2)或许也可以理解手机用户是手机行为的一个核心元素，在研究手机行为时，我
54 们总是应该先考察手机用户；(3)不同的手机用户具备不同的人口学特征、行为特征以及一些特殊特征，大量的研究文献关注这些不同手机用户的手机使用行为。我们或许可以通过这些文献，加深对手机用户的了解，以及对不同用户之间的复杂关系的理解。这是通过研究获得的科学性知识，而非单凭感觉产生的直觉思维。

图 2.1 简要总结了本章的主要内容。该图显示本章主要讨论的是手机用户及其与手机行为相关的四个维度，包括好坏用户的区分、人口学特征、行为学特征以及特殊特征。由此本章揭示了手机行为在用户层面的复杂性。对于坏的用户，我们讨论了察尔纳耶夫兄弟和法鲁克夫妇的案例，同时也讨论了有关发送性短信的青少年(由此而被捕)和成瘾用户的研究。对于人口学特征，我们讨论了玩手游的 1 岁男孩的案例和几个正学习如何使用手机的老年人的案例，同时也讨论了澳大利亚年轻用户表现出的手机成瘾早期症状的研究。对于行为特征，我们讨论了丹尼·鲍曼和马修·斯勒伯斯的案例，以及针对不同人格特征用户、阅读障碍用户、驾驶中使用手机的用户和问题用户的研究。对于特殊特征，我们讨论了巴拉克·奥巴马、比尔·盖茨、马
55 丁·库伯和约玛·奥利拉案例。对于特殊用户，我们讨论了针对学生、老师和家长用户间关系的研究。在本章的结尾部分，我们比较了电视观众、电脑用户、互联网网民以及手机用户的差异。我们现在应该知道：手机用户形形色色；基于用户的手机行为尤为复杂，基于用户的手机行为研究也非常多。因此，无论是在现实生活中还是科研领域，如果要考察手机行为，我们首先要考虑的是其背后的手机用户。

过往的研究总是能为将来的研究提供灵感和动机。可以预测，在未来的 5 到 10 年，在手机用户领域，我们将会看到一些突破性进展。在未来的研究中，研究者应该主动考察几个尤为重要的课题，从而对手机行为领域作出及时且重要的贡献。

首先，对于坏的手机用户，我们需要对犯罪用户的手机行为有更多的了解。目前网络安全正成为一个全球议题，我们需要考察犯罪用户的行为特征以及他们的手机

使用行为。此外，我们需要将犯罪用户及其受害者用户结合起来一同研究，从而更好理解他们之间复杂的关系。

其次，对于具备不同人口学特征的用户，我们需要更多了解10岁以下的年轻用户，70岁以上的老年用户，以及女性用户的手机行为。目前，被研究最多的用户群体是大学生，大学生也是最活跃的手机用户群体之一。然而，手机的全球覆盖率已接近100％，年轻用户、老年用户以及女性用户的数量正在迅速增加。因此，这些用户群体的手机行为在未来的研究中变得尤为重要。

第三，对于具备不同行为特征的用户，我们需要对其手机行为有更充分的了解。现有的研究主要考察的是普通用户的人格特质、态度、感知和其他行为特征，并且聚焦的是拥有各种特殊需求的用户群体。这一领域的研究也要继续进行并扩展。但是与此同时，我们也需要着手研究具备特殊天赋和才能的用户，尤其是具备特殊天赋的年轻用户、老年用户和女性用户。目前在世界范围内兴起的积极心理学运动表明，研 56
究有天分的用户不仅能够让我们进一步了解他们的特殊优势，还能帮助普通用户以及残障用户从这些特殊优势中获益。

最后，对于那些具备特殊特质的用户，我们需要更多了解不同的手机用户群体以及他们的手机行为。这些用户群体包括商业领域的用户、临床病人用户以及特殊文化下的用户。目前的研究更多集中在个人用户与他们的手机行为。而如今，手机行为研究领域的学者们应该去识别、描述、分析和支持其他的用户群体。除此之外，我们需要更多地了解情侣用户、跨代际用户和多任务用户。目前的研究主要关注的是用户本身。在未来的研究中，我们应该把用户放在与其他用户或非用户形成的复杂关系中进行研究。这会帮助我们更好地认识在真实世界中的复杂手机行为。

我们讨论了未来研究的几个可能的例子。但是这并不是全部，也不是确定的。如果我们加快研究进展，那么5至10年后，我们将对手机用户及其相关手机行为有更深入的了解，手机用户也将受惠于这些研究。

第三章 手机科技

57

1. 直觉思维：桑尼的话/ 46
2. 日常观察：从 Signature Touch 到知情权 / 47
   2.1 手机：Signature Touch 与 Freedom 251 / 47
   2.2 手机特征：93 号航班与“世越号”客轮 / 49
   2.3 手机软件与硬件：利奥·格兰特与文森特 / 50
   2.4 手机电池与充电器：Galaxy S4 与 Energous / 51
   2.5 手机网络：南京的无线网 Wi-Fi 与迪拜的 Li-Fi / 52
3. 实证研究：从应用软件到基站 / 53
   3.1 智能手机应用软件：韩国用户 / 53
   3.2 打电话与发短信：青少年的选择 / 54
   3.3 移动摄像头：鼻骨损伤病人 / 55
   3.4 基站：儿童期癌症 / 56
   3.5 GPS：儿童的流动性 / 57
4. 知识整合：从移动安全到电池爆炸 / 58
   4.1 移动设备：安全性 / 59
   4.2 手机短信：正反两面 / 60
   4.3 手机应用软件：对医疗保健的影响 / 60
   4.4 手机传感：普及性、复杂性及快速增长 / 61
   4.5 手机电池：火灾与爆炸 / 62
5. 比较分析：从字幕到短信 / 63
   5.1 研究 1：字幕 / 64
   5.2 研究 2：微软 Word / 64
   5.3 研究 3：电子邮件 / 65
   5.4 研究 4：短信 / 65
6. 复杂思维：多样的技术与复杂的行为 / 66

1. 直觉思维：桑尼的话

桑尼(Sunny)是一位韩国的技术达人，有好几部手机。我之所以知道此事，是因为
58 一名小偷半夜入室行窃，偷走了他所有的手机。手机盗窃与抢劫、失窃手机的隐私保护

以及丢失手机的定位与自我摧毁，是我们在接来下几个章节中要讨论的有关手机行为的有趣议题。某一天，半出于好奇，半出于想考考他的目的，我询问了桑尼对于手机科技的直觉思维。所问的问题包括：什么是手机科技？哪些科技不算是手机科技？并举出快速想到的 3 到 5 个手机科技的例子。他列举的手机科技包括：第一，移动支付。手机让支付和转账更简便安全。第二，GPS。手机，尤其是智能手机，提供了诸如谷歌地图的 GPS 服务，让我们更为便捷地定位。第三，短信。目前，有各种类型的短信应用软件，例如可直接在手机安装的 Kakao Talk[①] 和微信等。这些短信应用软件使得我们与他人的沟通更加有效。除此之外，手机还可以用来访问社交网站、看电影、录音频、听音乐和拍照片等。事实上，由于手机中包含了大多数科技，因此很难去识别哪些科技不属于手机科技。

以上罗列的桑尼的直觉思维很有趣。从他对于手机科技的直觉回答中，我们可以了解到什么呢？我们至少可以了解到四点。第一，从他列举的有关手机科技的三个例子中(包括移动支付、GPS 和短信)可以看出，就硬件和软件而言，他对手机科技的了解相当不错。他知道可以用来移动支付的手机软件，知道诸如 GPS 的手机硬件。第二，从他简要的描述中，可以看出他知道为何要使用并且如何使用这些软件和硬件。基于使用经验，他知道手机的很多特征和功能，如看电影、录音频、听音乐和拍照片等。第三，Kakao Talk 和微信是两款在韩国广泛使用的应用软件，桑尼有使用这两款软件的经验。第四，很明显，他知道手机整合了多种科技，并且认为大多数科技都可以整合到手机中。

显而易见，桑尼了解手机的各种不同特征，但他是否对手机科技有着全面的了解？
当然，我只是询问了几个有关手机科技的具体问题，而没有涉及有关手机行为的问题。 59
但他是否充分地认识到各种基于手机科技的手机行为？在学习本章后，我们将对上述两个问题做出较为清晰的回答。现在，我们将以桑尼的这些直觉思维作为起点，来进一步讨论本章的内容。本章的学习目标是认识基于手机科技的手机行为的复杂性。为了达到这一目标，我们将采用四种策略：日常观察、实证研究、知识整合以及比较分析，并构成了本章的四个部分。接下来让我们共同努力实现这一学习目标。

2. 日常观察：从 Signature Touch 到知情权

2.1 手机：Signature Touch 与 Freedom 251

2015 年 10 月，[②]英国制造商，同时也是高端手机零售商的威图(Vetu)，宣布他们

---

① 一款来自韩国的由中国腾讯担任第二大股东的免费聊天软件，类似于腾讯公司 QQ、微信的聊天软件(该信息来源于百度百科)。——译者注

② 参见 www. digitaltrends. com/android/vertu-new-signature-touch-hands-on/#：S3pTKJuEofrfzA.

即将发售最新款的旗舰手机 Signature touch 2015。该手机定价 15 000 美元，比 iPhone 手机贵出 30 多倍。这款手机拥有各种豪华配置，包括手工制作的部件、无线充电器、蓝宝石玻璃屏、优质扬声器、牛皮外壳以及每年近 8 000 美元的私人礼宾服务。

2016 年 2 月，[①]一家不知名的印度公司 Ringing Bells 推出一款全世界最便宜的手机，名为 Freedom 251，仅售 251 卢比(折合约 3.73 美元)。这款双卡智能手机提供 3G 网络服务，并配置多种炫目的科技，包括 4 英寸的 WVGA 显示屏、1.3Ghz 的四核处理器、1GB 的随机存储、8GB 的存储空间、320 万像素的后置摄像头、30 万像素的前置摄像头以及 1 450 毫安的电池。一个印度人平均每天能挣多少钱？据估算，大约就是 251 卢比。

60 这两个案例揭示了手机以及手机行为的复杂性。首先，当我们讨论手机科技时，我们首先应该考虑的是手机本身。手机中包含各式各样的软件和硬件，但最重要的是，这样一部集合了多种技术的手机只有手掌大小，可以被手持。在本章开头所提到的韩国男性桑尼，他并没有明确地指出他所提及的手机是哪些类型的手机。但是从他的回答中，可以推测他可能指的是在韩国最受欢迎的三星或 LG 智能手机。

第二，手机是一种类别复杂的高端科技产品。从手机工业的发展历史中可以看到，存在众多类别的手机。这些手机由超过 20 家以上的大公司制造，包括在 1992 年发布的摩托罗拉和诺基亚，2008 年发布的苹果 iPhone 3G 和三星 Tocco，以及 2012 年发行的三星 Galaxy S III 和小米 2。总体来看，低端手机被称为基础手机，而高端手机则被称为智能手机。但是在现实生活中，随着手机科技的快速发展，这种粗略的归类可能不再适用。在整个手机发展史中，上百个类别的手机被制造出。而威图发行的 Signature Touch 和 Ringing Bells 发行 Freedom 251 正是其中两个独特的例子。

第三，不同的手机与不同的手机行为相联系。Signature Touch 和 Freedom 251 在价格上的巨大差异是显而易见的。但是更为重要的是，这两款手机拥有者的社会经济地位不同(例如，富裕的商人与贫穷的农民)，这两款手机的用途不同(例如，在巴黎的名人聚会上炫耀，或在一个偏僻的印度农贸市场打电话)，由此对他们各自的生活也产生不同的影响(例如，获取一位名人的私人电话号码，或在农贸市场支付 1 美元做交易)。

---

① 参见 http://indianexpress. com/article/technology/mobile-tabs/india-cheapest-smartphone-rs-500-make-in-india-ringing-bells/.

2.2 手机特征：93 号航班与“世越号”客轮

2001 年 9 月 11 日，①美国联合航空的 93 号航班被四名恐怖分子劫持。劫持者在控制飞机后，有几位乘客和乘务员成功地使用航空电话或私人移动电话向航空工作人员及家人拨打了约 37 通电话。当时航班上的一名乘客汤姆·伯内特（Tom Burnett）和他的妻子迪埃纳·伯内特（Deena Burnett）通了数次电话。他在通话中告诉妻子飞机已经被劫持，并且从他妻子那儿获知了在纽约世贸中心发生的恐怖袭击。 61
在最后一次通话中，他说“不要担心，我们会采取一些行动”。另一位乘客杰里米·格利克（Jeremy Glick）很幸运地和他的妻子伊丽莎白·格利克（Elizabeth Glick）及父母进行了 20 分钟的通话。杰里米告诉他的妻子自己很爱她，并要她照顾好他们 12 岁的女儿埃米（Emmy）。汤姆·伯内特、杰里米·格利克以及其他乘客英勇地与劫持者做斗争，并阻止了他们试图撞毁白宫或国会大厦的计划。然而，为了防止乘客再度夺取飞机的控制权，劫持者在宾夕法尼亚一处油田将飞机坠毁，飞机上 44 人全部遇难。

2014 年 4 月 16 号，②一艘名为世越号的韩国客轮在一场灾难中沉没。船上的 476 名乘客中仅 172 名幸存，其余 304 名遇难。遇难者大多数是参加实地考察旅行的丹原高中（Danwon high school）的学生。事发九个月后，一位伤痛欲绝的父亲通过 Kakao Talk 给他在事故中遇难的儿子发了一条信息。让他惊讶的是，他竟然收到了来自他儿子手机的短信回复。回复中说他很爱父亲，让父亲照顾好自己，并且让父亲替他给其他遇难者家属送去慰问。事后调查发现，原来是另一位韩国男孩使用了先前遇难学生的手机号码。这个男孩知道这次灾难，因此想通过这种方式安慰这位父亲。

手机的特征或功能包括提供给用户一整套技术性能、运营商服务、硬件设备以及软件应用。总体而言，手机功能可以被概括为三类：通讯（例如，打电话），信息（例如，上网）和计算（例如，玩《愤怒的小鸟》游戏）。从之前描述的两个案例中，我们可以了解有关手机功能的几个重要方面。第一，打电话和发短信是手机两个最主要的通讯功能。手机中的各种软硬件需要协同运作才能使得打电话和发短信成为可能。以上提到的两个案例分别凸显了手机通讯的这两个重要功能。第二，手机的这些基础 62
功能也可能会和一些最不常见的手机行为联系在一起。这两个案例表现了两种情感性行为：与恐怖分子的斗争，以及对已逝儿子的怀念。与常见手机行为关联的技术功能有很多，例如，在照片墙（Instagram）上分享照片、用脸书（Facebook）联系好友、

---

① 参见 https://en.wikipedia.org/wiki/United_Airlines_Flight_93.
② 参见 https://en.wikipedia.org/wiki/Sinking_of_MV_Sewol.

使用 GPS 进行定位、使用健康管理软件查看个人健康状况，以及通过瞳孔识别进行密码保护等。

2.3 手机软件与硬件：利奥·格兰特与文森特

利奥·格兰特(Leo Grand)①是一位非裔美国人，自从 2011 年丢了在美国大都会人寿保险公司的工作后，他成了一名混迹于纽约曼哈顿的流浪汉。2013 年 8 月，在经历了两年无家可归的生活后，他遇到了一位名为帕特里克·麦克科朗格(Patrick McConlogue)的程序员。帕特里克让他在接受 100 美元的施舍与学习编程之间做出选择。利奥选择了学习编程。接下来帕特里克送了他一些有关编程的书和一个便宜但耐用的笔记本，并且每天早晨免费教他编程。在向帕特里克学习数月后，利奥自己编写了一个拼车软件，命名为“汽车用树”(Trees for Cars)。下载该软件需要 0.99 美元。这款软件有两个功能：(1)给驾驶者提供附近有搭车意愿的客户信息。(2)记录通过拼车而减少的二氧化碳排放量。发布这款软件后仅数周，他就赚取了 10 000 美元。这件事也吸引了媒体和网络的广泛关注。

文森特·奎格(Vincent Quigg)②是美国加利福尼亚州的一名年轻男子。他具有一项特殊技能，就是能在 45 分钟内用低于 80 美元的价格修理一部 iPhone 手机。他通常修复的是受损屏幕。由此，他在 2012 年建立了一家名为“科技世界”(TechWorld)的公司，提供的服务是诊断问题再修理，或者直接替换破碎的屏幕。在刚开始经营自己的手机维修生意时，他还是一个由单亲母亲抚养的 18 岁男孩。文森特说他一周可以修复 10 部手机，每个月能赚 1 500 美元左右。当他公司的生意扩大后，他雇用了两名职员。他说自己之所以懂得如何修理 iPhone，是因为观看了大量的教学视频，并且将史蒂夫·乔布斯奉为自己的偶像。他 16 岁的时候受雇于百思买③(Best Buy)，在那里工作的两年中，专门销售 HDTVs 和电脑，并且一直处在可以接触到 iPhone 的环境中。周围的人都将他称为 iPhone 达人。因此，他决定利用他在百思买获取的知识，创建他最初称为 iRepair 的修理公司，从事 iPhone 修理业务。除
63 了他出色的科技和商业才能外，他同样也是一个技术突出的篮球运动员。他三岁时就开始在基督教青年会④(YMCA)打篮球，并且在高中校队做了四年的控球后卫。这也是一件备受媒体关注的事件。

---

① 参见 www.businessinsider.com/leo-the-homeless-coder-2014-5.

② 参见 www.voanews.com/content/young-entrepreneur-specilizes-in-iphones/1558629.html.

③ 全球最大的家用电器和电子产品的零售和分销及服务集团，总部位于美国。

④ YMCA 是 Young Men's Christian Association 的简称，中文译名基督教青年会，是一个社会组织。1844 年成立于英国伦敦。提倡满足个人生活兴趣的需要，提倡有意义的康乐、文化、教育活动及表彰“非以役人，乃役于人”的服务精神等(来源于百度百科)。——译者注

从这些真实的案例中我们可以学到什么呢？(1)手机科技是由数以百万计的应用软件和数以百计的硬件构成。(2)利奥可以编写手机的应用软件，而文森特可以修理手机硬件。(3)软件和硬件会涉及有趣的手机行为：在利奥的案例中体现在共享搭乘和保护环境，而在文森特的案例中则体现在修理受损手机和挣钱养家。(4)经过短时间的、有限的或非正式训练，即便是新手也可以编写手机应用软件或者修理手机硬件。

2.4 手机电池与充电器：Galaxy S4 与 Energous

2013 年 7 月，[①]47 岁的中国香港市民吴先生在卧室玩新买的三星 Galaxy S4。然而，正在充电的手机在他手中突然爆炸。他被吓了一跳，并立马将手机甩到沙发上。之后手机开始起火，引燃了沙发和窗帘，火焰迅速在整个屋子蔓延。他和妻子带着他们的狗，迅速逃离了公寓，所幸吴先生只有手部受了点轻伤，他的邻居们也成功逃出，这场火灾最终被消防员扑灭。但是他们当初在 2003 年以 78 万港币购买的公寓以及室内的所有家具都被完全损坏。那部手机和充电器完全焚烧殆尽。这部手机及其充电器和电池都是由三星公司制造。在当月的 9 天内，类似惊人的三星手机自燃事件就发生了三起。

2016 年 5 月，[②]Energous 公司宣布与一家领先的商业与工业供应公司签订了一项联合开发协议，进一步开发针对全尺寸的 WattUp 技术的工业与商业应用，实现在 15 英尺内的无线充电。这项技术也使频繁更换电池或购买专门的充电数据线不再成为必要。由 Energous 公司开发的 WattUp 是一种具有变革性的基于电磁频率的无线充电器。通过与无线路由器相同的电磁频率，WattUp 可以向设备输送可调节 64
的功率。与现有的无线充电系统不同，WattUp 可以在一定距离内给多个设备传输可控功率，这种无线体验省去了用户需要使用插电板充电的烦恼。

从以上的两个案例中我们可以了解到以下几点。第一，电池和充电器通常被认为是手机的附属设备。但是，其背后涉及的技术也可能很复杂(例如，一种新型无线充电器 WattUp)。第二，尽管电池和充电器只是附属设备而非手机的主要部分，但是却可能带来危及生命的后果(例如，Galaxy S4 的自燃)。第三，这些附属设备与真实的手机用户、使用过程以及使用结果相关，会产生各种手机行为(例如，那位中国香港男士给新手机充电，却导致手机爆炸)。第四，虽然无法避免问题的不断产生(例如，手机电池爆炸)，但是同样不断有解决这些问题的新技术被开发。例如，一种新型

---

① 参见 http://orientaldaily.on.cc/cnt/news/20130727/00174_001.html.

② 参见 www.marketwired.com/press-release/energous-partners-bring-wire-free-charging-industry-leading-commercial-industrial-supply-nasdaq-watt-2129703.htm.

的无线充电器可能为电池爆炸问题带来意想不到的解决方案。

2.5 手机网络：南京的无线网 Wi-Fi 与迪拜的 Li-Fi

2014 年 4 月，①在中国南京的一栋住宅楼内，居民安静平淡的生活被一连串的敲门声打破。一位老人挨个敲门询问住宅楼的每一家住户是否在使用无线路由器。如果是的话，老人就请求他们不要再使用。因为这位老人的儿媳妇怀孕了，而他认为无线路由器会影响孩子母亲和孩子的健康。据说有一天，他竟然对某个邻居敲了 14 次门来确认他们没有使用无线路由器。

2011 年 7 月，英国爱丁堡大学教书的哈拉尔德·哈斯(Harald Haas)在一次 TED② 的全球演讲上提出了“基于光的无线数据传送”的概念，由此创造了一个新词汇“Li-Fi”。在 Ted 全球演讲上，哈拉尔德首次展示了可以实现这一目标的设备。通过一个闪烁 LED 灯的光线(这种闪烁是肉眼无法感知的快速变化)，可以传输比手机基站更多的数据，并且数据传输的过程更为安全有效，传输数据范围也更广。哈拉尔
65 德在 TED 进行演讲的五年后，2016 年的 4 月，③迪拜宣布这一年推出公共高速 Li-Fi 计划，届时互联网将通过全市的路灯实现运行。这也是建设“智慧迪拜”第一阶段计划的部分内容。迪拜的互联网用户将使用新一代的 Li-Fi 技术进行数据传输。Li-Fi 被誉为下一代的高速互联网技术，比目前的 Wi-Fi 要快 100 倍。如果计划顺利实施，迪拜将成为世界上首个拥有 Li-Fi 服务的城市。更为有趣的是，Li-Fi 服务将通过城市的路灯进行传输，制造每一根高端设计的路灯都将耗费近千美元。相比于 Wi-Fi 通过无线电波进行数据传输，Li-Fi 则通过 LED 灯进行数据传送，通过可见光，Li-Fi 能够以更快的速度传送更多的信息。

以上两个例子表明：(1)手机网络是手机科技的重要部分。如果没有基站、Wi-Fi 或者其他形式的网络，手机将仅仅是握在手里的手机而已。(2)有关移动网络的一个主要隐患就是辐射对身体的影响。正是因为这一隐患才导致南京的那位老人不厌其烦地敲邻居的门。(3)移动网络技术已经历了几次重要变革，从 1G 网络到 2G、2.5G、3G 和目前的 4G，而最新的突破则体现在迪拜的 Li-Fi。(4)除了以上讨论的 Wi-Fi 安全隐患，以及迪拜使用路灯传输 Li-Fi 的好消息外，还有很多与移动网络相

---

① 参见 http://news.ifeng.com/a/20140415/35763506_0.shtml.

② TED 演讲大会是由 TED 机构组织，TED 是由技术(Technology)、娱乐(Entertainment)、设计(Design)的英语首字母组成，该机构是美国的一家私有非营利机构，其宗旨是“传播一切值得传播的创意”。每年 TED 演讲大会召集众多科学、设计、文学、音乐等领域的杰出人物，分享他们关于技术、社会、人文的思考和探索。(来源于百度百科)——译者注

③ 参见 www.indiatimes.com/news/world/dubai-to-roll-out-high-speed-li-fi-this-year-where-internet-will-flow-through-city-s-streetlights-254055.html.

关的行为问题，例如对于网络服务的满意程度和用户在不同网络间的切换等。

这部分讨论了几个日常观察到的基于科技的手机行为。在结束这部分讨论前，我们可以将桑尼的回答与上述列举的10项观察做个比较。通过比较，我们会很容易发现桑尼确实对手机功能及其软硬件颇有了解，但是他对手机科技的了解并不深入。上述10项观察说明手机涵盖的内容更加宽泛，也更加多样，主要包括五个方面：(1)手机机身(例如 Signature Touch 和 Freedom 251)；(2)手机功能(例如，打电话和发短信)；(3)手机硬件(例如，修复破损屏幕)和软件(例如，利奥编写的软件 Trees for Cars)；(4)手机网络(例如，Wi-Fi 和 Li-Fi)；(5)手机附件(例如，电池和充电器)。

第二个发现是手机科技的这五个方面与复杂的手机行为相关，也与多样的手机用户(例如，利奥和文森特)、手机活动(例如，93号航班上的手机通话，以及打电话或发短信的决策)以及手机效应相关(例如，电池爆炸)。然而需要指出的是，这些日常 66
观察在本质上仅仅是轶事而非令人信服的科学研究证据。因此，在学习和分析了这一系列的日常观察案例后，我们将学习和分析几个实证研究的案例。这些实证研究主要围绕手机科技，考察多种手机行为。

3. 实证研究：从应用软件到基站

3.1 智能手机应用软件：韩国用户

我们要讨论的第一篇论文题为“智能手机和应用软件使用的技术创新性在社会人口学及人格特质上的差异”。该文发表在《计算机与人类行为》(*Computers in human behavior*)上[①]，作者是德克萨斯大学奥斯丁分校的耶奥利希等人(Yeolib Kim、Daniel A. Briley 和 Melissa Ocepek)。首先，讨论这篇研究论文主要出于两个原因：(1)这篇文章详细描述了智能手机的应用软件(很少有此类的文章发表)，(2)并且考察了智能手机用户的人口学和行为特征(关于这一点，已有很多文章发表)。本文的第一作者耶奥利希在写作这篇论文之时，还是德克萨斯大学信息学院的一名在读博士生。他在2015年完成了题为“针对网上信任度的元分析：考察主要因素和调节因素”的博士论文。根据 Web of Science[②] 数据库的搜索结果，他已经发表

---

① Kim, Y., Briley, D. A., and Ocepek, M. G. (2015). "Differential innovation of smartphone and application use by sociodemographics and personality," *Computers in Human Behavior*, 44: 141 - 147.

② Web of Science 是由美国专业信息服务提供商科睿唯安公司(Clarivate Analytics)提供的覆盖自然科学、社会科学、艺术、人文等领域的学术期刊论文、书籍数据库。——译者注

了 4 篇有关科技使用的研究论文。基于 ResearchGate[①] 的数据，该文的第二作者在行为基因学方面已发表了 18 篇论文，第三作者在信息行为学方面发表了 21 篇论文。

这项调查研究于 2011 年在韩国完成，共收集了 9 482 名参与者的数据。这项调查包括了一系列有关媒体使用和人口特学征的问卷，以及一份经过修订的由十道题构成的人格测试量表。这项研究的主要发现包括：(1)大约有一半的问卷参与者都是手机用户。这些手机用户主要使用五类应用软件：人际关系型应用软件，如即时信息和社交网络类软件；娱乐型应用软件，如游戏、音乐、视频、拍照和运动类软件；信
67 息分享型应用软件，如生活方式和新闻类软件；网上贸易型软件，如金融和网上购物类软件；以及知识型应用软件，如图书、教育和文献管理类软件。(2)有两类人更可能使用智能手机，一类是年轻的、接受过良好教育并且收入较高的男性群体，另一类是具有开放性、外倾性和尽责性人格特质的群体。(3)性别、教育、开放性、尽责性和情感稳定性是决定个体使用哪种应用软件的重要影响因素。

我们可以从以下几个方面分析该研究的结果。第一，基于参与者自我报告的数据，该文描述了在韩国使用的五类智能手机应用，而不是简单地列举出所有上千种的手机应用。第二，这项研究为以下两个问题提供了初步证据：韩国的普通智能手机用户与特定类型智能手机应用的关系是怎样的？智能手机活动进行的频率如何？然而，该研究并没有提供关于手机行为效应的内容。

3.2 打电话与发短信：青少年的选择

我们要讨论的第二篇论文的题目是“手机决策：青少年如何在发短信或打电话之间进行抉择及其原因”。[②] 该文的作者是贝瑟尼等人(Bethany Blair、Anne Fletcher 和 Erin Gaskin)。贝瑟尼就职于北卡罗来纳大学人类发展与家庭研究系。这项研究发表在期刊《青年与社会》上。《青年与社会》是一份信誉卓越的同行评议期刊，自 1969 年起，该期刊主要关注影响 10 至 24 岁人群发展的社会、环境和政治议题。我们选择讨论这篇文章的主要原因是，它是为数不多的讨论青少年如何以及为何选择打电话或发短信给朋友或家人的论文。以往大多数研究关注的是青少年给朋友和家人打电话或发短信的频率。此外，相比于更常用的问卷调查方法，这篇文章采用了质性研究方法。因此，通过分析这篇文章，我们可以了解如何从质性数据中获取实证证据。

---

① ResearchGate 是一家科研社交网络服务网站，于 2008 年上线。该网站旨在推动全球范围内的科学合作。用户可以联系同行，了解研究动态，分享科研方法以及交流想法。(来源于百度百科)——译者注

② Blair, B. L., Fletcher, A. C., and Gaskin, E. R. (2013). “Cell phone decision making: Adolescents' perceptions of how and why they make the choice to text or call,” *Youth & Society*, 47(3): 395 - 411.

这是一项思维严谨的访谈研究,访谈对象是来自北卡罗来纳的41名高中生。在访谈过程中,研究者询问两个开放性问题:(1)这些学生是如何以及为何决定要打电 68
话或者发短信?(2)他们打电话或者发短信的内容是什么?研究者使用扎根理论研究方法分析访谈数据。扎根理论研究方法能够让研究者基于数据本身提出他们自己的理论,而不是基于以往研究提出假设,然后再根据采集的数据确认或否定该假设。正因为这一优势,扎根理论研究方法适用于这项研究的数据分析。这项研究的主要发现是:(1)相比于打电话,所有的青年都更加倾向于发短信。但是有五个因素(局限性、急迫性、情感性、通讯内容和感知效率)影响他们在这两者之间做出决策。(2)青少年反复使用“更简单”、“更快”和“更方便”这样的词汇来解释为什么他们会选择发短信而不是打电话。(3)选择发短信有三个具体原因:可以同时做多件事情,不需要提前思考,以及与同龄人保持一致。

从这篇文章中,我们至少可以学习到两点。第一,打电话和发短信是手机通讯的两种最常用方式。从科技史的角度来看,打电话与电话最基本的语音功能相关,而发短信与电报最基本的文本功能相关。但是从手机行为的角度来看,问题则变得更加复杂。这项研究的主要发现表明,青少年更倾向发短信而不是打电话。第二,这个决策过程涉及手机行为的四项基本元素:手机用户(例如,青少年、同龄人)、手机科技(例如,技术的局限、不同步的方法)、手机活动(例如,从事简单任务避免复杂任务,活动效率、紧迫任务、多任务过程)和手机效应(例如,感觉良好或遇到情感挫折)。在该决策过程中体现的手机行为比仅仅知道要打电话还是发短信复杂得多。

3.3 移动摄像头:鼻骨损伤病人

在这部分我们将讨论另一篇研究论文,题为“使用附带摄像头的手机鉴别鼻骨损伤病人”。[①] 本文作者是特勒布·巴尔古蒂(Taleb Barghouthi)及其合作者。这项研究关注的是iPhone摄像头这一硬件,并采用简单设计来回答一个简单的问题。这正是我们选择讨论这篇研究论文的原因之一。这篇论文于2012年发表在《远程医疗与 69
电子健康》上。自1995年起,《远程医疗与电子健康》就已是美国远程医学联合会的两个官方期刊之一,已有22年历史。作为该领域一流的国际同行评议期刊,它涵盖了远程医学和电子医疗记录管理领域内全方位的最新进展和临床应用。该期刊重点关注的是远程医学的成果,以及远程医学对医疗质量、成本效益以及获得卫生保健的影响。另一份官方期刊《远程医疗与远程保健期刊》,主要发表有关远程医疗和电子

① Barghouthi, T., Glynn, F., Speaker, R. B., and Walsh, M. (2012). "The use of a camera-enabled mobile phone to triage patients with nasal bone injuries," *Telemedicine and E-Health*, 18(2): 150–152.

医疗进展方面的高质量科学研究，其中主要关注的是远程医疗应用上的临床试验。

这是一项很简单的研究，旨在考察使用摄像头是否有助于更准确地诊断鼻骨损伤病人。55 位病人参与了这项研究。其中一半参与者接受了鼻骨诊治，另一半没有接受任何治疗。该项研究没有设置控制组。为了验证诊断结果的有效性，研究将使用手机摄像头诊断病人的结果与使用常规手段诊断病人的结果进行了比较。研究发现，25 名病人通过摄像头被正确诊断，并接受了干预治疗，与常规手段的诊治结果相同；22 名病人通过摄像头被正确诊断为无需临床干预；而剩余 3 名病人本需要接受治疗干预，却通过摄像头被漏诊。由此可见，使用移动摄像头的新型诊断方法可以达到与常规诊断近似的效果。

这项研究如何帮助我们理解手机行为与移动科技之间的关系？首先，移动摄像头是安装在手机中的常见硬件。根据鼻骨的受损程度，一个高质量的摄像头可以用来在急诊室确定病人接受治疗的优先度。在这方面移动摄像头可以用来替代传统的 X 射线。第二，医生可以使用这项常用的移动科技从事新型的鼻骨损伤诊断，并取得良好结果。

3.4 基站：儿童期癌症

我们将要讨论的另一篇研究文献的题目是"手机基站与儿童早期癌症：一项病例对照研究"。[1] 这项研究的第一以及通讯作者保罗·艾略特（Paul Elliott），是
70 伦敦帝国理工学院流行病学与公共健康医学的教授。这项研究于 2010 年发表在《大英医学期刊》上。

这是一项病例对照研究，目的是研究孕妇暴露在手机基站（安装在某个固定位置的手机发射塔，用来提供手机通讯连接以及更广泛的移动网络）的无线电辐射里可能会增加儿童早期癌症的风险。为此，研究者查阅了 1999 年至 2001 年间英国国家癌症记录档案，查找到 1 397 例 0 至 4 岁的儿童癌症患者病例。与此同时，研究者还从英国国家出生登记资料中查找了 5 588 份出生记录作为控制组。这项研究的自变量是距离、辐射暴露，以及出生地点的基站辐射密度。因变量则是癌症和白血病的案例数。研究的主要发现是辐射暴露与癌症并不存在联系。

这项研究帮助我们理解手机行为复杂性的哪些方面呢？第一，手机科技不仅仅包括手机本身以及手机里的软硬件。我们对于手机科技的认识需要进一步扩展。手机科技应该还包括基站、移动蜂窝网络或无线 Wi-Fi 网络，这些也是整个手机科技体

---

① Elliott, P., Toledano, M. B., Bennett, J. et al. (2010). "Mobile phone base stations and early childhood cancers: Case-control study," *British Medical Journal*, 340: c3077.

系的重要组成部分。第二,基站建设涉及了多种技术问题,包括距离、辐射暴露和基站辐射密度等。第三,基站不仅仅涉及技术问题,而且还与手机行为相关。具体来说,基站可能会给多种用户(例如儿童或孕妇)带来潜在而复杂的健康隐患(例如,癌症)。第四,虽然这项研究并没有发现癌症和辐射暴露存在关联,但是仍然需要进一步的研究,目前有许多研究者正在这一领域继续开展研究。

3.5 GPS:儿童的流动性

接下来我们要讨论的文章题为“儿童的独立流动真的独立吗?一项利用人种学和GPS/手机科技针对儿童流动性的研究”。[①] 该文的两位作者分别是来自哥本哈根大学的米格尔·罗梅罗·米克尔森(Miguel Romero Mikkelsen)和来自华威大学的皮 71
亚·克里斯滕森(Pia Christensen)。该研究于2009年发表在《流动性》(*Mobilities*)期刊上。我选择讨论这篇研究是因为该文聚焦于GPS这项和手机硬件相关的常见手机特征。

这篇论文报道了一项质性研究。该研究的主要目的是通过使用GPS,考察物理和社会环境对儿童流动性的影响。该研究的参与者是40名10到13岁的儿童,他们要么来自丹麦的城郊区域,要么来自农村区域。研究始于2003年,并持续了一年多。除了通过基本的人种学田野考察和一项手机调查收集数据,研究者还使用GPS采集量化的流动性数据,并使用一款名为ArcGIS的特殊软件制作了两幅反映儿童行踪的地图。这两幅地图能显示儿童每天的流动方位和持续时间。该研究有关GPS部分的发现表明,城郊儿童的日常流动主要和他们的朋友一起,而不是单独行动。自己单独行动并不是儿童的首选。基于物理环境的行动也不是他们喜欢的活动。相反,儿童的日常流动模式反映出了明显的社会特征。

从手机行为的角度,我们可以从这项研究中了解到什么?首先,作为一种常见的手机技术,GPS不仅仅可以用来指导人们的行动方向,也可以用来收集有关儿童流动性的数据。这也是GPS在科研领域的新应用。第二,这项研究几乎从两方面同时体现了手机行为的复杂性。这一小群丹麦儿童每日携带着手机四处活动,为期一周。与此同时,研究者们作为另一组手机用户使用安装在儿童手机里的GPS追踪他们的行动路径。第三,使用GPS收集到的数据可以将青少年日常的活动模型可视化。这就使得图形化数据分析成为可能。

---

① Mikkelsen, M. R. and Christensen, P. (2009). “Is children's independent mobility really independent? A study of children's mobility combining ethnography and GPS/mobile phone technologies,” *Mobilities*, 4(1): 37-58.

4. 知识整合：从移动安全到电池爆炸

在探讨了多个关于手机技术的日常案例和实证研究之后，我们也需要进一步探讨关于这一领域的科学知识。在《手机行为百科全书》的近 25 个章节中，综述了与手机行为有关的手机技术的科学知识。如表 3.1 所示，这些章节主要总结了两类手机技术：(1)各种手机技术的特征，如智能手机、短信技术、应用程序和传感器；(2)各种应用于不同场景的手机技术，如应用于医学、商业、教育和日常生活的手机技术。

72 **表 3.1 《手机行为百科全书》中关于基于技术的手机行为的章节**

特征	章节标题
智能手机	智能手机在大学教室中的使用
智能手机	基于智能手机使用行为的心理特质预测
智能手机	智能手机的健康应用
短信	短信：使用、误用及其影响
短信	青少年的短信发送
短信	聚焦短信发送：一项在法国的研究综述
短信	社会抗议活动中的短信发送
短信	短信与基督教徒的实践
应用程序	品牌移动应用程序：在紧急移动信道中做广告的可能性
应用程序	移动应用程序的使用与应用
应用程序	3D 头部特写手机应用程序
传感器	感知人类行为的具有认知功能的电话
传感器	科学研究中的手机传感
传感器	作为普适的社会与环境地理传感器的手机
医学	基于智能手机的医疗健康应用程序
医学	手机技术与网络欺凌
医学	手机在整形手术与烧伤中的使用：当前的实践
商业	通过手机应用程序进行的人力资源招聘与选拔
教育	短信技术的教育潜能
教育	手机游戏与学习
教育	为支持教师教育而进行的移动设备使用的探究
日常生活	手机、分心驾驶、禁令与意外事故
日常生活	手机与驾驶
日常生活	手机技术与社会认同

除了《手机行为百科全书》中关于手机技术的章节，已发表的综述论文也是另一

个了解手机技术集成知识的有效途径。目前大约有二十篇相关的已发表综述,我们从中挑选出五篇具有代表性的综述来阐述以下五个主题:移动安全性、手机短信、移动应用程序、移动传感器和手机电池。

4.1 移动设备:安全性 73

第一篇综述主要着眼于移动设备,尤其是智能手机在技术角度的安全性。这篇综述的题目是“移动终端安全性调查”,由两位意大利研究者波拉(Mariantonietta La Polla)和马蒂内利(Fabio Martinelli),以及一位英国研究者斯甘杜拉(Daniele Sgandurra)所著,于 2013 年发表在电气与电子工程师协会(Institute of Electrical and Electronics Engineers, IEEE)的《通信调查与教程》上。① 这篇文章的第一作者来自意大利比萨国家研究委员会的信息与远程信息研究所,发表过多篇关于安全性、数据挖掘、计算机与社会,以及计算机安全与信息技术取证的论文。电气与电子工程师协会的《通信调查与教程》是一个免费的在线期刊,主要发表电气与电子工程师协会通信分会的专题报告,以及涵盖通信各个领域的调查报告。

这篇长达 26 页的综述主要强调了智能手机的移动安全性。(1)智能手机日益成为安全攻击的理想目标的三个主要原因是:更多的人使用智能手机通过各种网络访问互联网;安全攻击者制造出更多的恶意软件;以及越来越多的智能手机用户在不知情的情况下,下载并安装第三方生产的快速传播的恶意软件。(2)相比于计算机的安全性,智能手机由于其移动性(例如,更容易被干扰)、个性化(例如,可拍摄私人照片)、连通性(例如,随时办理网上银行业务)和多样性(例如,多种网络应用程序),因而更需要安全性方面的关注。(3)截至 2011 年,已有超过 500 个不同类型的恶意软件被识别。这些恶意软件可以根据其感染机制被分为五类,包括病毒(复制恶意软件自身,如 Dust),蠕虫(将恶意软件从一个设备复制到另一个设备,如 Cabir),特洛伊木马(将恶意软件隐藏至常规软件中,如 Liberty Crack),木马(将恶意软件隐藏至操作系统中,如 Locknut),以及僵尸网络(允许攻击者远程控制设备,如 Yxes)。(4)恶意软件造成了多种针对隐私、知识产权、国家机密、金融资产、设备与服务以及其他方面的威胁,并通过数据泄露、非自主数据暴露、网络钓鱼攻击、间谍软件、监视、金融恶意软件等十种方式进行攻击。(5)针对移动安全性,主要有两类技术手段来解决这一
问题,包括智能手机的入侵检测(例如,识别异常智能手机行为,如高功耗)和通过测 74
量、存储、报告和修补恶意程序的方式来建立高可信度的智能手机(例如,在智能手机

① La Polla, M., Martinelli, F., and Sgandurra, D. (2013). “A survey on security for mobile devices,” *IEEE Communications Surveys & Tutorials*, 15(1): 446 - 471.

开机时强制运行安全启动程序)。

4.2 手机短信:正反两面

我们要讨论的第二篇综述是《手机行为百科全书》中的一个章节,题目是“短信:使用、误用及其影响”,作者是来自马里兰罗耀拉大学的宝拉(Paola Pascual-Ferra),她是通信学副教授,曾发表过数篇关于基于短信的通讯及其研究方法的学术论文。尽管她是一位年轻的学者,她关于短信的综述内容全面、逻辑缜密,且兼顾趣味性,是百科全书中讨论这一主题的优秀章节之一。

这篇综述中强调了五个方面。第一,这篇文章阐明了几个相关的术语。发短信是文本信息发送的简写,指代通过手机接收和发送文本信息的过程。短信与基于互联网应用软件的即时消息不同,后者并非通过手机实现。短信也与多媒体信息服务不同,因为后者使用了多种媒介(如,图片和视频)而非文本。第二,这篇文章详细介绍了多个文本信息发送研究领域的代表学者,如克里斯平·瑟洛(Chrispin Thurlow)、娜奥米·巴伦(Naomi Baron)、克雷尔·伍德(Clare Wood)和斯科特·坎贝尔(Scott Campbell),在我看来还需要将拉里·罗森(Larry Rosen)也包括在内。站在这些巨人的肩膀上对学生和年轻学者进行今后的研究非常有用。第三,这篇文章剖析了短信行为的利与弊。第四,这篇文章综述了七种短信行为的主要应用领域:教育、健康、语言、隐私、人际关系、霸凌和交通安全。第五,这篇文章指出了今后的研究方向,包括在当前研究基础上关于隐私、霸凌、安全、语言创造性的扩展研究,以及新的应用程序,如 WhatsApp① 和微信的进一步研究。

4.3 手机应用软件:对医疗保健的影响

APPs 是英文应用(Applications)的缩写,一般是指移动应用程序软件。《手机行为百科全书》中的部分章节探讨了以下几个场景中的应用程序相关行为:(1)医
75 疗(例如,《基于智能手机的医疗健康应用程序》、《智能手机健康应用》)和(2)商业(《移动应用程序的使用与应用》、《品牌移动应用程序:在紧急移动信道中做广告的可能性》、《通过手机应用程序进行的人力资源招聘与选拔》)。其中,《基于智能手机的医疗健康应用程序》对医疗移动应用程序进行了极好的综述,我们在下文中进行简要的总结介绍。

其综述的要点在于:(1)医疗卫生体系本质上是一个高度移动化的系统,在 2005 年,一些国家医疗卫生从业者的适配率(adaptation rates)在 45%至 85%之间;(2)医

---

① 一款用于智能手机之间相互通讯的应用软件,类似于腾讯公司开发的微信。——译者注

疗应用程序主要有三类用户：专业人员、学生和患者；(3)对于专业人员，主要有七类医疗应用程序供其使用：诊断、药物参考、医疗计算、文献检索、临床交流、医院信息系统和医疗训练；(4)医疗移动应用程序有三个重要的研究方向：找出最优的应用程序并将其应用于发展中国家；应用程序的质量监管与提高的创新；以及应用程序蓝牙使用的标准化。

4.4 手机传感：普及性、复杂性及快速增长

我们要讨论的第三篇综述是《手机传感调查》。[1] 手机中安装有多种移动传感器，如加速计、步数计、光传感器、温度计、空气湿度传感器、心率监测器、指纹传感器和辐射传感器。这篇综述有效地总结了移动传感器的基本知识，这也是手机的重要的、迅速增长的特征。自 2010 年起，这篇文章已被引用 357 次，并被评为 Web of Science (WOS)中的高引用论文。该文的作者均来自达特茅斯学院的移动传感团队。前四位作者(Nicholas Lane、Emiliano Miluzzo、Hong Lu 和 Daniel Peebles)是博士研究生，后两位作者(Tanzeem Choudhury 和 Andrew Campbell)是资深科学家及计算机科学教授，整个团队由坎贝尔(Campbell)博士带领。该文的第一作者已出版 8 篇可在 WOS 中检索的关于移动传感器的学术论文。这篇综述发表在电气与电子工程师协会的《通信杂志》上，该杂志发表的文章通常涵盖了通信技术的最新进展，并由该领域领先的专家按照教程的风格撰写。因此，该期刊也由电气与电子工程师协会的通
信学会(具有超过 8 800 名会员的独立学会)出版，并且成为像《无线通信》和《互联网 76
计算杂志》一样最受欢迎的期刊。值得注意的是，电气与电子工程师协会出版的期刊通常被认为是杂志或学报(如，《认知通信与网络学报》和《通信学报》)，但是其内容却是高质量的研究型论文。基于上述的筛查，我们有理由相信这篇文章具有可信度和可读性。

这篇综述通过七个部分总结了移动传感的多个重要主题，如多种传感器、多种应用程序、主要的传感范围(个体传感、团体传感和社区传感)和移动传感结构。该文阐述了七个与手机行为研究和分析密切相关的观点：(1)传感器对于常规用户而言通常是不可见的，但是它们对于传感器可嵌入的手机而言是极其普适的硬件。今后多种功能强大并可嵌入的传感器，包括数字指南针、陀螺仪、GPS 定位、麦克风、相机和加速计，甚至更多类型的传感器会被添加在手机上。(2)传感器在各个领域都有广泛的应用，包括商业、医疗保健、社会网络、环境监测和运输。(3)各种应用程序被用于

[1] Lane, N. D., Miluzzo, E., Lu, H. et al. (2010). "A survey of mobile phone sensing," *IEEE Communications Magazine*, 48(9): 140 - 150.

不同目的的传感器收集、分析和共享。(4)每个主流的智能手机供应商都有相应的应用程序商店(如,苹果公司的 AppStore,安卓的 Android Market 和微软的 Mobile Marketplace)。(5)移动传感可被用于 3 种范围：个人(如个人健康)、团体(如朋友圈)和社区(如市区)传感。(6)传感器数据的分析和解释包括 3 个基本步骤：通过手机获得原始传感器数据;运用机器学习算法提取关键特征和识别人类行为(如,驾驶、谈话、喝咖啡)。(7)用户可以通过两种方式参与这一过程：参与式传感,即用户主动参与数据采集,并且人为地决定何时何地采集数据,采集什么样的数据,以及如何采集数据;或者随机式传感,即数据的采集完全是自动的,不受用户的控制。(8)用户隐私是目前这一领域所关心的主要问题。

那么我们可以从这篇技术性综述中学到什么呢?从手机行为的角度,我们至少可以学到三点：(1)传感器是普遍的、复杂的、有发展前景并快速发展的技术,可以广泛应用于人类现代生活。(2)手机传感器引发了多种独特的、基于传感器的手机行为。(3)传感器可以有效并高效地用于人类行为的学习和矫正。

77 ## 4.5 手机电池：火灾与爆炸

最后一篇综述的题目是“热失控造成的锂电池火灾与爆炸”,[①]作者是来自中国科学技术大学火灾科学国家重点实验室的王青松等人(Qingsong Wang、Ping Ping、Xuejuan Zhao、Guanquan Chu、Jinhua Sun 和 Chunhua Chen)。这篇文章在谷歌学术(Google Scholar)上被引用 280 次。王青松研究员主要研究火灾安全,并且已经发表了多篇关于锂电池安全的论文。这篇综述发表在《电源杂志》上,该期刊是一个国际期刊,自 1976 年开始出版电化学能源系统科学与技术的论文,包括原电池与蓄电池、燃料电池、超级电容器和光电化学电池。

电池为手机功能提供电源。没有电池,手机将不能工作。电池曾经是手机发展的瓶颈。电池本质上是使手机设备得以使用的储能设备。电池技术有很大的发展需求,但是其发展较慢。电池的发展经过了锌电池、铅电池、镍电池到现在的锂电池。锂离子电池目前是移动电话、笔记本电脑和许多其他便携式电子设备的主要电源,并越来越多地应用于电动车辆。而多种电池问题与锂电池充电过多、充电速度过快、误用和故障有关。

该文是一篇涉及大量数学和电化学背景的、具有高技术性的综述,因此并不容易理解。目前还没有关于手机电池与手机行为的优质综述。而这篇综述提出了关于手

① Wang, Q., Ping, P., Zhao, X. et al. (2012). “Thermal runaway caused fire and explosion of lithiumion battery,” *Journal of Power Sources*, 208: 210 - 224.

机电池的重要观点：(1)目前的大部分手机使用的是锂电池，还有少量其他类型的电池。锂离子电池的能量是通过电化学过程产生的，它包括三个主要功能部件：正极、负极和电解质。(2)手机和笔记本电脑的火灾和爆炸在公共媒体上被广泛报道，大多数涉事的大公司也都召回了电池。然而，研究数据表明，电池火灾或爆炸的概率比一般人所预计的要低得多，只有百万甚至千万分之一。(3)手机火灾或爆炸的主要原因
是电池过热或短路。大电流在短时间内流过电池产生热量，触发热失控，最终导致火 78
灾和爆炸。(4)从技术上讲，对于锂离子电池，是所谓的热失控导致火灾或爆炸。一般来说，热失控是一个连锁反应，就像原子弹的过程一样。当电池中的放热反应，即与热相关的化学过程失控时，电池温度升高，导致反应速率增加，使温度进一步升高，因此反应速率进一步增加，从而可能导致爆炸。(5)更具体地说，通常只要产生的热量可以被平衡掉，温度的上升就是正常的。锂离子电池的温度是由电池产生的热量和电池中消耗的热量之间的热平衡决定的。热量的产生遵循指数函数，而热耗散保持线性函数。当电池被加热到一定温度(通常在130至150摄氏度以上)时，电极和电解质之间会发生化学反应，使电池内的温度升高。如果电池可以消耗这些热量，那么其温度就不会发生异常。然而，如果电池产生的热量多于其能够消耗的热量，电池的温度就会迅速上升。上升的温度会进一步加快电池内的化学反应，产生更多的热量，最终造成热失控。(6)提高电池安全性的两种方法是，为锂离子电池提供更好的材料和更好的安全设计，或者在热失控发生之前找到一种释放电池内高压力和热量的方法。新型电池安全的特性，如安全通风口、热熔断器、停机隔离器和特殊的电池管理系统，已经在进行开发和测试。

综上所述，这五篇发表在技术性期刊或《手机行为百科全书》上的综述总结了现有的关于不同的手机技术如何影响不同的手机行为的研究。特别地，我们可以从中获得更广阔的视野：(1)智能手机如何受到潜在的移动安全攻击；(2)手机、短信的共同特征是如何在教育、健康、语言、交通安全等方面存在积极和消极两方面的影响；(3)医疗保健应用程序如何被专业人士用于诊断、药物参考、医学计算、文献检索、临床交流、医院信息系统和医学培训；(4)手机、传感器中共同使用的硬件是如何被用
于商业、医疗保健、社交网络、环境监测、交通运输等领域；(5)手机和电池的基本配件 79
如何因各种过度充电而引起火灾和爆炸等问题。

5. 比较分析：从字幕到短信

电视、计算机、互联网和移动电话都是现代通信、信息或计算技术。然而，它们具有不同的技术特征，并有着不同的功能。比较这些技术与人类行为之间的关联将有

助于我们进一步了解与手机技术相关的手机行为。

从历史上看,20世纪70年代的电视机、20世纪80年代的计算机、20世纪90年代的互联网和移动电话,都是当时最流行的电子设备。对于这些不同的技术,人们可能会认为较早的技术(例如,电视)比当前的技术更简单(例如,智能手机)。然而,这些问题事实上是非常复杂的,因为每个技术都涉及独特或相似的技术特征,总是随着时间的推移而进行实质性的改进,并且常常与其他技术集成。

对于与技术相关的人类行为,人们可能认为每种技术都有其特征,因此每一种技术都对应一系列相应的人类行为。然而,现有文献表明,对于各种技术,鉴于其多样的用户、活动和效果,它们的技术特征和行为特征以复杂的方式进行交互。以下是四个与文本相关的技术应用的例子,即电视字幕、计算机的微软 Word、电子邮件和手机的短信。

5.1 研究1: 字幕

第一个例子见于《屏幕上的印刷术: 字幕作为辅助识字工具的重要作用》一文。这篇文章是由宾夕法尼亚大学安南贝格通信学院的黛博拉·莱恩巴格(Deborah Linebarger)和杰西卡·泰勒·彼得罗夫斯基(Jessica Taylor Piotrowski)所作,2010年发表在《阅读研究杂志》上。[①] 这项实证研究中,被试是七十二名美国小学生,其中许多人的英语是他们的第二语言。他们被随机分配到实验组和对照组中,并被要求
80 观看六段时长为30分钟的电视节目。实验组的屏幕上有字幕,而对照组则在没有字幕的条件下观看。在观看每个节目片段之后,对学生的单词识别、理解,以及识字与阅读技能进行评估。结果发现,相比于对照组,实验组的学生在所有任务中均表现出显著或边缘显著的优势。

5.2 研究2: 微软 Word

另一个例子涉及《两种英语作为第二语言(English as a second language, ESL)写作方法的比较研究: 微软 Word 与手写方式在两组沙特新生中的使用》。这篇比较研究论文探究了两种写作方法: 手写(使用纸笔)与计算机输入方法(使用微软 Word)在两所沙特阿拉伯大学新生的英语写作中的有效性。该研究选取了来自沙特阿拉伯两所高校的一百名学生进行英语学习。一组学生被指定用微软 Word 书写,另一组用纸和铅笔手工书写。他们的写作质量被评估两次。该研究共测量3个因变量: 整

① Linebarger, D., Piotrowski, J. T., and Greenwood, C. R. (2010). "On screen print: The role of captions as a supplemental literacy tool," *Journal of Research in Reading*, 33(2): 148 - 167.

体写作质量、写作理解和对计算机写作的态度。研究基于两个自变量：性别和写作方法。这项研究的目的是评估学生使用文字处理软件是否比使用纸和笔时写作绩效更好。结果表明：(1)对于整体写作质量，使用 Word 的学生的写作质量明显优于使用纸笔的学生；(2)在写作理解方面，使用 Word 的学生和使用纸笔的学生的写作理解不存在显著差异；(3)对于使用计算机写作的态度，使用 Word 的学生和使用纸笔的学生的态度不存在显著差异。

5.3 研究 3：电子邮件

我们将简要介绍的第三篇文章是《电子邮件在外语写作绩效中应用的探索性研究》。[①] 这篇文章是由中国台湾义守大学应用英语专业的教授商惠芳(Hui-Fang Shang)所作，他已发表了多篇关于英语外语教学和课程设计的出版物。这篇文章发表在 2007 年的《计算机辅助语言学习》(*Computer Assisted Language Learning*)杂志上，该杂志自 1990 年以来一直关注计算机在第一、第二语言学习，以及在教学和测试中的使用，至今已有 29 年。该研究的主要目的是考察学生使用非传统的电子邮件时，其写作在句法复杂度、语法准确性和词汇密度三个方面的提高效果。

该研究的被试为四十名参加英语阅读课的新生。要求学生把他们的作文用电子邮件发给同伴并获得反馈，修改之后提交他们写作的最终版本。采用 WordSmith Tools 和 Word Perfect Grammatik 这两个程序评估学生的写作质量(这不失为一种创新的方法)。该研究的主要发现是，学生的写作绩效在句法复杂度、语法准确度和词汇密度这三个方面都有显著的提高。

5.4 研究 4：短信

最后一篇文章的题目是“支持移动学习者：一项行动研究”。[②] 作者是新西兰奥克兰大学的两位研究人员：信息系统与信息技术高级讲师克拉西·佩特罗瓦(Krassie Petrova)和创新专家李春(Chun Li)，前者在移动学习方面发表了大量的文章。这篇文章发表在《网络学习与教学技术国际期刊》上，该杂志自 2006 年开始出版，至今已有 13 年。很少有人研究如何使用短信来帮助那些以英语作为第二语言的学生学习英语。在这一研究中，二十名国际本科生参加了为期八周的研究。学生首先在课堂上学习生词。课堂学习后，研究者根据学生在课堂上学习的新单词，通过短

---

① Shang, H. F. (2007). “An exploratory study of e-mail application on FL writing performance,” *Computer Assisted Language Learning*, 20(1): 79 – 96.

② Petrova, K. and Li, C. (2011). “Supporting mobile learners: An action research project,” *Web-Based and Blended Educational Tools and Innovations*, 6(3): 46 – 65.

信的方式给学生发送问题，来对学生的词汇掌握进行测试，学生回答问题并反馈给研究者。在研究的最后，学生要接受一个全面的词汇测试和面试。这一环节在第二轮研究中，调整为先询问学生关于新单词的问题，然后再进行测试和面试。该研究发现：(1)在主动进行基于短信的学习后，学生的词汇测试成绩显著提高；(2)学生认为基于短信的学习是一种有用的学习体验。

82 总结上述比较研究，我们能够从中更好地理解以技术为中心的手机行为的复杂性。第一，人们会直观地认为电视相关行为、计算机相关行为、互联网相关行为以及手机相关行为是完全分离的。然而，比较研究有助于让我们看到各种行为之间的整合和相互关系，就像上述各种技术的整合一样。我们可以把尊重每一种技术和赞赏每一种与技术相关的人类行为称为多样性原则。第二，上文讨论的四个案例(即字幕、微软 Word、电子邮件和短信)表明，存在两种基于文本的技术来帮助英语作为第二语言的学生，即利用技术直接(参见上文第一个阅读研究和第二个写作研究)或间接(参见上文第三个同伴评价研究和第四个课后练习与测试研究)促进英语作为第二语言的学习。第三，尽管本节中只选择短信和学习作为第二语言的英语这两个角度来进行比较研究，但手机行为仍有其他多种维度和方面。例如，研究 1 关注字幕在年幼的阅读者识别困难词汇中的作用，研究 2 关注大学生英语写作中的微软 Word 的使用，研究 3 关注中国台湾成年学生写作复杂程度提升中的电子邮件的使用，和研究 4 关注新西兰国际学生学习新单词中短信的使用。第四，媒介即信息这一观点(即，媒介的形式影响信息被感知的方式)[1]，以及技术启示的重要性(即，我们应该理解新技术拥有的固有的且可感知的潜力)[2]已经被广泛讨论。丰富、多样、集成的手机技术使得手机行为比传统电视、计算机和互联网行为涉及更多的技术，而每种技术都提供独特的手机(例如，移动电视、平板电脑和移动互联网)特征。

6. 复杂思维：多样的技术与复杂的行为

在本章的开头，我们看到了桑尼对手机技术的直觉回答。现在我们应该清楚地
83 明白他的直觉知识的长处和局限。第一，他的回答集中在功能、硬件和应用程序——手机技术的三个组成部分。当然，这是非常有用和重要的。第二，他的回答只涉及多样的移动技术的一小部分。正如我们从上述十个案例、五项研究和上面讨论的四篇评论文章中了解到的那样，手机、网络及其配件都是移动技术的重要组成部分。第

[1] Marshall, M. and Fiore, Q. (1967). *The Medium is the Massage. An Inventory of Effects*. New York: Bantam Books.

[2] Norman, D. A. (1988). *The Psychology of Everyday Things*. New York: Basic Books.

三，虽然他没有被问及手机行为与移动技术的关系，但这一章的内容表明，不同的技术与不同的用户连接，形成不同的活动，从而引发不同的效应。

与桑尼的直觉回答不同，图 3.1 所示的本章总结，显示了手机技术的多样性以及与之相应的手机行为的复杂性。十项日常观察案例显示了手机技术、手机本身、特性、硬件和软件、网络服务以及电池和充电器等附件的类型。五项研究表明智能手机、应用程序、特性、GPS 定位、移动摄像头和基站如何影响各类用户、活动和效应，并引发多种手机行为。我们通过五篇综述文章和百科全书的几个章节总结了手机安全、短信、应用程序、传感器和电池等五个领域的研究。最后用四篇学术论文比较了基于电视、个人电脑、互联网和手机的文本使用对于英语作为第二语言学习效果的帮助，及其共性和差异。

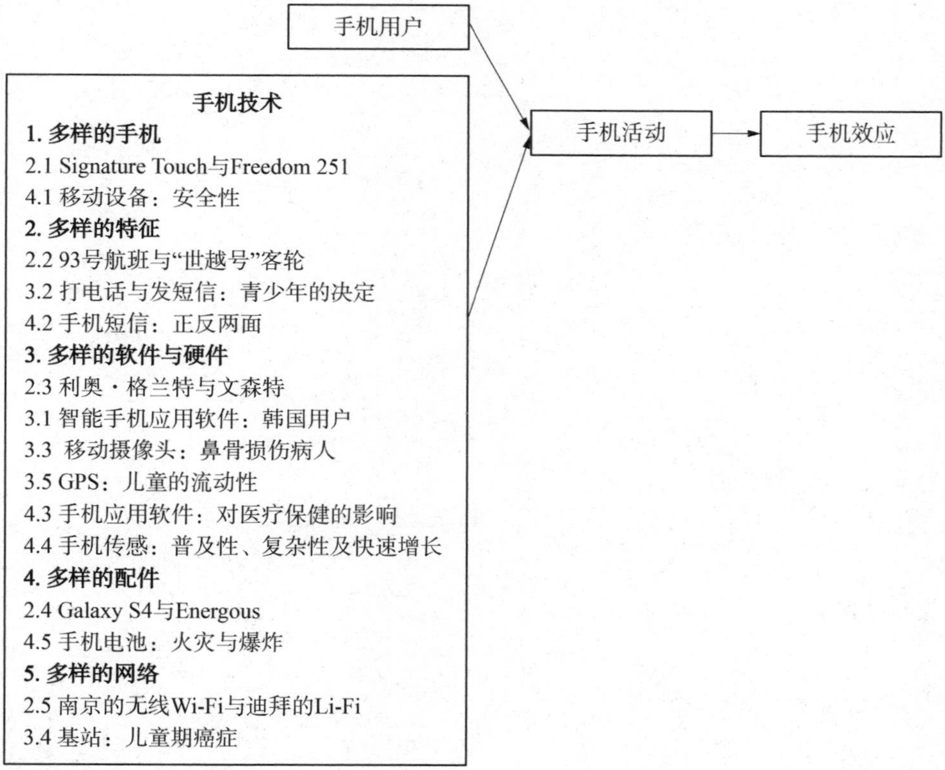

图 3.1　基于技术的手机行为总结图

当然，要进一步理解与多种技术相关的手机行为的复杂性，需要对更多的手机技 84
术的效应进行研究。在未来的各个研究方向中，有两个很重要：第一，我们应该如何跟上手机技术的新进展,并应对新的手机行为?对于这一点,需要熟悉电气与电子工程师协会的各种核心期刊,发表好的综述文章,并不断接受教育,及时地进行观点的更新和总结。第二,在手机行为的研究中,我们应该如何处理医学、教育、商业和其他领域的多样性?由于研究基础和资源在各领域分布不均,因此,跨学科的研究交流与合作非常必要。

第四章　手机活动

1. 直觉思维：伊丽莎白有见地的回答/ 69 85
2. 日常观察：从排空水池到回收手机 / 71
   2.1　手机的触及：排空水池 / 71
   2.2　手机使用：教皇的欢迎仪式与无智能手机的家庭用餐 / 72
   2.3　手机行动：马克的账户入侵与 SS7 入侵 / 73
   2.4　手机再利用：收集 500 部手机 / 74
3. 实证研究：从接受服务到管理废品 / 75
   3.1　手机的触及：接受高级服务 / 75
   3.2　手机使用：非洲的手机使用与工作场所中手机的不当使用 / 76
   3.3　手机行动：色情短信和手机游戏 / 78
   3.4　手机再利用：中国的手机回收 / 80
4. 知识整合：从复杂接触途径到 WEEE 管理 / 82
   4.1　四种接触途径 / 84
   4.2　三个领域的使用 / 85
   4.3　三类游戏 / 86
   4.4　四种再利用趋势 / 87
5. 比较分析：从屏幕使用时间到 Twitter 使用 / 88
   5.1　屏幕使用时间 / 88
   5.2　Twitter 使用 / 89
6. 复杂思维：多样的活动与复杂的行为 / 90

1. 直觉思维：伊丽莎白有见地的回答

伊丽莎白(Elizabeth)是一位非常优秀的研究生，当我问她有哪些人类活动涉及手机使用，并快速给出三到五个例子时，她给出了非常详细的回答——一个优秀的学生在期末考试中会给出的回答。她的具体回答如下：(1)通过多种渠道使用手机与 86
他人联系：打电话、发微信语音、使用 FaceTime、通视频电话、发短信、发微信、

Facebook 私信和 QQ 信息。(2)分享和收集信息或观点：在 Facebook、Instagram、Twitter、微博和微信朋友圈中发布信息，在公共论坛发布信息，用谷歌搜索，用领英求职，用谷歌地图寻找地点。(3)娱乐：购物(如亚马逊、沃尔玛、塔吉特、淘宝等智能手机应用程序)，看视频、听音乐、听广播(如 YouTube)，手机游戏。(4)银行业务：使用美洲银行、大通银行或探索银行(Discover Bank)的手机 APP。(5)旅行：买机票、订酒店(如，Price-line APP)、租车或叫出租(如，优步)。(6)健康监控：心率监测、步行距离记录、睡眠质量监测。

在上面的回答中，伊丽莎白给出了六种主要的手机活动，从人际交流到信息共享、娱乐、银行、旅游和健康监控。她还提供了各种具体的例子，例如视频通话、发布 Instagram、用沃尔玛 APP 购物、用优步叫车。应该没有人会批判她的回答过于狭隘或过于笼统，或是否认她对手机活动有全面而具体的了解。如果是期末考试，这样深思熟虑的回答很可能会得到一个完美的分数。

从手机活动的角度来看，我们可以从这些回答中学到什么？首先，伊丽莎白详述了各种手机活动。手机活动是指手机用户与手机技术之间的各种互动。这个概念可能让一些人感到困惑。例如，他们可能认为手机活动等同于手机行为。然而，根据本书中的定义，手机行为包括四个基本要素(用户、技术、活动和效应)，手机活动是手机行为的第三个基本要素。在现实生活中，手机用户与手机技术交互之后产生手机活动，从而产生手机效应。以手机用户(例如，青少年)和手机技术(例如，iPhone)为例。青少年与 iPhone 交互而产生手机活动(例如，给朋友发短信)，引起手机效应(例如，现有的友谊纽带被增强)。换言之，用户和手机之间需要产生连接和交互，发生有意义的手机活动，最终形成特定的效应。这个序列中四个元素形成了多样的手机行为。
87 这就是为什么我们在手机用户和手机技术之后，在手机效应之前，讨论手机活动这一主题。

第二，尽管伊丽莎白的回答相当全面深入，但她所讨论的活动大都是积极的(例如，与好朋友交流或通过应用程序方便地进入银行)，而不是消极的一面(例如，同学之间的欺凌或非法侵入银行事务处理)。我们不应该总是想当然地假设正在经历的每一个手机活动对每个人都是有用且有益的。

第三，尽管伊丽莎白有较为全面的手机行为知识，但她的六类活动和几十个例子都集中在一个典型的方面，即，在不同内容和领域中的手机使用。手机使用和手机活动这两个概念经常互换使用。然而，虽然常规的手机使用确实是手机活动的重要组成部分，但并不是其全部。我们应该更广泛和全面地看待手机活动这一过程，从用户开始与手机互动(例如，购买手机)，到用户停止与手机的交互(例如，换新手机)，而不是只聚焦在手机使用上。换句话说，探索手机活动的两端是很重要的，而不是仅仅集中在两者之间。

在讨论了手机用户和手机技术之后，本章着重讨论手机活动。我们的学习目标是更广泛、深刻地理解手机行为的复杂性，并从手机活动，如移动学习和移动游戏的角度来更有效和更高效地分析手机行为的复杂性。阅读本章后，我们应该可以获得比伊丽莎白最初对于手机活动的阐述更好的科学知识。

2. 日常观察：从排空水池到回收手机

2.1 手机的触及：排空水池

2014 年 8 月，[①]16 岁的德国少年与他的朋友一同在钓鱼俱乐部的池塘中钓鱼。
他无意中把他的 iPhone 掉到了池塘中。这是他心爱的手机，因为手机中有很多电话 88
号码、照片和许多好友的视频。于是，他试着把电话从池塘底部捞出来。起初，他向钓鱼俱乐部借潜水服，但被俱乐部拒绝了。然后，他发现了一个强大的水泵，所以在当晚回到池塘，并试图用水泵把所有的水从小池塘里排出。他把水泵连到了附近一个俱乐部的卫生间里，但是卫生间没有连接下水道，因此所有排出的水从卫生间里溢出，把俱乐部的停车场变成了小游泳池。最终，俱乐部老板发现了导致停车场积水的原因，并报了警。该少年被要求赔偿卫生间损坏，清理垃圾，并重新灌满池塘。事后这个少年在回顾这场事故时，只是后悔如果他当时带来两个强大的水泵，那么他就可以按计划找到他的 iPhone。

我们不知道这个固执的德国少年最终是否从池塘里捞出了他的 iPhone，但是我们能从这个有趣的故事中获得什么关于手机活动的知识呢？首先，这个故事很好地说明了手机的拥有并不等于可以触及手机。手机掉到池塘里时，尽管这个少年仍然是手机的主人，但是他无法接触到他的手机。用户只有在购买手机后才可以接触到手机，而且在使用手机前也必须接触到手机。因此，可触及是手机活动和交互的起点。

我们可以从这个故事中看到的第二点是，手机的可触及可能与手机行为的各种复杂问题有关。对于这个男孩而言，他采取了一些可笑的行动以恢复其手机的可触及性。其他类似的手机可触及性问题包括手机盗窃、关机、手机使用的技能、隐私信息保护和密码设置程序。

第三，这个故事表明，手机的可触及性有两个方面：积极方面（例如，如何增加可

---

① 参见 http://metro.co.uk/2014/08/02/german-schoolboy-drops-phone-on-fishing-trip-drains-entire-pondto-look-for-it-4819315/?iframe=true&preview=true.

触及性)和消极方面(例如,失去可触及性)。普通用户在日常生活中会面临各种各样可触及性的挑战,我们并不总是在获得可触及性,很多时候也在失去。通常而言,失去可触及性,就像德国男孩把手机丢到池塘里一样,可能比获得可触及性(例如,购买一部新手机)具有更大的破坏性。在其他特殊情况下则可能不同。比如,察尔纳耶夫兄弟中的弟弟策划了波士顿马拉松期间的恐怖袭击,他是自己手机的主人,但他的确
89 想毁了他的手机,这样警方就无法重新获得手机的可触及性,也无法从中找到他犯罪的证据。因此,我们可能需要更多地关注可触及性的消极方面。

最后,除了德国男孩排空池塘来寻找 iPhone 的故事外,还有许多类似的故事,讲述了人们如何为了避免丢失手机而竭尽全力。例如,一个中国农民不慎将手机掉入一个大型化粪池,他跳进去想要找回手机,但由于强烈的化学气味而失去了知觉。他的几个家人试图跳进去救他,但最终也都死了。一个美国女孩由于拒绝把她的新 iPhone 交给一个夜间街头抢劫犯而差点被杀。一个手机上瘾的亚洲男孩试图毒杀自己的奶奶,只是因为她没收了他的手机。当然,最大、最有争议的手机可触及性案例是在 2015 年,FBI 想侵入加利福尼亚圣 · 贝纳迪诺枪击案嫌疑人的 iPhone,进而要求苹果公司解锁该手机。因此,我们需要了解更多关于手机可触及性的问题。

2.2 手机使用:教皇的欢迎仪式与无智能手机的家庭用餐

2016 年 2 月,[①]教皇弗朗西斯(Francis)第一次访问墨西哥。一位负责接待的组委会成员在新闻发布会上宣布,墨西哥的信徒希望用一道由灯光和祷告组成的特殊的墙来接待教皇。教皇弗朗西斯到达机场后,他带着防弹的教皇手机前往位于墨西哥城的梵蒂冈外交大厦。在前往目的地的长达 12 英里的必经之路上,成千上万的墨西哥信徒站在路边,手持手机,为教皇弗朗西斯打造了一道特殊的灯光墙。

在墨西哥访问之前,2015 年 11 月 16 日,[②]教皇弗朗西斯在梵蒂冈圣彼得广场的发言中就谈到了手机使用。他认为,一个很少共同用餐的家庭,或者在用餐过程中家庭成员只是自顾自地浏览智能手机或看电视,而不互相交流的家庭并不能称得上是一个家庭。教皇认为家庭用餐是团结的重要标志,但在某些群体中这种习惯正在消
90 失。他建议人们不要在家庭餐桌上使用手机。这并不是教皇第一次提出反对滥用手机的言论。2014 年 8 月,他向人们警示到,虽然互联网和智能手机可以方便生活,改善生活质量,但也可能会使人们忽视了那些真正重要的事情。

这些关于教皇弗朗西斯的小故事生动地说明了与手机活动有关的第二个问题:

---

① 参见 www. theguardian. com/world/2016/feb/08/pope-francis-to-be-greeted-by-19km-of-mobile-phonelights-on-mexico-city-visit.

② 参见 www. romereports. com/2015/11/11/pope-put-down-your-cell-phones-and-talk-to-one-another.

手机使用。首先,从墨西哥手机墙的故事中可以很容易地看出手机的流行,即使在墨西哥这样的发展中国家情况也是如此。墨西哥的手机灯光墙也许不会出现在五年前,但现在手机已经成为了日常生活的一部分。第二,虽然手机可以通过常规方式来使用,如伊丽莎白所提到的打电话、发短信、玩游戏和分享信息,它们也可以用于各种特殊目的。墨西哥手机墙是墨西哥人创造性地表达其对教皇来访的热情的特殊手机活动。最后,我们可以从教皇的故事中发现的是,虽然手机能够以正常的,甚至是积极的、创造性的方式被使用,但手机使用可能有消极的一面,从不适用到误用、过度使用、错误使用和病态使用。教皇弗朗西斯建议人们与家人共同用餐,而不是与手机一起用餐,指出手机误用对家庭生活的不利影响,而且这个问题已经变得普遍并亟待解决。因此,就像我们在前一节讨论的可触及性问题一样,我们应该始终从正反两个方面,而不仅是一个方面,看待手机使用。

2.3 手机行动:马克的账户入侵与 SS7 入侵

2016 年的 6 月 6 日,[1]Facebook 创始人马克·扎克伯格(Mark Zuckerberg)的社交网络账户(包括 Twitter、Instagram 和 Pinterest)被一个叫做 OurMine 的黑客团队入侵。他们发现马克的所有账户的密码均是简单的“dadada”。为了证明他们的入侵成功,OurMine 在互联网上发布了一个截图,声称他们通过一个被泄露的 LinkedIn 数据库获取马克的密码,登录他的 Twitter、Instagram 和 Pinterest 账户,目的是测试他的账户的安全性,并对其账户中存在的安全漏洞发出警告。这不是黑客第一次入侵马克的账户。2013 年 8 月 20 日,他的 Facebook 账户被一名巴基斯坦黑客攻击,黑 91
客成功地在马克的 Facebook 官方网页上发布了自己的信息。

在 2016 年 4 月 17 日,[2]美国广播公司的电视节目《60 分钟》播出了一期题为“窃听电话”的报道。在此报道中,沙林·阿尔丰西(Sharyn Alfonsi)采访了德国顶级黑客卡斯滕·罗尔(Karsten Nohl),他演示了真实地成功窃听国会议员特德·卢(Ted Lieu)电话的过程,这位来自加利福尼亚的议员毕业于斯坦福大学的计算机科学专业,并对网络安全有较深了解。在采访中,罗尔说道,对于 7 号信令系统(Signaling System Seven, SS7)这一连接各种电话运营商的重要全球网络,他的团队有能力利用从中发现的安全漏洞来进行入侵。罗尔及其团队已被几家国际手机运营商授权合法使用 SS7。作为交换,运营商希望罗尔能够检测网络中的安全隐患。

这两个故事有一个关键的相似之处。他们都涉及与手机有关的黑客活动:

---

① 参见 www. nbcnews. com/tech/tech-news/zuckerberg-s-social-media-accounts-hacked-password-revealeddadada-n586286.

② 参见 www. cbsnews. com/news/60-minutes-hacking-your-phone/.

OurMine 入侵马克·扎克伯格的账户，卡斯滕·罗尔的团队入侵 SS7。从手机活动的角度来看，这两个故事表明，数以百计的手机活动不仅包括典型的活动，如学习、银行、购物和游戏，也有一些不典型的活动，如黑客入侵、盗窃、抢劫手机。另一方面，这两个故事有一个重要的区别。OurMine 在未经允许情况下侵入了马克·扎克伯格的账户，目的是引起他对安全性和隐私设置缺陷的关注，同时炫耀他们的黑客技能。相比之下，一些公司聘请卡斯滕·罗尔，在公司允许的前提下，要求其入侵 SS7，以找到 SS7 中的系统漏洞并加以改进。总体而言，即使是黑客入侵这种不典型的手机活动，也存在积极和消极的意图，以及由此带来的影响。因此，需要再次重申的是，手机行为存在其积极和消极两个方面。然而，在这一章的开头，伊丽莎白的直觉反应并没有提到这一关键问题。

2.4 手机再利用：收集 500 部手机

詹姆斯·迈图罗(James Maturo)是新泽西州保罗斯伯勒的一位居民。从 2007 年起，[1]他一直收集旧手机，并且将其捐赠给社区服务组织。例如，他捐赠了 250 部
92 手机给红十字会，并将其分发给卡特里娜飓风受害者。他还捐赠了 250 台手机给 911 手机银行，该银行成立于 2004 年，已向全美的受害者服务机构提供了数千台紧急联络手机。这些旧手机被用于老年人、被虐待或殴打妇女和残疾退伍军人的紧急通话。在紧急情况下，即使没有办理合适的手机业务，也可以用这些手机拨打 911 求助。其中的一部手机被送给一位拉斯维加斯的女士，她曾被一个刑满释放的男子施暴。某天晚上，施暴者出现在受害者的家中，并切断了受害者的座机电话，所以她无法求救。受害人抓住了 911 手机银行提供给她的紧急联络手机，跑进了一个带锁的卧室后打电话求助。最终，虐待者被抓捕，而受害者得以存活。后来，詹姆斯·迈图罗收到了 911 手机银行的来信，信中对他收集和捐赠旧手机表示了感谢。

这可以说是一个非常有趣的故事，其原因有二。首先，尽管每年有数百万台新手机出售，但也有成千上万的旧手机被淘汰。旧手机的处理催生了一个特殊的手机活动：手机再利用。一般来说，我们可以把手机回收作为手机用户与手机技术交互的终点，而手机的可触及性则是这个互动的开始。其次，手机回收可以进一步导致不同的结果，从大量的电子垃圾和严重的环境污染，到旧手机的回收。詹姆斯·迈图罗和 911 手机银行充分利用了手机捐赠，这不仅有助于减少电子垃圾、保护环境，也有助于为更多的人提供特殊的社会服务与支持，比如在拉斯维加斯被虐待的妇女，供他们

---

① 参见 www.911cellphonebank.org/press-coverage.asp.

在紧急情况下无法通话时进行求助。诸如此类的案例还有很多。[1] 因此，我们不应忽视这种类型的手机活动。

在这一节的结尾，我们可以将伊丽莎白的直觉反应与这里讨论的故事进行比较。伊丽莎白的回答涵盖了各种典型的、积极的手机活动，比如社交、银行业务和游戏。之后的案例则进一步说明了两个要点。首先，手机活动存在积极和消极两个方面，而不仅仅是积极的一面。伊丽莎白列出了日常生活中典型的积极手机活动，如收集和 93
捐赠旧手机，其他案例说明了不典型的消极手机活动，如侵入他人账户。第二，手机活动涉及各个时间点，除了手机使用和手机行动之外，也包括拿到手机这一起点到手机回收这一终点。换句话说，手机用户和手机技术之间存在手机交互的周期，虽然我们倾向于关注这一周期的中间部分，即手机使用和手机活动，但也不能忽视同样重要的起点和终点。显然，这些故事通过深化(例如，手机活动的消极方面)和扩展(例如，手机的再循环)伊丽莎白的直觉回应，展现了更为复杂的手机活动。下一节中我们将介绍在研究领域中，而非现实生活中的手机活动。

3. 实证研究：从接受服务到管理废品

3.1 手机的触及：接受高级服务

我们将讨论的第一篇文章题为“高级移动服务接受度的评估：来自 TAM 和扩散理论模型的贡献”，[2]它使用技术接受模型(TAM)和扩散理论两个著名的理论来检验人们如何接受用于银行、游戏或停车场的新型移动服务，而不是关注传统的手机通话和短信服务。由佛瑞德·戴维斯(Fred Davis)建立的 TAM 模型表明，[3]当用户面对一种新技术时，几个重要因素(例如，感知到的有用性和感知到的易用性)会影响用户如何接受以及何时接受这种新技术。埃弗雷特·罗杰斯(Everett Rogers)进一步提出了创新扩散理论，并解释了人们适应新技术的过程。[4] 根据谷歌学术的统计，这篇文章已被引用了 382 次。作者是两位西班牙研究者卡罗莱纳和弗朗西斯科(Carolina López-Nicolás 和 Francisco Molina Castillo)，以及一位荷兰研究员哈里·布 94
夫曼(Harry Bouwman)。第一作者卡罗莱纳是西班牙穆尔西亚(Murcia)大学管理与

---

① 参见 www.911cellphonebank.org/press-coverage.asp.

② López-Nicolás, C., Molina-Castillo, F. J., and Bouwman, H. (2008). "An assessment of advanced mobile services acceptance: Contributions from TAM and diffusion theory models," *Information & Management*, 45(6): 359-364.

③ Davis, F. D. (1989). "Perceived usefulness, perceived ease of use, and user acceptance of information technology," *MIS Quarterly*, 13(3): 319-340.

④ Rogers, E. M. (2003). *Diffusion of Innovations* (5th edn.). New York: Free Press.

金融系的助理教授，据 Researchgate 的统计，她已发表了大约 40 篇关于信息管理、信息系统和移动通信的论文。这篇文章发表于 2007 年的《信息与管理》上，该期刊自 1977 以来出版了多篇有关信息系统应用的设计、实施和管理（例如，培训和教育、管理政策和活动）的文章。这篇文章高达 382 次的引用频次，其作者 40 篇的论文发表数量，以及其发表期刊的优秀口碑，使我们有理由相信其内容的高可信度。

在这项研究中，作者选择了 542 名荷兰居民作为样本参加调查。研究者试图测试行为意向如何与七个变量相关，如媒体影响（例如，广告建议人们应该使用高级移动服务）、社会影响（例如，我们周围的人认为我们应该使用高级移动服务）、可觉察的灵活性优势（例如，人们可以随时随地使用移动服务）和可觉察的身份优势（例如，使用高级移动服务是有价值的）。该研究采用结构方程模型对数据进行分析。结果发现：(1)媒体影响会作用于社会影响；(2)社会影响通过影响其余 5 个中介变量（例如可觉察的灵活性优势和可觉察的身份优势）来影响与用户的行为意向。

这是一篇在各类期刊中常见的有关行为意向的典型研究。从该研究中我们可以了解到手机行为复杂性的哪些方面呢？首先，诸如手机服务、高级手机服务、使用这些服务的意向以及不同服务间的切换，不仅是手机本身相关的问题，也是涉及使用或访问手机的真实、复杂且重要的问题。如果没有基础和高级的服务，手机将不能使用，手机行为也就无法发生。其次，与第一点相关，用户对手机的接受、采纳、态度，以及对手机和手机服务的使用意向都与作为手机活动起点的手机可触及性有关。只有在用户先决定使用某个手机或服务之后，我们才能够看到他们使用手机来实现各种用途和功能，例如通话、发短信、玩游戏或学习。第三，除了产品/服务价格和技术特性等诸多因素之外，媒体影响和社会影响这两个因素在用户对特定手机服务的接受度方面起着重要作用。第四，存在其他多种因素影响用户接下来的预期行为。因此，
95 我们可以得出结论，决定如何使用以及为什么使用手机或手机服务是一个复杂的过程，其中涉及多个因素和因素间的多种相互作用。

3.2 手机使用：非洲的手机使用与工作场所中手机的不当使用

接下来我们讨论一项皮尤研究中心在 2015 发布的研究报告。正如我们在第二章中介绍的那样，皮尤研究中心（Pew Research Center, PEW）是一个国际知名的研究公司和“事实库”（fact tank）（事实库是指提供基于事实的分析信息的研究机构，而不是提供基于信念的解决方案，或所谓的智囊团），该机构已经发表了一系列备受关注的研究报告，主题是近几十年来媒体、互联网和手机使用的发展趋势。我们将要讨

论的是题为“非洲手机：通信生命线”的报告。它关注非洲手机使用的现状。[1] 这份报告由一个 15 人以上研究人员组成的团队完成，主要研究者是雅各布·普什泰尔(Jacob Poushter)。雅各布·普什泰尔是皮尤研究中心的高级研究员，他撰写了多篇关于国际舆论的研究报告，包括《新兴国家与发展中国家的互联网使用》，而《非洲手机》一文并不是一篇典型的经过同行评审程序的学术文章。鉴于它是由皮尤研究中心的研究人员所做，因此可以通过我们初步的可信度筛选。

该报告提到了一项对于七个撒哈拉以南非洲国家的手机使用情况的调查，包括：南非、尼日利亚、塞内加尔、肯尼亚、加纳、坦桑尼亚和乌干达。来自七个国家的大约 1 000 名居民参与了调查，该调查的样本抽样采用“多阶段整群抽样”的方法，按区域和城市性等特征进行分层抽样。2014 年 4 月 11 日至 6 月 5 日，该团队与上述地区的成年人共进行了 7 052 次面对面的访谈。调查结果被公布在 2014 年春季的《皮尤全球态度调查》中(例如，68 号问题：你有手机吗？74b 号问题：在过去的这 12 个月里，你用手机做了以下任何一件事吗，比如拍照或录像？)

这项调查的主要发现是：(1)65%至 89%的被试拥有手机，而在南非和尼日利
亚，手机的普及率(即购买或拥有手机的人在特定地区的人口百分比)与美国相同，然 96
而，超过 94%的人没有在家里设置固定电话；(2)用手机发短信、拍照或视频，使用手机银行是最受欢迎的三项手机活动，参与人数在调查人数中的百分比分别是 80%、53%和 30%；(3)受过教育的(例如，尼日利亚：35%)、年轻的(例如，尼日利亚：34%)和会说英语的非洲人(例如，尼日利亚：33%)会拥有智能手机；(4)被调查的七个国家中，各国手机使用情况存在本质差异，南非和尼日利亚的手机普及度最高，而坦桑尼亚和乌干达则最低(例如，34%的南非被试拥有智能手机，而乌干达只有 5%)。这些结果意味着什么，并有何重要性呢？这些发现提供了关于非洲的手机拥有和手机使用的概况，并且显示出了地区之间的分布不平衡这一关键特征。

在了解非洲的手机使用情况之后，现在让我们来讨论另一个话题：手机误用，而非常规的手机使用。我们将讨论的文章题为“管理手机：小企业的工作与非工作冲突”，[2]它关注小企业环境中，与工作相关和与工作不相关的手机使用动机。这篇文章已在谷歌学术上被研究手机使用中工作与生活平衡的同行引用了 22 次。作者是基思·汤森德(Keith Townsend)和林恩·巴彻勒(Lyn Batchelor)。第一作者基思·汤森德是澳大利亚格里菲斯大学就业关系和人力资源系的副教授，他在职业生涯的早期发表了几篇关于手机使用的文章。这篇文章发表在 2005 年的《新技术、新工作、

① 参见 www.pewresearch.org.

② Townsend, K. and Batchelor, L. (2005). “Managing mobile phones: A work/non-work collision in small business,” *New Technology, Work and Employment*, 20(3): 259 - 267.

新就业》(*New Technology, Work and Employment*)上,该期刊是一个 Wiley 收录的关注工作场所技术变化的期刊,已经出版了 31 年。

本文报道了两个案例研究。第一个研究针对一个拥有十名员工的小型房地产公司,研究者于 2002 年采访了该公司的一名经理和四名员工。第二个案例是针对一个有十个全职员工的零售商店的,研究者在 2005 年采访该店的两名经理和三名员工。访谈内容被转录并分析,以探究工作/非工作相关的交互与控制,及其技术这一新兴主题。研究发现这两个小企业之间关于手机使用的管理存在差异。房地产公司会给他们的员工提供手机,供其处理公司业务和个人事务。相反地,零售店不仅不会向员
97 工提供手机,甚至不允许员工在上班时使用手机,除非是遇到紧急情况。然而,一些员工会抱怨零售店的手机使用规定,当老板不在时,他们通常会用他们的私人手机。因此,在房地产公司的规定中,手机的使用是常规的,甚至是被鼓励的,而在零售店的规定中,它被认为是一种不当使用。

通过对比这两项研究,我们可以获得以下观点。首先,在实现手机可触及之后,我们把手机活动作为手机行为的第二个主题。如果一个人拥有手机却从不使用手机,那么手机行为就不可能发生。如果我们知道了一个人是否拥有手机(即拥有率或渗透率),他会用手机做什么(即手机使用),他用手机的频率(即使用频率),或他每次用手机的时间有多长(即使用持续时间),我们就可以进一步地了解到更多样的手机行为。然而,手机使用是复杂的。除了手机使用的快速增长(例如,目前在非洲的普及使用)和手机不当使用(例如,在澳大利亚零售店的不当使用),我们可能会遇到其他各种与手机使用相关的话题,包括手机端的过度使用、不当使用、滥用、成瘾性使用、多任务使用、隐性使用和不使用。其次,不同用户(例如,房地产公司或零售店销售人员)在使用不同技术(例如,发短信或打电话)时产生的各种手机使用或不当使用可能导致不同的效应(例如,增加销售或降低生产率)。这篇文章介绍了房地产公司与零售店在工作场所使用手机的积极或消极影响。换句话说,像可触及性一样,手机使用也存在积极和消极两个方面。

3.3 手机行动:色情短信和手机游戏

现在我们将探讨另一篇与手机活动有关的文章。这篇文章的题目是“年轻人的色情短信”,[①]并探讨年轻手机用户发送或接收色情短信、图片或视频信息的行为。据谷歌学术统计,该文被包括米歇尔·德劳因、克里斯托弗·弗格森、谢莉·沃克和

---

① Gordon-Messer, D., Bauermeister, J. A., Grodzinski, A., and Zimmerman, M. (2013). “Sexting among young adults,” *Journal of Adolescent Health*, 52(3): 301-306.

金伯利·米切尔(Michelle Drouin、Christopher Ferguson、Shelley Walker、Kimberly
8 Mitchel)在内的多个学者引用了 93 次。这篇文章的四位作者是密歇根大学的公共卫生领域的研究者,第一作者黛博拉·戈登·梅瑟(Deborah Gordon Messer)发表了数篇关于青少年健康行为的文章。这篇文章发表在 2013 年爱思唯尔(Elsevier)出版的《青少年健康杂志》上,该刊是青少年健康与医学学会的官方刊物,自 1980 年开始出版青春期医学和健康领域的研究成果,包括基础生物学、行为科学、公共卫生与政策的相关研究。值得注意的是,在文章的末尾,研究者致谢了他们的经费资助方(例如,国家药物滥用研究所的挑战基金和国家卫生研究职业发展奖)。这些信息可以使对这一领域感兴趣的人们了解到他们可以申请哪些基金。

3 443 名美国年轻人参加了该项调查。为了确定这些年轻人发色情短信的行为状态,研究者向他们询问了两个问题:(1)他们是否曾用手机向他人发送过裸体照片或视频;(2)他们是否曾经收到过他人用手机发送的裸体照片或视频。基于对这两个问题的回答,研究者划分了四种色情短信发送行为的类型:(1)从未发送或接收过色情消息的非色情短信行为者;(2)只发送过色情短信的发送者;(3)只接收过色情短信的接收者;(4)发送并接收过色情短信的双向色情短信行为者。然后将四种色情短信发送行为类型作为自变量,将个体性行为和抑郁设为主要因变量。结果发现:(1)被调查者中有 57%的人从未发送或接收过色情消息,28.2%的人发送并接收过色情短信,12.6%的人单纯接收过色情短信,2%的人单纯发送过色情短信;(2)排除了仅有 2%的发送者,色情短信行为与性行为的风险性及抑郁程度显著相关。

从本文中我们也可以获得一些关于手机活动的观点。首先,收发短信是一种常规的手机活动。普通人在日常生活中经常发短信。在年轻用户群体中更流行发短信,而不是打电话。然而,色情短信或收发色情短信及图片信息的行为是一个严重的社会问题。上述研究表明,就收发裸照或视频而言,28.2%的人发送并接收过色情短信,12.6%的人单纯接收过色情短信,2%的人单纯发送过色情短信,约占 3 447 名被 99
调查者的 43%。鉴于这项研究使用的是自我报告数据,并且只关注了裸体照片或视频,没有把明显的色情短信包括在内,所以我们可以推测,更高比例的年轻人有色情短信收发行为。第二,本研究发现色情短信行为与性行为的风险性及抑郁程度显著相关,因此需要进一步的研究来确定色情短信行为在不同人群中潜在的严重影响,特别是要研究色情短信的接收者和双向色情短信行为者,以及不同年龄、性别、社会阶层或文化环境下的人群。

发短信这一最常见的手机活动可能涉及一个普遍但消极的手机活动——色情短信;而另一项常见的手机活动——手机游戏,反而会引发意想不到的积极效应。下一篇文章就是一个很好的例子,其标题是"照料手机虚拟宠物会影响青少年的饮食行为”，[1]表明照顾虚拟宠物的手机游戏可以用于改善孩子们现实生活中的早餐习惯。这篇文章由康奈尔大学的七位学者所作，第一作者是撒哈拉·伯恩(Sahara Byrne)副教授，他曾发表过多篇关于健康传播的文章。该文于 2011 年发表在《儿童与媒体杂志》上。这一期刊由采取同行评议流程的泰勒和弗朗西斯(Taylor & Francis)出版社出版，自 2007 年以来发表少年儿童传媒领域的研究。

在这一虚拟宠物研究中，三十九名中学生被随机分配到三个组中，一组同时接受积极与消极两种反馈，一组只接受积极反馈，另一组作为对照组不接受反馈。每个学生都分配到了一个 iPhone，他们需要从游戏中选择一个虚拟宠物，并在接下来九天中照料它。在这九天里，学生们会从他们的虚拟宠物那里收到早餐提醒信息，要求他们给宠物发送一张自己真实的吃早餐的照片。然后，根据其所在的分组，学生会从他们的宠物那里收到相应的反馈。研究得到了令人出乎意料的结果：同时接受积极和消极两种反馈的学生在九天内吃早餐的平均百分比为 52%，只接受积极反馈的学生的这一比例仅为 27%，而没有接受任何反馈的对照组的比例为 20%。第一组与第二组之间，以及第二组与第三组之间存在显著差异。换句话说，从虚拟宠物处同时获得积
100 极和消极反馈的学生比只接受积极反馈或没有反馈的学生更可能吃早餐。因此，当提供具体和适当的反馈，即同时提供积极和消极的反馈，虚拟宠物饲养这类手机游戏可以改善玩家在现实生活中的早餐习惯。

从手机活动的角度看，这篇文章表达的内容非常有趣。首先，这项研究提供的是实验数据，而不是基于调查的自我报告数据。通过规范的实验设计，研究者得以通过手机游戏来检验游戏中的反馈类型与青少年早餐习惯之间的因果联系。第二，尽管许多研究集中于游戏的消极影响(例如，暴力和攻击性)，这项研究则显示了手机游戏对饮食习惯的积极影响。正如目前积极心理学运动所倡导的那样，我们希望看到更多的关于手机游戏的积极作用研究。第三，从手机活动的角度来看，我们由此获得了一个典型的手机行为的例子：一些青少年使用简单手机游戏和手机摄像头来照顾虚拟宠物。游戏玩家会获得来自宠物的不同反馈，这种宠物护理游戏活动可以在九天之内使青少年在现实生活中形成不同的早餐习惯。

3.4 手机再利用：中国的手机回收

下一篇文章的题目是“中国消费者废旧手机回收行为的调查与分析”，作者是南开大学的尹建锋(Jianfeng Yin)和高颖楠，以及环境保护部环境与经济政策研究中心

---

① Byrne, S., Gay, G., Pollack, J. P. et al. (2012). “Caring for mobile phone-based virtual pets can influence youth eating behaviors,” *Journal of Children and Media*, 6(1): 83 - 99.

的徐鹤。目前没有查找到这些作者的发表记录。这篇文章发表在2013年的《清洁生产杂志》上，该杂志是1993年以来由爱思唯尔出版的关于手机回收的代表性学术期刊之一，另一份期刊叫做《废物管理》。需要注意，《清洁生产杂志》中的“清洁生产”这一概念不仅限于污染防治，它不仅包括对新生产结构的积极研究和开发，也涉及教育、培训、管理和技术援助项目，以促进清洁生产的普及和持续发展。

这是一项2011年在中国进行的调查研究。采用分层随机抽样的方法，获得了全 101
国1 064人的代表性样本。研究中所用的李克特量表[①]包括三个主要部分：(1)消费者对废旧手机回收与处理的行为和态度；(2)消费者对废旧手机及其回收利用与处理的环保意识；(3)消费者支付废旧手机回收和处理费用的意愿。主要研究结果包括：(1)58%的受访者认为手机的使用寿命一般不到两三年，大多数消费者更换手机的主要原因是手机损坏(43.8%)或他们的手机不再流行(37.1%)。(2)受访者有五种处理废旧手机的方法：47%的人把旧手机放在家中；24%的人的手机被盗或丢失；19%的人参与了付费回收手机的“绿箱项目”；7%的人把旧手机扔掉；2%的人参与免费回收手机的“以旧换新”计划。(3)许多废旧手机没有得以回收的主要原因是，大多数人不知道应该把旧手机送到哪里回收(45.9%)，或者他们更愿意把旧手机送给家人或朋友(28.3%)。此外，17.7%的参与者害怕泄露旧手机中的隐私，8.1%的人则会把旧手机纯粹当作数据存储设备。(4)33.4%的参与者认为，旧手机的低回收率主要因为是没有健全的回收体系。大约23.8%、15.7%和15.2%参与者认为，导致低回收率的首要因素是环保意识的薄弱、政府管理的缺失和相关法律法规的不健全。(5)就参与者的环保意识而言，参与者们可以说出一些手机中含有的有毒害物质(例如铅、汞或砷)，以及可回收的贵金属物质(如金、银、钯)，但是他们对中国移动、摩托罗拉、诺基亚在2005年共同提出的“绿箱环保计划”，《电子废物管理法》中规定的生产者责任延伸制(Extended Producer Responsibility, EPR)和生产者责任延伸的含义都缺乏了解。

从手机行为的角度，我们可以从中得到以下几点有用的信息。首先，一般手机通常有两到三年的寿命。因此，了解如何有效地处理旧手机非常重要。应该对旧手机
的处理和新手机的使用给予同等程度的重视。第二，人们有各种各样的方法来处理 102
旧手机，无论是把它们存放在家里、给亲戚，通过某些回收项目回收，或者简单地丢掉

① 李克特量表(Likert scale)是一种常用的评分加总式量表，用于调查人们对于某一对象的看法或评价。量表由一组关于某一对象的陈述所组成，评价的过程就是将每一个陈述赋予等级，这些等级用等距数组表示，如1、2、3、4、5。每个被调查者对各个陈述赋予的等级之和，就是他对于这一对象的看法或评价的分数。更多信息可见：Likert, R.. (1932). A technique for the measurement of attitudes. *Archieves of Psychology*, *22 140*, 1-55.——译者注

它们。第三，人们对待旧手机的态度与行为受到很多复杂因素的影响，包括对安全性和隐私性的顾虑。第四，许多普通的手机用户可能对于旧手机处理背后复杂的环境与社会问题的了解非常有限。

总之，本节介绍和讨论了六个与手机活动和基于活动的手机行为相关的实证研究。正如我们之前所讨论的，伊丽莎白的最初想法集中在一些常见的手机活动上，如购物和游戏；之后提到的六个日常生活观察案例进一步说明了手机活动的广度，以及基于活动的手机行为（例如，排空池塘案例，或捐赠旧手机案例）。本章介绍的七篇学术论文从各个具体方面阐述了手机活动，包括获取新服务、切换网络、非洲的手机使用、员工手机使用禁令、美国年轻用户的色情短信收发行为、中学生的虚拟宠物手机游戏，以及普通中国人手机回收的行为、态度与知识。今后的研究应该进一步从手机活动的角度，加深并拓宽对手机行为复杂性的科学认识。我们至少可以学习到两个重要经验：(1)手机活动具有积极和消极的两面性；(2)手机活动的概念具有广泛的外延，包括从手机可触及到手机回收的过程，也涉及到手机使用和手机功能相关的多种问题。

4. 知识整合：从复杂接触途径到 WEEE 管理

手机用户可以使用手机进行多样的手机活动，如接受、采纳、建议、评估、崇拜、欺凌、交流、竞选、联系、消费、控制、协调、发展、游戏、信息查找、干预、学习、营销、实践、预防、抗议、招聘、回收、社交、学习、多任务、教学、发短信或色情短信发送，仅举这些
103 为例。由于手机活动类型极为多样，我们可以用多种方式对其分类。首先，可以根据用户和手机之间交互的四个不同阶段（触及、使用、行动和再利用）来划分。第二，可以通过手机活动所基于的领域（医疗、教育、商业和日常）进行分组。第三，可以简单地根据手机活动影响的类型（物理、认知、社交和情感）进行分类。第四，可以更简单地将手机活动分为单个活动和多个活动（学习、游戏、开车时打电话、学习时发短信）。第五，可以通过手机活动所基于的三个主要的技术——计算、通信和信息，来进行划分。除了自上而下的基于理论的方法，我们可以使用自下而上的方法，通过日常生活的观察或实证研究来对活动进行分组，类似扎根理论的方法。这些类型的划分可以进一步帮助我们了解手机活动和手机行为的复杂性。

显然，本章使用了上述第一种基于交互阶段的分类方法来描述手机活动。使用这种分类方法的主要原因是，对于手机活动，人们的直觉反应（如伊丽莎白）和学术研究（例如，照顾虚拟宠物的游戏）往往关注在中间阶段，即手机使用和手机行为的阶段，但是起点和终点，最初的手机触及和最后的手机回收，也同样应该被重视。这样

才能全面了解手机用户和手机技术的交互,以及随之产生的各种手机活动。

已有很多文献关注手机活动这一问题。《手机行为百科全书》中关于手机活动和过程的章节,对现有文献进行了良好的综合。其中,近五十篇涉及手机活动的文章可以被组织为以下四个主题:手机触及、使用、行动和再利用。表 4.1 给出了一个简短的总结。

我们接下来的内容并不是要涵盖所有关于手机活动的话题,而是通过讨论几篇已发表的综述文章和百科全书的部分章节,说明当前关于手机活动的文献的广度与深度。

表 4.1 《手机行为百科全书》中有关基于活动的手机行为的章节 104

特征	章节标题
触及	用户对移动互联网的接受度
触及	手机优惠券:接纳与使用
触及	用户对于移动电子通讯的接纳
使用	手机用于教育评估
使用	问题手机使用的概念与评估
使用	手机在宗教领域的使用
使用	离婚的共同受抚养人对通信技术的使用
使用	儿童的语篇使用与语言能力
使用	表情符号在移动通信中的应用:-)
使用	积极技术:使用手机进行心理社会干预
使用	使用手机帮助预防儿童虐待
使用	使用手机控制社交互动
使用	手机使用增强社会联系
使用	探索移动设备使用对于教师教育的支持
使用	短信与基督教习俗
使用	移动医疗急救
使用	手机在整形外科与烧伤中的使用:当前实践
使用	手机使用对于自闭症患者的支持作用
行动	性、网络欺凌与手机
行动	学生伤害学生:作为手机行为的网络欺凌
行动	全天候连接:手机与青少年的亲密体验
行动	驾驶过程中的手机通话
行动	手机、分心驾驶、禁令与死亡
行动	手机在危险驾驶中的角色
行动	手机与驾驶
行动	浪费时间或失去生命:驾驶时通话的风险评估

续表

特征	章节标题
行动	手机游戏与学习
行动	从自主学习的角度评价移动无缝学习
行动	手机使用与儿童识字学习
行动	微学习与移动学习
行动	移动学习
行动	移动平台上科学的学习类游戏
行动	作为道德建设工具的移动通信
行动	社会抗议中的短信
行动	使用手机 app 进行的人才招聘与选拔
行动	青少年性短信：性表达与移动技术的结合
行动	手机的多任务与学习
行动	青少年短信
行动	心理健康与幸福感的移动跟踪
再利用	手机使用的可持续性
再利用	旧手机和报废手机的产生、收集与回收

4.1 四种接触途径

第一篇文章是《数字鸿沟：复杂而动态的现象》。[①] 数字鸿沟的概念通常意味着能够接触到数字技术机会的不平等性。鉴于该文基于深刻的类型学，对数字鸿沟的概念进行了彻底分析，本节将引用并对其内容进行讨论。该文作者是简·范迪克和肯尼斯·哈克(Jan van Dijk 和 Kenneth Hacker)。第一作者简是荷兰屯特大学的传播学教授，他发表了多篇关于社会信息与通信技术的文章，尤其是关注数字鸿沟领域的研究。这篇文章发表在 2003 年的《信息社会》上，创刊自 1981 年的这本杂志由泰勒和弗朗西斯出版社出版，主要刊登关于技术与社会变革之间关系的研究。

105 该文可以称得上是一篇理论性文章或立场性文章，而不是典型的综述文章。它利用一个有效的分析框架和现有的来自荷兰和美国的调查数据，来分析“数字鸿沟”这一概念的复杂性和动态性。它主要集中在广义的信息和通信技术(计算机和互联网)上，而不仅仅关注手机。从可触及性方面，我们至少可以从这篇文章中获得八个要点。首先，作为文章的两大主题之一，作者将可触及性问题视为一个复杂的概念，主要包括四个方面：(1)心理可触及(个人是否对计算机感兴趣，是否有计算机焦虑，

① Van Dijk, J. and Hacker, K. (2003). “The digital divide as a complex and dynamic phenomenon,” *The Information Society*, 19(4): 315 - 326.

或是否会被新技术吸引)；(2)物质可触及(个人是否拥有计算机和网络连接)；(3)技能可触及(个人是否有数字技能)；(4)使用可触及(个人是否具有使用数字技能的机会)。其次,作为第二个中心主题,作者认为这 4 种可触及性会形成动态序列并随着时间的推移而变化,前两种可触及性(心理和物质可触及性)在逐渐完善,而后两种可触及性(技能和使用可触及性)还面临更多挑战。第三,对于心理可触及性,作者指出,在研究中,大约有 36%的荷兰用户由于技术焦虑、消极态度和低级动机而缺乏计算机使用技能。第四,对于物质可触及性,技术占有差距会由于年龄、性别、教育、收入和种族的不同而逐渐增加。这往往是由饱和效应导致的,即具有较高物质可触及性的人群将保持原有水平,但是较低物质可触及性的人群将进一步落后。第五,对于技能可触及性,数字鸿沟不仅体现在工具技能(如何使用硬件和软件)上,更重要的是在于信息技能(如何搜索信息)和策略技能(如何在个人职业和发展中应用技能)。第
六,对于使用可触及性,将出现用途的分歧。虽然有的人可以充分利用并受益于各种 106
各样的先进技术,但另外一些人可能只能使用一些简单的技术(例如,主要使用进行基本的文字处理和游戏的相关技术)。这篇文章有助于我们从两个方面进一步理解手机活动的复杂性,尤其是可触及性和数字鸿沟。首先,它将可触及性问题分为四大类：心理可触及性、物质可触及性、技能可触及性和使用可触及性。这种全面的概念框架有助于我们理解可触及性的复杂性。换句话说,有四种不同的数字鸿沟,而不仅仅是一种。对于手机而言,在心理可触及性和物质可触及性上的数字鸿沟可能不是主要关注点,应该更多关注技术可及(例如,如何使用移动电话来搜索医疗或商业信息)和使用访问可及(例如,在医疗保健和学习方面,如何从最新的手机技术中获益)。第二,虽然这个概念框架是在十五年前提出的,但我们仍然可以利用它来查找各种各样的具体研究结果。这些发现有助于我们理解可触及性的丰富性。虽然伊丽莎白的最初回答根本没有涉及可触及性的问题,但是日常生活观察和实证研究则表明了可触及性问题的广度与深度,这篇综述也为我们打开了可触及性研究的大门。

4.2 三个领域的使用

第二篇综述题为“发展中国家手机使用的研究方法：文献回顾”,由乔纳森·唐纳(Jonathan Donner)撰写。[①] 虽然这个标题听起来像是一篇方法学的评论,但实际上是一篇关注发展中国家手机使用的典型的综述文章,其主题是一个重要并亟待研

① Donner, J. (2008). “Research approaches to mobile use in the developing world: A review of the literature,” *The Information Society*, 24(3): 140 - 159.

究的课题。乔纳森·唐纳是微软研究院的一位研究者,他发表了很多关于发展中国家手机使用的文章,包括他最近的著作《可触及之后》,[①]该书主要研究了移动互联网
107 对发展中国家的影响。我们将讨论的这篇综述发表在 2008 年的《信息社会》上,在之前的章节中已对这一期刊进行过介绍。

这篇综述采取多种途径,通过总结近 200 篇相关文献,来讨论信息、通信技术及其发展(这三者的英文分别为 information、communication technologies、development,简称 ICTD)。据文中介绍,我们至少可以从五个方面了解发展中国家的手机使用情况。首先,现有文献主要集中在三个领域:手机采择、手机影响,以及用户与手机之间的相互关系。第二,对于手机采择,有三个特定的研究领域:不同的发展中国家基于不同的理论(如扩散理论、技术接受理论或理性行动理论)的手机采择模式、不同发展中国家的手机服务政策,以及手机可触及性中数字鸿沟和可触及性鸿沟的根本特质。第三,对于手机的影响,各种研究结果表明,手机的经济影响可以体现在普及率的提高与国内生产总值的增长之间的联系、外国资本的直接涌入、小型企业的创建和渔具销售。该文认为,手机对电子学习、医疗、紧急情况解决和家庭关系有其他非经济的积极影响。第四,对于用户与手机之间的相互关系,该文总结了四个特定的研究领域:现代化和全球化的手机使用、手机使用引起的生活变化、手机使用引起的技术变化和基于手机使用的社区共享。

这篇综述拓宽了手机使用的传统概念,除了关注手机使用普及率或扩散过程,发展中国家的手机使用,还涉及更多的问题,即数字鸿沟的新含义、手机使用对经济发展的广泛影响,以及人类发展过程中的多样变化。通过伊丽莎白的回答可以看出,上述内容是她没有想到的。

4.3 三类游戏

108 手机游戏是一种有趣而常见的手机活动。《手机行为百科全书》的《手机游戏》一章,对此进行了一个很好的总结。其作者是澳大利亚学者英格里德·里查德森和拉丽莎·尤斯(Ingrid Richardson 和 Larissa Hjorth),他们都从认识论和人类学的视角发表了多篇关于手机游戏的文章。

与一般的综述不同,这一章节对三种类型的手机游戏进行评论。首先,该文先讨论了手机游戏的流行,在 2012 年至 2013 年间,75%的手机应用下载属于游戏应用。例如,《愤怒的小鸟》自 2009 年发布以来,截至 2012 年被下载超过 10 亿次,到 2015

---

① Donner, J. (2015). *After Access: Inclusion, Development, and a More Mobile Internet*. Cambridge, MA: MIT Press.

年为止共被下载超过 20 亿次。其次,该文介绍了基于 APP 的手机游戏。传统观点认为,游戏分为两类:简单、耗时短、无技能需求的休闲游戏,以及复杂、耗时长、高技能需求的硬核游戏。然而,休闲或硬核游戏的分类方式对基于 APP 的手机游戏并不可行,因为玩家随时随地都可以下载并使用手机游戏。目前基于 APP 的手机游戏(例如,《捣蛋猪》)不仅不同于传统的便携式或手持式游戏(例如,任天堂的 GameBoy),也不同于早期的手机游戏(例如,诺基亚的 NGage),这些游戏更加灵活、复杂和动感,是游戏元素和规则的灵活而动态的组合,而不是具有固定游戏元素和规则的典型游戏。第三,该文还讨论了基于位置的手机游戏(例如,Geocaching)。传统的基于位置的游戏(例如,MyTown)包括城市游戏、大型游戏、随境游戏和混合现实游戏。由于智能手机都带有 GPS 定位功能,当玩家进行基于位置的手机游戏时,他们自己可以将他们即时的真实感知、GPS 位置信息和增强的、网络化的游戏情境结合在一起,从而创造一种的特殊的现实世界与虚拟世界混合的游戏体验。第四,最后一种类型的手机游戏是基于社交媒体的游戏(例如,Words with Friends 和 I Love Coffee)。社交媒体游戏嵌入在诸如 Facebook、YouTube、Twitter 和 Kakao 等社交平台中,因此社交互动和游戏活动几乎是完全绑定的。第五,通过对手机游戏的回顾和讨论,作者强调了手机游戏中的几个重要概念,如组合(具有灵活、动态、复杂特征的游戏活动)和游戏化(使非游戏应用程序成为游戏化、娱乐化的活动)。它们最终将使手机游戏行为更加丰富、多样和复杂。

4.4 四种再利用趋势

我们将讨论的最后一篇文章题目是"WEEE 是如何进行的?",[1]这是一篇全面综 109
述电子废物管理的文章。标题中的"WEEE"是"废弃电子电气设备(waste electrical and electronic equipment)"的英文缩写。这篇评论被多次引用(谷歌学术显示被引次数为 365 次)。作者是英国研究者弗朗西斯・翁贡多、伊恩・威廉姆斯、汤姆・切雷特(Francis Ongondo、Ian Williams 和 Tom Cherrett)。第一作者弗朗西斯已经发表了多篇关于手机再利用的文章,而第二作者伊恩是弗朗西斯的导师,是一位废物和环境研究领域的专家。这篇文章发表在 2011 年的《废物管理》上。

这篇综述对全球废弃电子电气设备管理的趋势进行了全面综述。主要研究内容如下:(1)从地理分布而言,非洲、亚洲贫困地区、拉丁美洲和南美洲的废弃电子电气设备数量增多,而在欧洲地区则没有增加。(2)在相关法规方面,信息技术和电信设

① Ongondo, F. O., Williams, I. D., and Cherrett, T. J. (2011). "How are WEEE doing? A global review of the management of electrical and electronic wastes," *Waste Management*, 31(4): 714-730.

备似乎是 WEEE 产生的主要来源，并且许多国家缺乏 WEEE 规则的启动、起草和采用，或进程缓慢。(3)对于管理策略，非正式的回收部门的修复和再利用是发展中国家 WEEE 管理的典型方式，发达国家和发展中国家仍然使用垃圾填埋，此外，储存废旧的电子电气产品在美国和欠发达经济地区都普遍存在。(4)四个需首要解决的问题是资源枯竭、伦理问题、健康和环境问题，以及 WEEE 回收策略。(5)WEEE 管理的四个未来趋势是：(a)由于新技术的使用和电子产品价格的平价，全球 WEEE 的数量将继续增加；(b)发展中国家的非正式回收将在电子废弃物管理中发挥重要作用；(c)在全球范围内 WEEE 立法的启动和颁布进程将非常缓慢；(d)对于 WEEE 数量与类型的更准确和最新数据的需求会增大。

从这篇评论中，我们至少可以从四个方面进一步拓展对手机再利用的认识。首先，发展中国家与发达国家之间的电子废弃物积累存在不平衡。第二，WEEE 的快
110 速增长与管理策略的滞后之间存在不平衡。第三，技术和政策项目相对较强，但是相关的研究，以及鼓励个体认识、适应和评价 WEEE 的能力较薄弱。第四，WEEE 管理的正式渠道和非正式渠道之间存在不平衡。

5. 比较分析：从屏幕使用时间到 Twitter 使用

至少有两种方法可以将不同的技术中的人类行为进行比较。一种方法如前几章所用，是通过不同的研究进行比较，例如，通过四个不同的研究将与电视、计算机、互联网和手机相关的人类行为进行比较。这种方法的优点是选择不同研究时更具灵活性，但缺点是不同的研究采用了不同的设计、样本、仪器和数据分析方法，使得比较变得困难。另一种方法是在同一研究中比较，例如，在同一研究中，将与电视、计算机、互联网和手机相关的人类行为进行比较。第二种方法的优点是，研究中使用相似的设计、样本、仪器和数据分析方法，使得比较更加容易，而缺点是，很难保证存在同时比较这些技术的研究方法。在这一节中，我们将展示两个在同一研究中探究手机活动和相关行为的例子。

5.1 屏幕使用时间

第一个比较不同技术的研究题为“儿童的屏幕使用时间：父母的复杂角色和儿童因素”，它由亚历克西斯·劳里塞拉、埃伦·沃特拉、维多利亚·里德奥特(Alexis Lauricella、Ellen Wartella 和 Victoria Rideout)所作，于 2015 年发表在《应用发展心理

学杂志》上。[1] 现有文献表明，家长看电视的时长与孩子看电视的时长成正相关，但这一现象会同样适用于其他类型的传媒技术吗？在这项研究中，2 300 多名有 8 岁以下儿童的美国家长参加了为期 20 分钟的调查。调查主要测量了家庭传媒技术的可触及性、家长对传媒技术的态度（积极或消极）、家长使用传媒技术的时间（低、中、 111
高），以及基于父母报告的儿童使用相应传媒技术的时间（低、中、高）。这项研究所调查的传媒技术包括电视、电脑、智能手机和平板电脑。研究发现，对于这四种传媒技术，儿童的使用时间与父母使用时间以及父母对该传媒技术的态度显著相关。

5.2 Twitter 使用

第二个研究的题目是："我们发 Twitter 的方式会因设备的不同而不同吗？一项关于 Twitter 手机平台与网络平台下的语言差异研究"，[2] 由默西等人（Dhiraj Murthy、Sawyer Bowman、Alexander Gross 和 Marisa McGarry）于 2015 年发表在《通讯杂志》上。在 2013 年夏天，研究者在两周内收集了超过 2 亿 3 500 万条的推文，这是通过 Twitter 的应用程序编程接口（API）实现的，它在任何给定时间内，从所有全球推文中自动收集样本。该研究的自变量是文本的类别，研究者将其分类为手机文本（例如，由 iPhone 版或 Android 版的 Twitter 发布的）或非手机文本（例如，由网页版 Twitter，或 Tweet-Button 发布的）。因变量是语言风格，研究人员采用 n-grams 模型（文本中的一串未被打断的字符或单词）将文本分为四种语言风格：自我风格、性别风格、情感风格，以及个体或群体共有的风格。他们的主要发现如下：(1)手机版 Twitter 发布的文本在语言上比非手机版的更具自我中心性；(2)没有发现性别风格上的差异：手机版和非手机版 Twitter 发布的文本都使用传统意义上与男性相关的词；(3)不存在积极和消极的语言使用方面的差异：手机版和非手机版 Twitter 发布的文本都有相同数量的积极和消极的语言；(4)在个体行为方面，两者不存在差异：手机版和非手机版的 Twitter 发布的文本都会使用与群体共有行为相关的语言。

这两项研究进一步拓展了我们对手机活动和手机行为复杂性的理解。首先，对于 8 岁以下的儿童，他们对不同的传媒技术的使用（电视、计算机、智能手机和平板电脑）与家长传媒技术的使用，以及家长对技术的态度密切相关。简而言之，父母的行 112
为对孩子一直非常重要。第二，在不同平台上使用 Twitter 会导致不同类型的语言

---

① Lauricella, A. R., Wartella, E., and Rideout, V. J. (2015). "Young children's screen time: The complex role of parent and child factors," *Journal of Applied Developmental Psychology*, 36: 11 - 17.

② Murthy, D., Bowman, S., Gross, A. J., and McGarry, M. (2015). "Do we tweet differently from our mobile devices? A study of language differences on mobile and web-based twitter platforms," *Journal of Communication*, 65(5): 816 - 837.

行为：手机版 Twitter 发布的文本会导致更多的自我中心语言，而通过非手机版的 Twitter（如基于桌面的网站）则不会。Twitter 用户的行为因使用设备的不同而发生变化。手机版 Twitter 正在形成新的网络行为、态度和语言风格。简而言之，这项技术之所以重要，是因为它在手机行为中起着重要作用；媒体确实等同于信息，[①]因为它允许新的手机行为特征产生。

6. 复杂思维：多样的活动与复杂的行为

现在，在阅读本章之后，我们更容易看出伊丽莎白直觉反应的优点和局限性。我们应该对手机活动的复杂性有更加深入的了解。我们以前所理解的手机活动的广度与深度应该进一步扩展。手机活动不仅仅是简单地打电话给父母或者发短信给朋友。相反，手机活动因其不同的用户、技术、活动和效应而更为丰富、动态和复杂。但是，最重要的是，我们应该从整个过程的起点至终点全面地认识手机活动，并包括其积极方面和消极方面。

具体来说，如图 4.1 中的概要图所示，我们应该分别从积极和消极的视角，以及以下四个方面来认识手机活动：触及、使用、行动和再利用。首先，手机可触及应该被认为是手机交互或活动的起点。可触及性涉及各种具体问题，如积极和消极方面的采用、接受、切换、停止和终止。关于这一问题，我们讨论了 16 岁的德国男孩排空池塘的故事，荷兰居民接受高级服务的实证研究，并回顾了数字鸿沟的四个方面（即心理、材料、技能和使用可触及性）。

第二，手机使用可能是一个常见的话题，但它涉及各种复杂的问题，如创新使用（例如，使用手机问候教皇）、不使用（例如，出于宗教原因避免使用手机）、半使用、不当使用、过度使用、滥用和成瘾性使用。我们讨论的具体例子包括教皇弗朗西斯的两个故事（用手机来迎接教皇、教皇建议在家庭聚餐时不使用手机）、非洲的手机使用和工作中使用不当的两个调查研究，以及父母对孩子使用不同媒体技术的影响的比较研究。

第三，手机行动，如移动学习、手机银行和手机游戏是手机活动中最常见的主题。然而，我们可以从不同的案例中看到它的复杂性——特别是积极与消极的这种两面性，包括黑客未经允许的恶意攻击案例与获得允许的黑客“积极”攻击案例、研究青年人的色情短信行为和青少年手机宠物游戏的两个实证研究、三种手机游戏之间的比

① 著者注：“媒介就是信息”是一个被广泛接受的说法，它认为，除了媒介的内容之外，媒介本身的形式也传递特定的信息。参考文献信息：McLuhan，M.（1994）. *Understanding Media：The Extensions of Man*. Cambridge，MA：MIT Press.

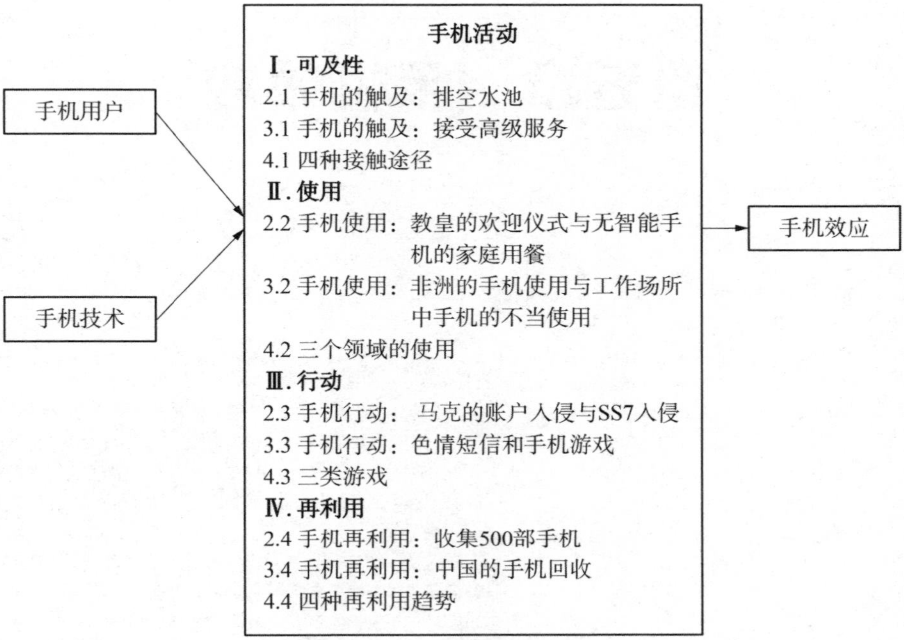

手机用户
手机技术
手机活动
Ⅰ.可及性
2.1 手机的触及：排空水池
3.1 手机的触及：接受高级服务
4.1 四种接触途径
Ⅱ.使用
2.2 手机使用：教皇的欢迎仪式与无智能手机的家庭用餐
3.2 手机使用：非洲的手机使用与工作场所中手机的不当使用
4.2 三个领域的使用
Ⅲ.行动
2.3 手机行动：马克的账户入侵与SS7入侵
3.3 手机行动：色情短信和手机游戏
4.3 三类游戏
Ⅳ.再利用
2.4 手机再利用：收集500部手机
3.4 手机再利用：中国的手机回收
4.4 四种再利用趋势
手机效应

图 4.1 基于活动的手机行为的总结图 113

较，以及对手机版和非手机版 Twitter 之间的比较研究。

第四，手机的再利用可以从积极和消极两方面被看作是手机活动的终点。我们所讨论的例子包括詹姆斯·迈图罗捐赠二手手机的故事、中国废旧手机回收行为的实证研究，以及全球废旧手机回收行为的全面总结。

我们需要进一步提高对手机活动的科学理解。手机活动研究的未来方向很大程度上取决于手机用户的实际需求和手机活动研究的科学需求。例如，在现实生活中， 114
人们使用手机的同时也从事其他活动，如驾驶和学习。因此，未来的研究应努力探究多个活动下的手机使用，不仅局限于目前的多任务研究和驾驶情景下的手机使用。此外，在科学研究领域，当前的大部分研究是使用简单的自我报告调查方法来收集数据。未来的研究应该发展更精细的研究方法来探究手机活动，如实证研究和基于事件的调查。此外，其他创新方法，如大数据方法和基于传感器的方法，可以应用于大样本、高质量、长时间的数据采集。最后，应加强对手机回收行为的研究，而不仅限于手机回收计划与政策的研究，以真正有效地促进和提倡手机回收计划。宏观上手机回收政策制定的成功，取决于微观上个人用户有效的手机回收行为，它们分别是手机回收理想的起点（例如，需求评估）和终点（例如，结果评估）。

第五章　手机效应

115 1. 直觉思维：弗朗西斯的快速回应 / 92
2. 日常观察：从詹妮弗·劳伦斯到埃博拉疫情 / 94
2.1 消极与积极效应：詹妮弗·劳伦斯与刘涛 / 94
2.2 健康效应：西蒙·帕克与詹妮·弗赖伊 / 96
2.3 心理效应：巴拉克·奥巴马与瓦莱丽·库斯尔 / 97
2.4 社会效应：静坐示威与埃博拉疫情爆发 / 99
3. 实证研究：从手机过敏到犯罪率下降 / 100
3.1 健康效应：手机的金属过敏源 / 100
3.2 健康效应：患者手机的细菌污染 / 101
3.3 心理效应：医务人员的幻觉振动综合征 / 103
3.4 社会效应：20 世纪 90 年代的犯罪率下降 / 104
4. 知识整合：从手机过敏到儿童虐待预防 / 105
4.1 多样的手机效应 / 105
4.2 慢性手机皮炎 / 106
4.3 医院内高风险的细菌污染 / 108
4.4 争议中的幻觉振动综合征 / 109
5. 比较分析：从设备过敏到设备细菌污染 / 110
5.1 设备接触性皮炎 / 110
5.2 设备细菌污染 / 111
6. 复杂思维：复杂的双刃剑 / 112

1. 直觉思维：弗朗西斯的快速回应

弗朗西斯(Frances)是中国一所大学的教员。我问她：手机对人类有什么影响？我要求她尽快给出三到五个观点，并辅之以三到五个简短的例子。

116 以下是她的回答：(1)手机可以促进更广泛的互动和合作：使用微信，你可以很快知道你的朋友在做什么。(2)手机能够帮助各种资源的共享，如云服务、在线教室、网上购物、在线辅导，或使用优步或滴滴打车。(3)手机可以提供简单有效的信息服务,如不需要使用纸质报纸和书籍来获取信息。(4)手机支付非常方便,例如通过微信或支付宝付款可以购买包括机票和饮料在内的任何东西,甚至在农村地区也被广泛使用。(5)最重要的是,手机可以随时随地使用,例如使用移动互联网。

弗朗西斯的直觉回答如何?我认为是相当好的。首先,她的回答涵盖的内容广泛,涉及手机在社会互动、资源共享、信息寻求、个人理财、日常生活各方面的影响。其次,她的回答包括各种具体的例子,如微信、优步和移动互联网。第三,她的回答强调了手机的核心特性——可随时随地使用。显然,这些都是她回答的优点。然而,她的回答也存在一些问题。首先,她所关注的是积极影响,而没有提及任何消极影响。第二,她的回答在某种程度上而言是片面的,回答的内容和所举案例只是基于她在中国的经验提出的,例如微信、滴滴和支付宝,不过这也是可以理解的。注意,优步是一家美国公司,但也在中国运营,自2015以来一直与滴滴竞争。显然,她的回答是有局限性的。尽管如此,这些都是手机效应,但肯定不是其全部效应。手机效应比我们想象的要复杂得多,是手机行为的基本模型中的最后一个元素。

现在,一些人可能会认为:关于手机效应的讨论似乎与上一章关于手机活动的讨论类似。手机活动和手机效应有什么区别?手机效应如何融入手机行为的基本模式?这些问题不仅可以让我们更好地理解手机效应,而且可以更好地理解手机行为的基本要素模型。

让我们通过一个例子来简要地描述手机效应。弗朗西斯对于手机效应的第一反应包含一个一般性的陈述:“手机可以进行更广泛的互动和合作,”并举出一个具体的例子,“使用微信,你可以很快知道你的朋友正在做什么。”首先,手机活动指的是用户 117
和手机之间的关系,而手机效应则是手机活动的结果。在弗朗西斯的第一反应中,她提到了一个一般性的手机活动,即互动和合作,以及一个特定的手机活动,即“使用应用程序微信”。她还指出了一个一般性的手机效应,即产生更广泛的互动和合作,以及一个特定的手机效应,即“很快知道你的朋友正在做什么”。在这里,我们可以看到,手机活动和手机效应在逻辑上是相互关联的,但在概念上不同。其次,基于基本要素模型,手机行为包括四个要素:用户、技术、活动和效应。用户与手机交互,产生手机活动,导致手机效应。弗朗西斯的回答中暗示了一个一般性的手机行为:用户与手机交互以产生手机活动,即互动和合作,导致手机效应,即进行更广泛的交互和协作。她还明确地描述了一个特定的手机行为,你(用户)与微信(应用程序)交互并生成一个活动(使用微信),从而产生了手机效应(很快就知道你的朋友正在发生什么)。现在我们可以更清楚地看到手机行为的多样性和复杂性的两个关键点。首先,手机行为的研究应该以手机的四个基本要素及其时序关系作为研究的基本单元。这本书的构架正是遵循这种方法。第二,有时从特定的角度分析手机行为的某个特定元素是有必要的。这就是为什么我们要从手机用户、手机技术、手机活动和手机效应四个章节来逐一分析手机行为。由于这些章节是在强调诸如手机用户或手机效应等元素的情况下讨论手机行为,因此章节标题可以被称为聚焦于用户的手机行为或聚焦于效应的手机行为。因此,尽管这些章节特别关注手机行为的某一个元素,但内容仍然是关于手机行为。

在本章中,我们将系统地讨论手机效应,进一步了解手机行为的复杂性。首先,我们将列举多个日常观察案例,了解手机效应的类型,并扩大我们对手机效应的知
118 识。其次,我们将详细讨论多个实证研究的证据,以加深我们对手机效应的认识。第三,我们将讨论一些综述文章,以帮助我们从宏观上了解这个研究领域。第四,我们将比较不同技术的异同及其影响,进一步了解手机效应。与前文一样,我们在最后会对本章的内容加以总结。

2. 日常观察：从詹妮弗·劳伦斯到埃博拉疫情

2.1 消极与积极效应：詹妮弗·劳伦斯与刘涛

2014 年 8 月,[1]超过五十张女演员的裸体照片被窃取并在互联网上迅速传播,其中包括詹妮弗·劳伦斯(Jennifer Lawrence)以及其他许多著名女明星。詹妮弗的这些私人照片由她本人的 iPhone 拍摄,可以自动上传至 iCloud 并从中下载。黑客们一直在有目的地瞄准詹妮弗和其他名人,并最终侵入 iCloud 窃取到这些图片。经过 40 个小时的调查,苹果公司宣布他们没有在苹果的网络系统中发现任何导致图片泄露的漏洞,包括 iCloud 或者“发现我的 iPhone”服务。然而,他们确实发现有人利用这些名人的用户名、密码和安全问题来访问名人的账户。黑客可能使用如 iBrute 那样的黑客程序,反复尝试不同的字母和数字组合来获取密码。黑客可能通过查找“发现我的 iPhone”这一服务的密码,以获得 iCloud 密码,并最终获取存储在 iCloud 账户中的图像和其他数据。一年多后,詹妮弗终于能够公开谈论她的经历:“我对照片的泄露感到非常愤怒……我真的无法向你形容我的感觉,我花了很长时间才能从中解脱出来……这是一个无法根除的可怕感受,即使在我心情平复后,一点点与之相关的内容也会再次令我非常愤怒。”

要理解这个案例,我们需要知道一些关键的技术术语。(1)云或云计算是一种新的互联网计算系统,它可以根据需要向计算机和其他设备提供共享资源和数据。它

① 参见 www.npr.org/sections/thetwo-way/2014/09/02/345250421/celebrity-photo-leak-puts-spotlighton-the-cloud-and-security.

就像电网通过网络来实现经济性和效率。云的比喻意味着提供者所提供的所有服务都是不可见的,但同时可以被用户访问,就像希腊神话中的英雄,具有强大的力量,但隐藏在云端。它与传统的网络系统在一些重要的方面存在差异。云计算用于实现无处不在、随时随地的基于需求的访问,而不是基于传递信息的访问,而且访问的是共享资源,而不是可配置计算资源的指定系统(例如,网络、服务器、存储、应用和服务),它能够以最小的投入快速提供和释放数据。云计算和云存储手段为用户提供了多种在第三方数据中心存储和处理数据的可能。这使用户在云中存储数据,并为手机腾出储存空间,同时兼具灵活性以便随时随地访问云中的数据。(2)iCloud 是苹果在 2011 年发布的云存储和计算服务。通过将 iPhone 连接到 iCloud,用户可以无线储存数据,例如文档、照片和音乐,下载数据到 iOS、Macintosh 或 Windows 设备,与其他用户共享数据,或在设备丢失或被盗时管理 iOS 设备,并将设备直接备份到 iCloud。如果用户想要更多的存储空间,需每月支付额外的费用。访问 iCloud 需要通过 iPhone 的密码。诸如 iCloud 的云计算技术可以对用户产生各种积极影响,但也会导致一些意想不到的消极影响,比如詹妮弗的 iCloud 账户被黑客攻击的案例。 119

2015 年 12 月,[1]中国电影电视明星刘涛——她在中国可能如詹妮弗在美国一样受欢迎——访问了丹麦。然而,当她某天回到哥本哈根的豪华酒店房间时,她发现她所有的珠宝、现金,价值 400 万元人民币(约合 600 000 美元)的财产已经不翼而飞。她在不知所措的情况下,用她的 iPhone 5S 给她的朋友发了一条短信请求紧急帮助。令人惊讶的是,她的文本信息通过微博在社交媒体上迅速传播。在几个小时内,她收到了 28 807 条回复,她的微博被转发了 65 158 次,并得到了 141 870 个赞。首先,人们提示说丹麦驻中国大使馆在此时可以提供援助。第二,人们建议将情况报告给酒店,会见酒店的高级经理,并检查酒店的监控。第三,大使馆联系了丹麦政府,通知哥
本哈根警方开始调查,并联系了当地政策局和旅游局。不久,丹麦警方发布了一条推 120
特,宣布他们在边境逮捕了一名来自波兰的 33 岁嫌犯,并起获了刘涛丢失的珠宝首饰、宝格丽手表和蒂凡尼钻石戒指。丹麦当地报纸报道了这一调查。在 17 小时内,刘涛的所有被盗的财产都被物归原主。事件结束后,她也没有忘记给大家发布消息:“丹麦之行,寒冰半日,心暖全程。感谢所有朋友们的关心、问候,我一切安好,不日启程。”

通过观察这两个现实生活中的案例,我们可以获知如下要点。首先,手机的效应可以是积极的或者消极的,而且,最初的消极影响可能会变成积极的,反之亦然,最初的积极影响可能会变成消极影响。如果我们的财产不幸被盗,我们可以用手机来寻

① 参见 http://blog.sina.com.cn/s/blog_774682f90102wacp.html? tj = 1.

求帮助，如果幸运的话，正如中国女演员刘涛在丹麦所经历的那样，我们可以失而复得。然而，虽然手机的新设备或服务给我们带来方便、享受或兴奋，但它们可能会给我们自己造成各种恶劣的、甚至严重的或永久的伤害，就像詹妮弗那样。

第二，手机的影响可能是有意的或无意的。例如，一些祖父母想用手机来更新他们远在几千公里外的心爱的孙子孙女的照片。然而，在许多情况下，各种手机效应并不是我们所期望的，比如詹妮弗案例的消极效应和刘涛案例中的积极效应。

最后，我们可以用手机行为的四要素模型，来描述与刘涛和詹妮弗的两个案例相关的、聚焦于影响效应的手机行为。对于詹妮弗，最初，她（用户）使用她的 iPhone 相机（技术）来拍摄她自己的照片（活动），然后她的照片被自动存储在 iCloud 中（效应）。意想不到的是，黑客（用户）使用 iBrute（技术）侵入她的 iCloud（活动），偷偷地把照片上传到网上，给这位女演员造成情感上的痛苦（效应）。对于刘涛，她（用户）使用她的 iPhone 5S（技术）在她的私人物品被盗（活动）后，给她的朋友发短信寻求帮助，消息迅速传播（效应）。这个可怕的故事有一个意想不到的快乐结局。她的粉丝（用户）使用微博（技术）分享线索和解决方案（活动），使所有丢失的财产在 17 小时内追回（效应）。

121 2.2 健康效应：西蒙·帕克与詹妮·弗赖伊

2015 年 2 月，[①]英国塞瑞大学分子生物学高级讲师西蒙·帕克（Simon Park）博士在生物医学细菌学与实践的课上进行了实验。他要求本科生把他们的手机印在培养皿上，然后研究细菌的生长情况。需要说明的是，培养皿是以德国细菌学家朱利斯·理查德·佩特里（Julius Richard Petri）命名的，它是一种浅的、圆柱形的玻璃或塑料盘，内置含有琼脂的热液体和特定成分的混合物，通常用于细胞（如细菌）的培养。三天后，他的学生们震惊地发现，培养皿中生长了各种来自手机的细菌，其中许多细菌是无害的，但有些细菌是致病的，比如金黄色葡萄球菌。帕克博士指出，细菌可以利用许多不同的载体来促进它们的传播，如昆虫、水、雨、食物、咳嗽和打喷嚏、性接触等。现在手机是另一种隐形细菌的传播载体，它可能比厕所还要脏十八倍。

2015 年 6 月 11 日[②]，15 岁的英国女孩詹妮·弗赖伊（Jenny Fry）在家附近的树上上吊自杀。自 2011 年以来，她就一直饱受易怒、头痛、疲劳和其他症状的困扰。她的母亲黛布拉（Debra）认为，她的症状是由于她对 Wi-Fi 信号的过敏，即电磁过

---

① 参见 www. news. com. au/world/europe/study-reveals-just-how-dirty-your-phone-could-be/news-story/dbeeb48c67e9a1a0a8830398091816d4.

② 参见 www. independent. co. uk/news/uk/home-news/school-girl-found-hanged-after-suffering-from-allergyto-wifi-a6755401. html.

敏(electromagnetic hypersensitivity, EHS)。她的家人把 Wi-Fi 路由器从家里移走。然而,她的学校仍然有 Wi-Fi 路由器,所以詹妮仍然一直感觉到它的影响。只有当她远离 Wi-Fi 时,她才会感觉稍好一些。因此,她总是试图离开教室去远离 Wi-Fi 校园的地方学习。学校管理人员不相信是 Wi-Fi 导致了她的症状和"奇怪"的行为。在发短信告诉她的朋友说她再也无法忍受 Wi-Fi 过敏之后,詹妮结束了她的年轻生命。现在,她的家人希望人们提高对 EHS 的重视,并正在努力发起一场从托儿所和学校中移除 Wi-Fi 的运动。然而,詹妮的班主任西蒙·达菲(Simon Duffy)指出,学校需要 Wi-Fi 以保证学校的日常运作,安装的 Wi-Fi 也符合相关规定,学校将确保继续这样。

这两个案例突出了手机效应的一个方面——对身体和心理健康的影响。帕克博 122
士的实验显示手机可能受到细菌污染。詹妮案例显示手机的 Wi-Fi 网络可能引发生理反应或过敏。这些问题的科学性是我们将在《医疗领域的手机行为》一章中讨论的内容,但是这些问题潜在的后果可能非常严重(例如,詹妮的死亡)。此外,手机效应具有多个维度。除了对人类健康的积极和消极影响之外,手机还可能对人类认知、社会能力、情感体验和道德行为产生积极或消极的影响,这一点将在之后进行讨论。最后,基于手机行为的四元素模型,可以总结出两种聚焦效应的手机行为。帕克博士的案例中,他的学生(用户)拿起他们的手机(技术),并将它们印在培养皿(活动)上,观察到各种细菌(效应)。在詹妮案例中,她(用户)暴露于 Wi-Fi 信号(技术)中,并感受到 Wi-Fi 过敏(活动)带来的痛苦,并最终自杀(效应)。

2.3 心理效应:巴拉克·奥巴马与瓦莱丽·库斯尔

2014 年 11 月 21 日,①巴拉克·奥巴马总统离开椭圆形办公室,登上白宫南草坪上的海军陆战队一号直升机进行预定的总统日程。然而,在登机后不久,他匆忙离开了海军陆战队一号回白宫。当他再次出来时,他挥舞着手中的黑莓手机,并问白宫的记者:"你们没忘记什么吗?"然后每个人都意识到奥巴马总统忘记拿他的黑莓手机,并需要在旅行开始之前拿到它。

需要说明的是,海军陆战队一号是美国海军陆战队运载美国总统的飞机。它通常指由海军直升机一中队操作的直升机。每当总统有重要的行程时,他需要首先从白宫乘坐海军陆战队一号,然后从安德鲁斯空军基地乘坐空军一号。

这一事件显示了"无手机恐惧症"两个重要的方面:(1)在没有手机时感到的焦
123 虑或痛苦;(2)依赖手机完成基本任务并满足重要需求的程度。当手机不在身边时,

① 参见 www.dailymail.co.uk/news/article-2844398/Obama-keeps-Marine-One-waiting-heads-White-House-saying-s-forgotten-Blackberry.html.

奥巴马总统感到有必要匆忙离开海军陆战队一号并返回白宫取回手机，这表明他可能会因此感到一些焦虑。后来，当他取回手机并在手中挥舞时，他一定体验到了乐趣，因为他又可以用它来进行日常交流。

2013 年 9 月，[①]一位在田纳西一个大牧场工作的妇女瓦莱丽 · 库斯尔(Valerie Kusler)，接受了国家公共广播电台记者伊莉斯 · 胡(Elise Hu)的采访，讲述了她幻觉振动综合征的经历，这是一种你认为手机在振动而事实上没有振动的情况。她说，她确实经历了幻觉振动综合征，尤其是当许多奶牛发出低沉的声音或呻吟时，她不知道是牛发出的低沉的声音，还是她的手机振动的声音。为了应对幻觉振动综合征，她设定了一个在工作和生活中尽量与手机保持一定距离的个人目标。

在手机行为的领域中，我们经常会遇到各种各样有关频率的概念，这里进行几点简短的说明：(1)在科学中，频率是指在一个时间单位中事件重复的发生次数，其单位是赫兹，意味着每秒的周期数。例如，家用电插座中交流电的频率是 50 到 60 赫兹。换句话说，交流电的重复周期是每秒 50 到 60 次。(2)不同的声音具有不同的频率。人们将声波的频率称为音高(例如，低或高的音高)。当母牛发出低沉的哞声时，声音的频率在 150 到 180 赫兹之间。巧合的是，手机中使用的提示振动频率也在这个范围内(例如，iPhone 的默认振动频率大约是 180 赫兹)。奶牛的哞声和手机的振动频率相似，这就是手机在没有振动的情况下大脑能诱使我们认为它在振动的原因。(3)手机通过移动网络接收并发送信号。这些信号是某种形式的电磁波。通常，世界上大多数蜂窝网络使用电磁频谱中的部分频率，即所谓的无线电频率，介于 450
124 和 1 800 兆赫之间，用于信号的传输和接收。这就是为什么现在许多人担心手机辐射、电磁辐射会对用户的健康产生消极影响，这点我们将在《医疗领域的手机行为》这一章中详细讨论。

从这两个案例中，我们可以了解到两个重要的心理现象。奥巴马的案例与无手机恐惧症有关，库斯尔的案例与幻觉振动综合征有关。更重要的是，除了恐惧症和幻觉振动综合征之外，这两种情况都暗示了手机效应的另一个重要方面，即心理或行为效应。换句话说，手机使用可能影响用户行为的各个方面，包括认知技能(例如，记忆)、社交互动(例如，友谊)、情绪状态(例如，成瘾)和道德行为(例如，欺凌行为)。这些影响可以是消极或积极的、有意或无意的、严重或温和的、短期或长期的。

---

① 参见 www. npr. org/sections/alltechconsidered/2013/09/30/226820044phantom-phone-vibrations-socommon-they-ve-changed-our-brains.

2.4 社会效应：静坐示威与埃博拉疫情爆发

2016 年 6 月，[①]一群民主党国会议员参加了众议院的静坐抗议，以寻求 2016 年奥兰多夜总会枪击案后对枪支控制措施的支持投票。接着发生了一系列意想不到的事件。首先，这个团体希望他们的抗议活动能为全国所知。第一个被想到的影像直播是美国有线电视 C-SPAN，但这是不可能的，因为安装在众议院走廊中的 C-SPAN 摄像头实际上是由众议院的共和党人控制。第二，在众议院议长保罗·莱恩宣布众议院休会后，所有的摄像头都停机了，无法拍摄到正在上演的好戏。第三，参加抗议的众议院民主党人决定使用他们自己的智能手机来记录他们的抗议活动。于是突然间，在 Periscope 和 Facebook Live 提供的即时视频直播平台上出现了抗议活动的影像。需要说明的是，Periscope 是一家只提供直播服务的公司，视频可以由任何人上传，并可以由所有人观看，所以不需要注册账户即可在这个平台上观看来自世界各地的视频直播。第四，C-SPAN 最终播放了由议员智能手机录制的视频——主要的商业有线新闻频道也是如此。最后，这场由著名的民权领袖和代表约翰·刘易斯(John Lewis)领导的静坐抗议活动，凭借来自现场的直播，在网络和电视上赢得了巨大的民意支持。

2013 年 12 月，第一例埃博拉病例发生在几内亚的一个森林地区。截至 2016 年 125
1 月 26 日，世界范围内报告了 28 637 例感染病例和 11 315 例死亡病例，其中绝大多数在几内亚、利比里亚和塞拉利昂。这是西非有史以来最大的埃博拉疫情。在埃博拉危机的高峰期，塞拉利昂政府通过手机钱包，一种用手机内存储的信用卡或借记卡信息，以快速、准确、安全的方式支付给急救人员报酬。在数字化之前，现金支付是缓慢而不准确的。手机钱包实现了多项成果：(1)紧急救援人员的手机支付大大缩短了支付时间，从一个月缩减到大约一周，这使得许多因支付问题而罢工的紧急救援人员回到了正常岗位，进而使得更多的人接受到了紧急救援；(2)移动支付停止了双重支付，简化了支付流程，为国家节省了 1 000 多万美元；(3)手机支付将资金直接转移到紧急救援人员的银行账户上，减少了欺诈，降低了物理现金的运输和安全的成本，也降低了押运人员的旅行成本。塞拉利昂的经验表明，发展中国家政府可以利用手机支付来增强他们遏制埃博拉病毒的能力，治疗感染者，并最终挽救生命。

这两个案例展示了手机效应的其他方面。首先，这两种情况涉及社会影响，或政治和经济影响，而前文的案例涉及身体和心理健康的影响(例如，手机过敏、细菌污染、幻觉振动综合征，或无手机恐惧症)。第二，这两种情况都与宏观层面的手机效应

---

① 参见 www. npr. org/sections/alltechconsidered/2016/06/23/483205678/house-democrats-deliver-sit-invia-digital-platforms.

有关,而不是微观层面的影响。前面讨论的案例主要涉及微观层面的个人活动(例如,詹妮弗·劳伦斯的隐私、詹妮·弗赖伊对手机 Wi-Fi 信号的过敏症、瓦莱丽·库斯尔对幻觉振动综合征的体验,以及奥巴马对黑莓手机的依恋可以作为无手机恐惧症的信号)。相比之下,静坐抗议和埃博拉疫情主要涉及宏观层面的国家事务:手机用户是国会议员和政府领导人,他们的活动会对整个社会产生影响。

让我们对这一部分进行简单的总结。上文介绍的八个案例扩大了我们对现实世界中手机效应的了解。手机效应既有积极的一面,也有消极的一面。此外,手机效应具有不同的维度,如健康、心理、行为和社会效应。通常,手机的影响可以发生在微观
126 层面上,只影响一个人,也可以发生在宏观层面上,影响更大的群体。然而,这些案例仅仅是媒体标题和轶事新闻。我们信任它们吗?它们是真的吗?研究者可以找到确凿的证据来支持这些案例吗?为了回答这些问题,我们应该阅读一些学术论文,以确切地了解实证研究发现了什么,以及关于手机效应的科学知识告诉了我们什么。

3. 实证研究:从手机过敏到犯罪率下降

3.1 健康效应:手机的金属过敏源

在前面的部分中,我们讨论了詹妮·弗赖伊的自杀事件。虽然还有其他复杂因素与詹妮的死亡有关(例如,她的抑郁症和她的学校环境),但对 Wi-Fi 信号的过敏无疑是一个潜在的主要因素。我们可能想到的一个问题是:是否有任何关于手机或手机网络过敏的科学证据?现在我们来讨论一篇期刊论文,它提供了可能的手机过敏反应的实证证据,题为"手机:镍和钴金属过敏患者的潜在威胁",[①]该文由美国医生玛塞拉·阿基诺等人(Marcella Aquino、Tania Mucci、Melanie Chong、Mark Davis Lorton 和 Luz Fonacier)所作,它发表在 2013 年的《小儿过敏、免疫与肺病》上,该期刊是玛丽·安·莱伯特(Mary Ann Liebert)在 1987 年创办的研究型杂志。

在这项研究中,来自纽约医院的 18 岁以上手机金属过敏患者被邀请参加研究。他们提供自己的一个或多个手机,来测试它们是否含有任何镍和钴——这些物质会引起皮肤发炎(例如发红、肿胀、瘙痒或起泡)。需要注意的是,研究者没有通过收集这些患者的临床病史和他们的手机使用历史数据,来直接确定手机使用和接触过敏症之间的因果关系。研究所涉及的手机大多是流行品牌的手机(如苹果、三星和 LG)。总共有 72 部来自 7 个不同的制造商的手机被测试。测试程序比较普通,但测

① Aquino, M., Mucci, T., Chong, M. et al. (2013). "Mobile phones: Potential sources of nickel andcobalt exposure for metal allergic patients," *Pediatric Allergy, Immunology, and Pulmonology*, 26(4): 181-186.

试程序的名称特别长,称为"由智能实践生产的揭示与隐藏镍、钴的点测试套件"。研究共测试了手机的五个部位,包括相机、键盘、金属徽标、侧板和扬声器。每个区域首 127
先用镍棉头塑料涂抹器擦拭 30 到 60 秒。用已知含镍的硬币作为阳性对照,非含镍的塑料盒作为阴性对照。镍点试验后进行钴点试验。结果发现,72 个手机中有 24 个(33%)的镍测试为阳性,10 个(14%)的钴测试为阳性。研究者得出结论,已知的镍或钴过敏患者的手机是潜在的过敏源,但还需要进一步的研究来确定手机中特定金属含量与特定金属过敏症状之间的直接关系。

我们之前讨论的关于詹妮的故事是日常观察。相反,我们在这里讨论的研究文章演示了如何通过精心设计的实验研究来获得有关潜在手机过敏源的科学证据。当然,由于用户与镍和钴接触引起的过敏,诸如对 iPhone 或黑莓等手机的过敏,与由于手机信号的电磁辐射引起的过敏,如对蜂窝网络或 Wi-Fi 网络的过敏症,在很多方面存在差异。虽然我们已经看到某些手机的镍和钴含量可能会导致过敏的实验证据,但也有确凿的证据表明,[1]可能确实存在像詹妮这样对手机网络信号过敏的人,我们应该努力防止类似的悲剧未来发生在其他用户身上。

3.2 健康效应:患者手机的细菌污染

在前一节中,我们还讨论了一种教授向学生展示他们的手机可能被细菌污染的情况。有科学证据吗?事实上,在医疗工作者中有大量关于手机污染的文献,但下面 128
这篇是一篇独特的文章,其标题是"手机技术与住院病人:关于细菌繁殖和病人的意见与行为——公共卫生监测领域的横断研究"。[2] 该研究检测了在病人使用的手机上,而不是医生使用的手机上,有多少细菌。需要说明的是,标题中有两个公共卫生术语:(1)"繁殖"是指个体感染细菌后的发展过程,就像一个阳性的细菌培养皿一样;[3](2)"公共卫生监测"也被称为流行病学监测、临床监测或症状监测。根据世界卫生组织(WHO)的解释,它是指"对公共卫生实践的规划、实施和评价所需的卫生相

---

① Hedendahl, L., Carlberg, M., and Hardell, L. (2015). "Electromagnetic hypersensitivity-an increasing challenge to the medical profession," *Reviews on Environmental Health*, 30(4): 209 - 215; Carpenter, D. O. (2015). "The microwave syndrome or electro-hypersensitivity: Historical background," *Reviews on Environmental Health*, 30(4): 217 - 222; Hillert, L. and Kolmodin-Hedman, B. (1997). "Hypersensitivity to electricity: Sense or sensibility?" *Journal of Psychosomatic Research*, 42(5): 427 - 432; and De Graaff, M. B. and Bröer, C. (2012). "'We are the canary in a coal mine': Establishing a disease category and a new health risk," *Health, Risk & Society*, 14(2): 129 - 147.

② Brady, R. R., Hunt, A. C., Visvanathan, A. et al. (2011). "Mobile phone technology and hospitalized patients: A cross-sectional surveillance study of bacterial colonization, and patient opinions and behaviours," *Clinical Microbiology and Infection*, 17(6): 830 - 835.

③ 参见 http://medical-dictionary.thefreedictionary.com/colonization.

关数据进行连续、系统的收集、分析和解释”。[1]

据谷歌学术统计,该文已被引用 49 次,是该领域中被引次数最高的研究论文。作者是来自英国两家医院的研究者。它发表于 2011 年的《临床微生物与感染》上,该期刊 1995 年由威立(Wiley)期刊[2]创立(已于 2015 年 1 月转入爱思唯尔),其影响因子高达 5. 197。像这样的专业性期刊的影响因子通常低于 3,而综合性期刊如《科学》和《柳叶刀》的影响因子通常高于 10。该期刊与欧洲临床微生物学和传染病学会合作,并创建了新的期刊《新型微生物与新型感染》。

在这项研究中,102 个来自英国爱丁堡西部综合医院的外科/泌尿科的成年患者参与了研究。研究包括四个步骤。首先,患者填写了他们的人口统计学数据和对手机使用意见的调查表。第二,病人把自己的手机交给研究者,研究者使用了无菌拭垫,以均匀的方式对手机的键盘区域进行采样。第三,使用另外的无菌拭垫,以均匀的方式对患者的鼻孔前部(鼻孔口或鼻腔或鼻腔通道)进行取样。第四,将手机拭垫和鼻拭垫接种,并在实验室中培育。研究者每天对试垫进行检查,并用标准的实验室程序鉴定其中的微生物。

129 结果表明:(1)98 名患者(67. 6%)拥有一部手机,16 名患者(11%)拥有两部手机,4 名患者(2. 8%)拥有三部以上的手机。大多数拥有手机的病人都会把手机随身携带至医院。(2)大多数受访者(92. 4%)支持取消对住院患者使用手机的限制;93. 8%的受访者支持医务人员使用手机。(3)39 名患者(38. 2%)认为解除手机使用限制不会产生任何影响,62 名患者(60. 8%)认为这会对其住院治疗带来消极影响。(4)72 名患者(70. 6%)使用手机充电器在医院病房的电源插座给手机充电。27 名患者(26. 5%)表示,他们或他们的亲属在其入院前已经给他们的手机充电,但是 3 名患者(3%)表示他们在住院期间借了同一病房中的其他患者的充电器给自己的手机充电。(5)许多人每天都会使用手机两到四次。约有 5%的患者定期与医院外的另一个人共用手机,近 50%的患者乐于与其他病人共享手机。(6)所有的 102 名受访者都知道手机可能携带有害细菌。52 名患者(50. 9%)从未在医院以外的地方清洁过他们的手机。(7)细菌检测结果发现,17 部手机(16. 6%)未显示出微生物生长,66 部手机(64. 7%)生长了一个种类的细菌,12 部手机(11. 8%)上生长出两个种类的细菌,7 部手机上(6. 9%)生长了三个以上种类的细菌。(8)最常见的独立细菌群落是凝固酶阴性葡萄球菌,这种细菌通常以类似葡萄的群落繁殖,栖息在皮肤和黏膜上,并可能导致疾病。这些细菌通常会污染皮肤、眼睛和尿道,有些还会引发败血症

① 参见 https://en. wikipedia. org/wiki/Public_health_surveillance.

② 1807 年创立于美国,是全球历史最悠久、最知名的学术出版商之一。——译者注

和食物中毒。(9)在 78 部手机上发现凝固酶阴性葡萄球菌(76.5%),12 部手机(11.8%)显示出其他致病细菌的繁殖(即,细菌可能在多个部位引起感染,例如皮肤伤口和导尿管)。

我们可以从这项研究中学到什么呢? 首先,这是为数不多的关注住院患者而不是医务工作者的研究。它具有严谨的设计,并遵循标准的临床程序来收集和检查样本。第二,手机细菌污染率超过 83%,这意味着住院患者使用的大多数手机都有细菌,相比之下,只有 5%到 21%的医务工作者的手机受到了细菌污染。第三,英国取消了在医院使用手机的限制,但仍然存在一些危险的意识和行为,例如在医院内外共 130
享电话、共享充电器,以及手与手机之间相互传染细菌。最后,通过这项研究我们可以看到一种聚焦于手机效应的手机行为:将近 100 名英国住院病人(用户)携带他们自己的手机(技术),并在住院期间频繁使用(活动),导致手机引起的细菌污染(效应)。

3.3 心理效应:医务人员的幻觉振动综合征

我们接下来要讨论的是《医务人员幻觉振动综合征:一项横断研究》,[1]它是由来自美国的医学研究者迈克尔·罗森伯格等人(Michael Rothberg、Ashish Arora、Jodie Hermann、Reva Kleppel、Peter St. Marie 和 Paul Visintainer)所作,于 2010 年发表在最好的医学研究期刊之一《英国医学杂志》上。

这项研究有两个目标:确定医务人员的幻觉振动综合征的患病率,并找到引起幻觉振动的潜在危险因素。该研究在 2010 年进行,共有 176 名医务人员通过 SurveyMonkey[2] 完成在线问卷(共邀请 232 人参与,问卷回收率为 76%),其中包括内科医师、医学生、护士、护理人员、翻译人员,以及医院呼叫系统中的医疗助理。该问卷由研究者自行开发,包括人口统计学变量、设备使用、幻觉振动经历,以及阻止幻觉振动产生的方法在内的 17 个问题。因变量是受访者是否经历过幻觉振动,自变量是年龄、性别、职业、所用可振动设备的类型、设备是否使用了振动模式、设备是否被磨损,以及设备产生振动的频率。

该研究的主要发现如下:(1)68%的受访者报告经历过幻觉振动。(2)幻觉振动在呼机和手机(68%与 69%)中同样普遍。(3)大多数受访者(61%)在携带可振动设备一个月到一年后开始产生幻觉振动。(4)大多数受访者(87%)每周或每月都会体 131
验一次幻觉振动,但有 13%的人每天都会体验幻觉振动。(5)有 5 个因素与幻觉振

---

① Rothberg, M. B., Arora, A., Hermann, J. et al. (2010). "Phantom vibration syndrome among medical staff: A cross sectional survey," *British Medical Journal*, 341: c6914.

② 是一家美国的网络调查公司,成立于 1999 年,提供在线调查服务。——译者注

动体验相关：年龄、职业、设备位置、每天携带设备的时间，以及设备在振动模式中的频率。(6)大多数经历幻觉振动的受访者(93%)认为一般感觉不到它的影响，或者只是有点烦人。然而，有7%的受访者认为这种感觉非常令人讨厌。

这项研究告诉我们什么？首先，这为瓦莱丽·库斯尔经历的幻觉振动综合征提供了实证支持。第二，我们可以得到关于幻觉振动综合征的概况：在携带可振动设备的医务人员的日常工作中，可以找到与手机相关的幻觉振动体验的自我报告证据。总共有68%的医务工作者报告经历过幻觉振动，大多数受访者(87%)每周或每月会体验一次幻觉振动，但有13%的人每天都会经历幻觉振动。可见幻觉振动综合征是医务人员经常遇到的现象。第三，我们了解到关于移动设备和幻觉振动的更多具体细节，包括寻呼机与手机引起的幻觉振动没有差异，振动体验与人们使用手机的时长没有关系等；职业(或年龄)、设备位置，以及设备的振动模式频率与幻觉振动显著相关；大多数人不因幻觉振动而烦恼，而且许多人也可以找到阻止它们的方法。总而言之，这项研究说明了另一种有趣的聚焦效应的手机行为：176名医务工作者(用户)在医疗中心的日常工作中频繁使用手机(技术、活动)，导致频繁的幻觉振动综合征体验(效应)，但这种综合征不会给大多数人带来困扰。

3.4 社会效应：20世纪90年代的犯罪率下降

132 下一项研究出自一篇受欢迎的法律论文，它的题目是“手机与犯罪威慑：一种被低估的关联”，[①]它是第一篇研究美国手机使用的增长与犯罪率的降低之间关系的文章。据谷歌学术统计，该论文已被引用15次。该文作者是美国法学院教授克里克·麦克唐纳和斯特拉特曼(Klick、MacDonald和Stratmann)。该文作为《刑法经济学研究手册》中的一章发表。

该研究实质上是一项利用已有数据的二次分析，而非新数据，作者试图解释20世纪90年代美国犯罪率下降这一特别受关注的现代犯罪现象。本研究基于两个理论：(1)贝克尔框架：如果犯罪收益超过犯罪成本，个体将更倾向犯罪；(2)常规活动理论：如果犯罪目标、潜在的罪犯和缺乏保护能力的人群增多时，犯罪也会增加。手机数据来自联邦通信委员会、司法统计局和经济分析局。犯罪率数据来自联邦调查局1999年至2007年间的官方犯罪报告。自变量是(1)订购手机服务的手机数量(表明有多少人订购了移动网络服务)和(2)手机普及率(表明有多少人拥有手机)。因变量为暴力犯罪率、强奸率、攻击率和财产犯罪率。控制变量是国内生产总值(GDP)、

---

① Klick, J., MacDonald, J., and Stratmann, T. (2012). “Mobile phones and crime deterrence: An underappreciated link,” in Alon Harel and Keith N. Hylton (eds.), *Research Handbook on the Economics of Criminal Law*. Cheltenham, UK and Northampton, MA: Edward Elgar, pp. 12 - 33.

人均警力支出和修正案的人均支出。回归分析表明,手机服务订购率和手机普及率与暴力犯罪率、强奸率、攻击率、财产犯罪率呈显著负相关。这些结果通过控制GDP、人均警力支出、修正案的人均支出和其他潜在偏差而增强了分析的稳定性。

我们可以从这项研究中学到什么?(1)虽然这项研究不能确定任何因果关系,但手机使用在降低犯罪率方面可能起到积极和重要作用。例如,用手机可以立即报警,手机摄像头可以记录并帮助识别罪犯,旁观者可以使用手机向警方报告他们的目击结果,而犯罪分子的手机可以用来进行犯罪取证。(2)这项研究说明了另一种聚焦于手机效应的手机行为:受害者在犯罪期间使用手机,能够更好地保护自己,向警方报告并记录证据,手机使用也与财产犯罪、强奸、人身攻击和暴力犯罪的犯罪率下降有关。

4. 知识整合:从手机过敏到儿童虐待预防 133

到目前为止,我们已经讨论了一些日常生活案例和一些实证研究。我们现在继续讨论有关文献的综述。我们的目标是了解与手机效应相关的科学知识,并从手机效应的角度来拓宽我们对手机行为复杂性的理解。

与手机用户、手机技术和手机活动相比,手机效应得到了最广泛的研究。这可以理解,因为这是大众和科研工作者最关心的领域,所以已经有大量的相关文献。从宏观和微观层面比较了不同维度(例如,生理或认知)和不同领域(例如,医学或教育)的积极或消极手机效应后,有两个研究主题特别凸显,一是手机使用与脑癌之间的联系,在这一领域已有大量的研究文献,并吸引了最广泛的媒体关注;二是使用手机时的分心驾驶。这两个手机效应将在之后的"医疗领域的手机行为"和"日常生活中的手机行为"两个章节中讨论,从而避免不同章节内容过多重叠。

4.1 多样的手机效应 134

为了有效地总结关于手机效应的文献,我们可以从《手机行为百科全书》开始入手。百科全书对手机效应有着全面的介绍(见表 5.1)。首先,部分章节侧重于消极影响,如手机成瘾和手机欺凌,而其他章节则重点介绍积极的影响,如手机对总统选举的影响、心理社会干预效应、对孤独症患者的支持,以及儿童虐待预防。其次,除了手机效应的方向之外,这些章节还提出了四种主要的手机效应类型:行为(例如,开车时对汽车碰撞风险的影响)、健康(例如,长期使用手机对大脑的影响)、心理(合理玩游戏对认知的影响),以及社会(手机使用对文化的影响)。

表 5.1 《手机行为百科全书》中有关聚焦效应的手机行为的章节

方向	维度	章节标题
消极	行为	手机通话与相撞的风险
消极	行为	手机、分心驾驶、禁令与死亡
消极	行为	手机在危险驾驶中的角色
消极	行为	道路安全与手机行为
消极	行为	手机在现实世界的机动车碰撞中的作用
消极	行为	儿童、风险与移动互联网
消极	行为	日本手机相关的行为与问题
消极	行为	学生伤害学生：作为手机行为的网络欺凌
积极	行为	手机：残疾人的专用辅助技术
积极	行为	使用手机帮助预防儿童虐待
消极	医疗	长期使用手机会导致脑瘤
消极	医疗	手机成瘾
消极	医疗	手机电磁场对人的心理运动表现的影响
消极	医疗	网络与手机成瘾
积极	医疗	世界各地孕产妇、新生儿和儿童健康的保健计划
积极	医疗	移动医疗急救
积极	医疗	手机在整形外科与烧伤中的使用：当前实践
积极	医疗	血液学中的手机
积极	心理	移动平台上科学的学习类游戏
积极	心理	教育中的数字移动游戏
积极	心理	高校课堂中的手机行为：对学生学习的影响及对师生的影响
积极	心理	心理健康与幸福感的移动跟踪
积极	心理	积极技术：使用手机进行心理社会干预
积极	心理	手机对青少年社会化和解放的影响
积极	社会	手机使用增强社会联系
积极	社会	使用手机控制社交互动
积极	社会	手机文化：手机使用的影响
积极	社会	现实中的移动维护、截留和超协调
积极	社会	可携带的社会团体
积极	社会	手机对中国人生活的社会影响
积极	社会	移动式总统选举

135 例如，一个特别具有可读性和丰富信息的章节是“使用手机帮助预防儿童虐待”，作者是来自乔治亚州立大学的凯特琳等四位研究者(Katelyn Guastaferro、Matthew Jackson、Shannon Self Brown 和 John Lutzker)，以及来自格鲁吉亚克拉多克中心的朱莉·贾巴利(Julie Jabaley)。作者们在文章中描述了该领域几位领军人物的工作，如来自勘萨斯大学的凯西·比奇洛和朱迪思·卡塔(Kathy Bigelow 和 Judith

Carta)，来自圣母大学的詹·勒菲弗(Jenn LeFever)，来自埃默里大学的朱莉·加扎玛丽安(Julie Gazmararian)。[1] 这篇文章主要强调了四个基于手机的预防方案，包括通过手机的亲子活动访谈、通过短信的亲子互动、通过 Text4Baby 对孕妇和产后妇女的国家干预，以及通过 iPhone 进行的远程家庭监控。他们总结了这些项目对儿童虐待预防和干预的主要积极影响，以及各种优点(例如，与固定电话相比更加廉价，而且也不需要家长在孩子学习过程中花太多时间)。

我们不会详细讨论上述所列举的章节。相反，我们将花更多的时间在下面的章节中讨论三篇关于手机过敏、手机细菌污染和幻觉振动综合征的综述性文章。

4.2 慢性手机皮炎

我们将讨论的第一篇综述是《儿童和成人手机皮炎：文献回顾》，[2]这是一篇行文简明、写作上乘的关于手机皮炎综述，即手机使用引起的皮肤炎症。作者是美国和丹麦的克雷尔等人(Clare Richardson、Carsten Hamann、Dathan Hamann 和 Jacob Thyssen)，发表在 2014 年的《小儿过敏、免疫与肺病》杂志上，该杂志是 1987 年由玛丽·安利伯特(Mary Ann Liebert)创建的生物医学研究杂志，并逐渐将其出版的期刊扩展到其他领域(如《网络心理学》、《行为与社交网络》和《游戏健康杂志》)。

从这篇评论中我们可以学到一些重要的观点。(1)过敏性接触皮炎是由于接触 136
引起过敏反应的物质而引起的皮肤炎症。一般来说，它在妇女和儿童中比较普遍。其中镍是引起过敏性接触皮炎最常见的金属过敏源，通过珠宝、皮带扣、按钮、眼镜、硬币、钥匙，以及手机、笔记本电脑、视频游戏手柄及技术配件接触。妇女和儿童正是经常接触这些物品的群体。(2)2000 年在意大利首次报告了两例手机皮炎病例。(3)研究者发现，在 2000 年至 2013 年间，共有 37 例被诊断为手机皮炎的案例，但是在此期间仅有 6 项与手机皮炎相关的研究。因此，这方面的研究仍然非常有限。(4)大多数文献涉及镍过敏，但也有少数研究了钴和铬过敏。(5)过敏性皮肤易感区域包括脸部、脸颊、下巴、手、前臂、腹部、手腕、大腿、胸部和乳房。通常进行镍含量测试的手机部分包括手机的前后框、耳机、屏幕、菜单按钮、电源按钮、金属棒、侧和前按钮、键盘、耳扬声器和机盖。(6)成人和儿童之间存在手机皮炎的相似性，拥有昂贵手机的用户与拥有便宜手机的用户患手机皮炎的比率相似。那些有不寻常习惯的

---

[1] Guastaferro, K. M., Jackson, M. C., Self-Brown, S. et al. (2015). "Use of mobile phones to help prevent child maltreatment," in Z. Yan (ed.), *Encyclopedia of Mobile Phone Behavior*. Hershey, PA: Information Science Reference, pp. 906 – 922.

[2] Richardson, C., Hamann, C. R., Hamann, D., and Thyssen, J. P. (2014). "Mobile phone dermatitis in children and adults: A review of the literature," *Pediatric Allergy, Immunology, and Pulmonology*, 27(2): 60 – 69.

人(例如,把手机塞进胸罩)、工作中频繁使用手机的人,或者新手机的用户更容易受到手机皮炎的影响。(7)手机皮炎研究是一个不断增长的研究领域,相关出版物从2000 年的 2 例,到 2010 年的 27 例,到 2012 年增加到 37 例。

我们可以从这篇评论中了解到一些关于手机过敏的要点。首先,这篇评论提供了一个全面的手机皮炎或手机过敏的概况,提供了比詹妮·弗赖伊案例和布雷迪等人在 2011 年的实证研究更加广泛的综述。如果詹妮·弗赖伊了解这些知识,并去过敏学或皮肤科的专家那里就诊,她可能会得到及时、适当的诊断与治疗,以避免悲剧。其次,随着新手机生产的快速增长和手机用户的快速增加,现有状况可能变得更加复杂,可能出现新的手机过敏症。因此,需要进一步研究,以更好地了解手机皮炎或手机过敏的复杂性,尤其是手机使用的接触性皮炎的机制。因此,应该重视发展基于研究的教育、预防和干预,以及规章的建立。

137 4.3 医院内高风险的细菌污染

下面我们将讨论的文章是《医护人员的手机是医院污染的潜在来源吗？一项文献综述》。[①] 医院污染通常指起源于医院,而不是来自外部的污染。这篇综述综合了医务人员手机上细菌污染导致医院内污染传播的文献。该文是由土耳其医学领域的学者法特马等人(Fatma Ulger、Ahmet Dilek、Saban Esen、Mustafa Sunbul 和 Hakan Leblebicioglu)撰写,发表在 2015 年的《发展中国家的感染杂志》上,这是一个比较新的有同行评议流程的杂志,创刊于 2007 年,影响因子为 1.3,主编是来自意大利萨萨里德格里研究所的病原体学家塞尔瓦托·鲁比诺(Salvatore Rubino)博士,他已发表了超过 130 篇文章。还有一篇 2009 年发表的被广泛引用的同主题综述,[②]其期刊影响因子更高。然而,2015 年的这篇文章对于我们更为合适,主要是因为它回顾了 2005 年到 2013 年间发表的 39 篇研究,而 2009 年的综述只包括 2009 年之前发表的 10 篇文章。

从这篇综述中,我们可以获得一些要点。(1)从 2005 年发表的第一篇该领域的论文开始,截至 2013 年,已有 39 项研究发表,这为了解手机细菌污染奠定了良好的实证基础。(2)许多研究都集中在医疗工作者身上,因为这类手机用户具有独特的重要性和受关注度。(3)手机在医疗环境中的使用会导致其他潜在的风险,包括噪音、分心、数据安全和患者隐私,此外还有可能在临床医生、病人、设备和其他医疗环境中

---

① Ulger, F., Dilek, A., Esen, S. et al. (2015). "Are healthcare workers' mobile phones a potential source of nosocomial infections? Review of the literature," *Journal of Infection in Developing Countries*, 9(10): 1046–1053.

② Brady, R. R. W., Verran, J., Damani, N. N., and Gibb, A. P. (2009). "Review of mobile communication devices as potential reservoirs of nosocomial pathogens," *Journal of Hospital Infection*, 71(4): 295–300.

发生潜在的微生物污染。(4)综述主要采用两种方法：数据库检索和参考文献检索。这39项研究包括简要报告、队列研究和横断研究。(5)从中获得的重要发现是，在所有测试的手机中，污染的发生率在10%至100%之间，其中最常见的微生物是金黄色葡萄球菌(约占所有污染病例中的23%)。(6)手机被认为是一个理想的细菌繁殖场 138
所，因为(a)它们为细菌的生长提供了理想的湿度和温度；(b)手指在触摸屏幕时，病原体、病毒、细菌或其他微生物得以传播；以及(c)医务工作者携带手机在家庭、工作和其他公共场所或私人场所中穿行。(7)潜在的解决细菌污染和传染的技术方案包括免提耳机、手机表面抗菌覆盖物、可清洗手机和一次性手机壳。

在前面的章节中，我们讨论了帕克博士对细菌生长的生物学实验和识别患者手机细菌污染的实证研究。这篇综述提供了由于医疗工作者使用手机而导致的医院内细菌污染的综合性科学知识，我们现在可以对这一领域当前的医学研究有一个全面的了解。具体而言，从手机行为的角度来看，我们可以看到两个重要的方面。首先，作为一个特殊的手机用户群体，医院的医务工作者不仅在日常工作中经常使用手机，而且还经常通过他们被污染的手机传播病毒和细菌。换句话说，他们比帕克博士的学生或在医院接受治疗的过敏患者有更高的导致细菌感染的风险。第二，虽然目前的医务工作者的手机细菌污染率有很大差异(10%到100%)，但很明显，手机是细菌生长的理想场所，医务工作者的手机是细菌污染的重要来源。因此，从手机效应的角度来看，不仅要关注日常环境中手机的细菌污染，而且最重要的是关注医院环境中手机的细菌污染。

4.4 争议中的幻觉振动综合征

我们现在讨论另一篇简短的综述《手机用户的幻觉振动和幻觉铃声：系统的文献回顾》，①它是由来自印度海得拉巴理工学院的临床心理学助理教授阿玛丽塔·德伯(Amrita Deb)撰写的。该文发表在2014年威立的《亚太精神病学》上。

这是一个清晰、易懂、全面的评论。它提供了一些关于幻觉振动综合征的重要见
解。(1)该文列出了几个相似的术语，幻觉振动、幻觉振铃、技术病理学和耳鸣。它在 139
总结幻觉振动的同时也总结了幻觉振铃，这是一种在手机没有振动或振铃时知觉到的振动或振铃的情况。(2)该文介绍了这一领域最早的研究，2007年拉拉米(Larami)的博士论文的研究成果。(3)该文采用多种文献检索手段，包括数据检索、文献查阅、灰色文献检索和作者咨询。从这篇文章中，作者发现了29篇相关出版物，

① Deb, A. (2015). "Phantom vibration and phantom ringing among mobile phone users: A systematic review of literature," *Asia-Pacific Psychiatry*, 7(3): 231 - 239.

其中 15 篇是时事通讯、报告或在线杂志文章，其中 5 篇是评论文章，10 篇是原创研究文章。显然，正如作者所指出的，这个话题在媒体上广泛流行，然而，在这方面的研究还处于早期阶段。(4)大部分研究以大学生为研究对象，以自我报告问卷的方法为主。(5)幻觉振动和幻觉振铃发生率在 27%至 89%之间。(6)与幻觉振动和幻觉振铃有关的因素包括打电话或发短信的时间、铃声或振动类型、设备位置、职业、携带手机的时长、使用振动模式的频率、个性、压力和抑郁。(7)大多数人报告说，幻觉振动和幻觉振铃并不对其造成困扰，只是有点烦人。(8)幻觉振动和幻觉振铃产生的原因包括：(a)大脑对传入感觉信号的误解；(b)在特殊的警惕时段内的高期望；(c)高度警觉状态，像母亲对哭闹的婴儿保持的警觉；(d)渴望持续的社交接触，或处于等待即将接收到的信息的焦虑；(e)对手机依赖、成瘾或不当使用。

虽然在日常生活中已经观察到了像瓦莱丽·库斯尔这样的案例，但是总体而言，这篇综述表明，与广泛的媒体报道相比，现在认为幻觉振动综合征是一个有广泛研究基础的临床疾病还为时过早。其原因有二，首先，从仅对 10 篇原始研究报告进行综述的论文中可以看出，该领域的实证研究仍然有限。第二，由于目前的研究广泛使用的是非实验性设计、自我报告的数据采集方法、较弱的测量手段或主观推测，研究的质量也因此受到限制。

5. 比较分析：从设备过敏到设备细菌污染

在讨论了各种手机效应之后，我们可能会问一个更一般性的问题：电视、电脑、
140 互联网和手机等不同技术对人类的影响有什么相似之处和不同之处吗？换句话说，各种计算、信息和通信技术有什么共同的影响？手机的独特效应是什么？这是一个关于媒体效应的重要但是难以回答的问题。媒体效应可以被认为是技术行为文献中被讨论最多的话题，包括电视效应、电脑效应、互联网效应和手机效应。概括的或理论层面的讨论可能只能得出一个过于简单的答案。而更加可行的方法是讨论一个具体的例子。接下来我们将讨论两篇具体的文章，它们不是比较不同技术的效应的异同，而是揭示了不同技术的共同的或独特的效应。

5.1 设备接触性皮炎

第一篇比较研究是一篇文献综述，题为“现代电子设备：引起消费者皮肤病日益凸显的常见的原因”，[①]其作者是意大利医生莫妮卡等人(Monica Corazza、Sara

① Corazza, M., Minghetti, S., Bertoldi, A. M. et al. (2016). "Modern electronic devices: An increasingly common cause of skin disorders in consumers," *Dermatitis*, 27(3): 82-89.

Minghetti、Alberto Maria Bertoldi、Emanuela Martina、AnnarosaVirgili 以及 Alessandro Borghi)，于 2016 发表在《皮炎》上。

在这篇综述中，作者使用了多种策略来检索现有的有关游戏手柄、个人电脑和手机引起的皮肤疾病的医学文献。关于涉及接触性皮炎研究的主要发现有：(1)关于游戏装置引发的接触性皮炎的临床报道较少，然而，有关个人电脑引起的接触性皮炎的文献非常广泛。手机引起的接触性皮炎的临床报告在过去 15 年中迅速增加。(2)不仅设备本身(例如游戏控制器或手机)，设备的各种附件也是接触性皮炎的过敏源(例如充电器、电池、鼠标、鼠标垫、键盘、键盘腕部休息器、手机壳和耳机)。这些装置中释放的金属元素(特别是镍)是过敏性接触性皮炎的最常见的原因。(3)过敏性接触性皮炎有多种症状。对于游戏机来说，过敏的部位只有手指和手掌。对于个人电脑、笔记本电脑或平板电脑，过敏部位主要是手指、手掌、手腕和前臂部位。但对于手机来说，过敏部位分布广泛，包括手、前臂、乳房、下腹、脸部和耳朵。 141

对于手机过敏或皮炎，我们已经讨论了詹妮·弗赖伊的日常观察案例和手机作为金属过敏源的实证研究，也回顾了关于手机皮炎的论文。从这一对比来看，我们可以得到如下结果：(1)对电子设备的过敏不是新奇的或罕见的事情，各种现代技术引发的接触性皮炎已经被广泛报道，包括视频游戏设备、个人电脑、平板电脑和手机。(2)与其他装置相比，手机引发的接触性皮炎具有特殊性——包括临床报告病例的快速增加，以及人体上广泛分布的过敏易感区。

5.2 设备细菌污染

第二个比较研究的题目是“手术室中个人手机和固定电话使用导致的麻醉师的手部细菌污染”，[①]据谷歌学术统计该论文共被引用了 105 次。其作者是奥地利学者杰西克等 5 人(Jeske、Tiefenthaler、Hohlrieder、Hinterberger 和 Benzer)。该文于 2007 发表在《麻醉》上。

这项研究采用被试内的实验设计，探究手机是否比传统固定电话携带更多的细菌。研究者招募了四十名麻醉师参与这项研究。值得注意的是，麻醉师和麻醉学家都在各种手术中参与麻醉病人，麻醉师是专业护士，而麻醉学家是专业医生。首先，要求这些麻醉师使用一种酒精手帕对他们的手进行消毒，然后从清洁后的手上采集微生物进行培养。第二，麻醉师手持自己的手机进行大约 1 分钟的通话。打完电话后，从他们手上采集微生物进行培养。第三，从手机键盘上采集微生物样本并培养。

① Jeske, H. C., Tiefenthaler, W., Hohlrieder, M. et al. (2007). “Bacterial contamination of anaesthetists' hands by personal mobile phone and fixed phone use in the operating theatre,” *Anaesthesia*, 62(9): 904 - 906.

第四，48 小时后，使用多个实验室程序鉴定微生物。同样，在手术室前厅使用固定电话进行同样的实验流程。主要结果如下：(1)使用手机或固定电话后，麻醉师手部细
142 菌污染率增加，40 名麻醉师中，38 人的手在使用手机后被细菌污染，33 人的手在使用固定电话后被细菌污染。(2)在使用这些手机后，手机的键盘表面(40 人中的 36 人)和固定电话(40 人中的 38 人)被非可致病的人类病原体(例如细菌或病毒)以及其他人类病原体污染。

对于手机细菌污染，我们已经讨论了西蒙·帕克博士的实验案例，患者手机细菌污染的实证研究，以及医务人员手机细菌污染的综述。我们可以从这一比较研究中学到什么？

第一，尽管是早期的研究，但研究者还是深思熟虑后选择固定电话和手机来比较细菌污染。我们可以想象，除了手机遥控器之外，电视不可与手机相提并论；除了电脑键盘、鼠标和带触摸屏的平板电脑之外，计算机也与手机没有可比性；而互联网则因为它的特殊性而与电脑、手机和新型电视机(例如三星的智能电视)不同。比较固定电话和手机是相当有创新性的，但二者仍然有许多不同之处(例如，手机是个人的，固定电话是公共的)。此外，同一组麻醉师进行了两次实验，不同的个体差异被控制，因此比较的结果更具有说服力。

第二，研究发现在使用 1 分钟后，手机和固定电话被污染的速率相似，而非在手和键盘上表现出明显不同的速率。然而，手机和固定电话之间微妙而关键的区别是，手机总是被麻醉师携带进入手术室，可以直接靠近病人，并靠近医生的手、脸和耳朵，而固定电话在手术室外。因此，在实际的临床设置中，手机细菌污染和感染的风险要比固定电话大得多。

第三，该研究于 2007 年进行。截至 2016 年，它共被引用了 105 次，即使作者认
143 为这只是一个探索性研究，但它启发了其他许多比较研究，这些研究关注不同的群体，采用不同的实验设计，或关注不同的卫生策略。这些比较研究已经准确地评估了手机的独特效应，例如细菌污染。例如，在使用不同技术后的细菌污染率可能是相似的，但是手机的高流动性和个性化使得手机在临床设置中更加危险。

6. 复杂思维：复杂的双刃剑

在本章的开头，我们讨论了弗朗西斯对手机效应的直觉思考。回想一下，弗朗西斯用各种具体例子涵盖了各种效应，强调了手机的核心特性——随时随地使用手机。同时，弗朗西斯只关注积极影响，主要谈论她在中国的日常经验。在阅读了整个章节之后，我们可以很容易地看出手机效应比弗朗西斯的直觉想象要复杂得多。现在让

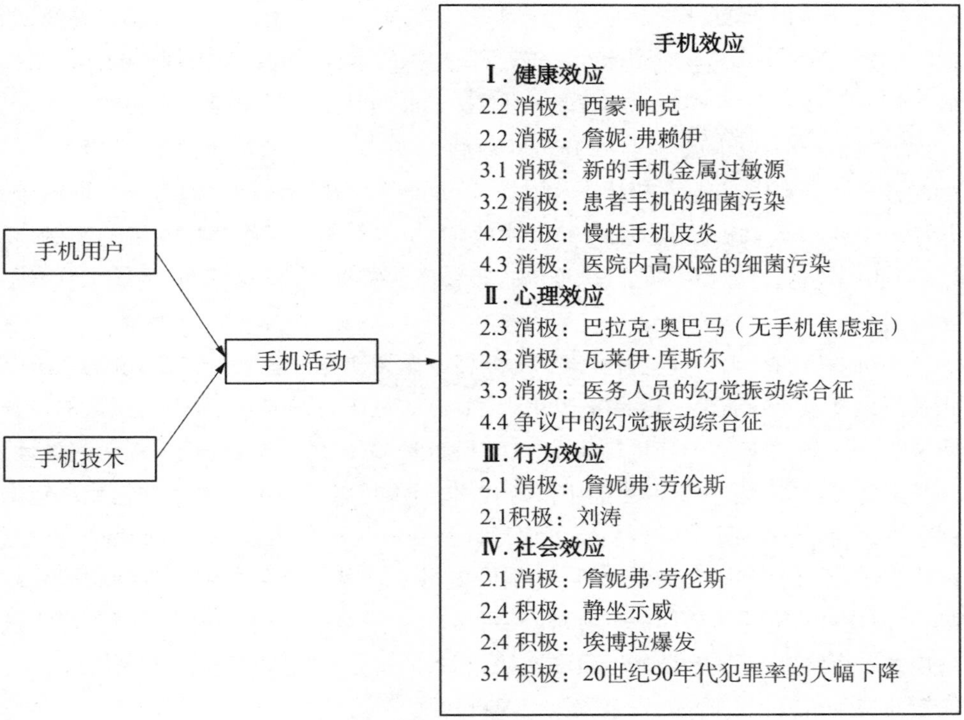

图 5.1 基于效应的手机行为的总结图

我们再次使用概念图(见图 5.1)来概括本章的主要内容,并将其与弗朗西斯的直觉回答进行比较。

第一,如图 5.1 所示,不同于弗朗西斯只关注积极效应的直观知识,手机效应涉及不同的方向。像人类发明的各种技术一样,手机本身作为一种技术并没有任何积 144
极或消极的影响。然而,手机使用或更广泛的手机行为会导致各种手机的影响和效应。这些效应在广泛的范围内既有消极的一面,也有积极的一面。换句话说,移动手机行为是一把双刃剑,它既可以帮助我们,也可以伤害我们,从而产生各种积极和消极的影响。这是关于手机效应最关键的一点。刘涛找回自己的财物、静坐抗议的现场媒体报道,以及使用移动钱包支付对抗埃博拉疫情的医护人员的报酬,这些例子已经屡屡证明手机行为的积极效应。在报告 20 世纪 90 年代大规模犯罪率下降与美国广泛使用手机之间关系的研究中,也显示出了手机的积极效应。在消极方面,我们已经讨论了詹妮弗 · 劳伦斯的手机被黑客攻击的案例、詹妮 · 弗赖伊的自杀悲剧、帕克博士的生物实验、瓦莱丽 · 库斯尔的幻觉振动综合征,以及手机使用引发的接触性皮炎和细菌污染的研究和评论。

第二，不同于弗朗西斯对日常生活体验的直观认识，手机效应涉及多个维度，如对人们身心健康的影响、对个体的心理过程、用户的各种行为以及大规模的社会及种族的影响。换言之，手机行为不仅是一把双刃剑，而且是一把复杂的双刃剑，可以直接或间接地帮助我们，或以各种方式伤害我们。在本章中，我们讨论了：(1)手机行为的各种健康效应，包括手机皮炎和过敏，以及细菌污染和污染；(2)各种心理效应，包括恐惧症和幻觉振动综合征；(3)行为效应，如詹妮弗·劳伦斯和刘涛的案例，以及(4)社会效应，例如静坐抗议案、埃博拉疫情案例和美国20世纪90年代犯罪率下降的研究。

手机效应的未来研究应该探索和考察多个重要主题。首先，通常所说的效应是指基于良好设计的随机实验而得出的因果效应。然而，我们在本章中所讨论的许多研究中，没有一个典型的随机实验设计，它们都是遵循基于调查的相关性研究设计，虽然这种类型的研究设计对于描述行为有用，但不足以考察因果关系并得到确定的效应。因此，未来的研究需要更好的设计以及更好的测量方法、数据收集和分析方
145 法。其次，除了提高研究质量之外，还需要更多的研究分别考察积极影响和消极影响，从而使我们对手机效应的理解得以平衡和完善。第三，未来的研究应该考察手机效应的各个维度，尤其是认知效应和道德效应，而不是只关注健康效应。第四，迫切需要研究手机使用的隐私、安全和保障等新问题。

第六章　医疗领域的手机行为

1. 直觉思维：一名年轻医生的答案/ 116 146
2. 日常观察：从克里斯托弗·斯皮尔斯医生到约翰·蒂克尔医生 / 117
   2.1　用户：分心的斯皮尔斯博士 / 117
   2.2　技术：联合国儿童基金会的创新计划 / 118
   2.3　活动：监测血糖水平 / 119
   2.4　效应：患脑肿瘤的约翰·蒂克尔医生 / 120
   2.5　效应：1.76 亿手机成瘾者 / 121
3. 实证研究：从感染 HIV 的孕妇到手机与脑癌的关联 / 122
   3.1　用户：感染 HIV 的孕妇 / 122
   3.2　技术：手机调度 / 125
   3.3　活动：戒烟干预 / 127
   3.4　医疗效应：睡眠障碍 / 129
   3.5　医疗效应：脑癌 / 130
4. 知识整合：从指数增长到潜在的脑癌风险 / 133
   4.1　指数型增长 / 133
   4.2　核心主题 / 134
   4.3　用户：老年人的医疗保健 / 135
   4.4　效应：学校学生的睡眠紊乱 / 137
   4.5　效应：潜在的脑癌风险 / 138
5. 比较分析：从电视成瘾到手机成瘾 / 140
   5.1　美国成年人的电视成瘾 / 141
   5.2　英国青少年的电脑游戏成瘾 / 141
   5.3　英国大学生的网络成瘾 / 143
   5.4　美国大学生的手机成瘾 / 143
6. 复杂思维：皇冠上最璀璨的钻石 / 144

147 ## 1. 直觉思维：一名年轻医生的答案

我有位好朋友，是名精通现代科技的年轻医生。2015 年圣诞节前后，他联系我说要来波士顿拜访我。那次我们相谈甚欢，之后我问他："在医疗或卫生保健领域中，人们能用手机做什么呢？你能不能写三到五个立即出现在你脑海中的词？我正在写一篇关于手机健康的文章，想听一下医学专业人士的回答。"

他很快给我回了邮件，提到了以下五个词：(1)实时更新；(2)远程操控；(3)便捷性；(4)数据库；(5)不高的可靠性。在我的要求下，他进一步解释了这五个词语：(1)手机能够实时更新医疗信息，例如人的心率，或是血氧饱和度；(2)医生能够通过手机远程技术控制数据，监测病人的健康状况；(3)人们在家就能够得到医生的帮助，而不一定要去医院；(4)手机能够长时间收集病人大量的数据，为可能的大数据分析提供信息；(5)相比于通过传统的医院检测所获得的数据，从手机上收集到的医疗数据不那么可靠，一般只用作参考。

这位年轻医生的回答为我们提供了很多有用的信息，主要包括以下几点。首先，这些回答是清晰而具体的。他明确提到了更新医疗信息、远程控制数据、监控患者的健康状况，以及执行可能的大数据分析。作为一名医疗专业人员，而非技术专业人员，他能给出这样技术上非常具体的回答并不容易。不得不说我的朋友在技术上真的非常精通。其次，这些回答真实可信，属于一种典型的医生式回答。从医生的角度来看，他考虑到了通过心率和血氧饱和度来监测患者的健康状况，患者在家中也可以获得医生的帮助，同时他还担心通过手机收集的健康数据不像医院的专业检查数据一样可靠。他的回答表现了一位既具有丰富技术经验，又极其忙碌的医疗专业人员对手机在医疗中应用的看法。第三，这些回答是不完整的，也显得有些简单。我们根据基本的四要素模型来分析这位医生提到的手机行为，他只提到了医生和患者这两种类型的手机用户，他主要关注的是医疗数据的采集、更新、监测和管理过程，但是他没有提及任何具体的技术(虽然他确实提到了"数据库"这个词)，也没有提到任何与手机相关的具体效应。

148 在本章中，我们将以从医生快速回答中所获得的知识为学习的起点，利用四要素框架进一步讨论医学领域中的手机行为。我们将简要介绍多个现实生活中观察到的例子，详细回顾多个研究案例，概述当前医疗领域手机行为的知识，并比较不同的医学技术。我们的目标是扩大、拓展和深化我们对医疗领域手机行为的直觉知识，并获得有关医疗和卫生保健中手机行为的复杂知识。总体而言，我们希望能够清晰地阐述医疗和卫生保健领域中的手机行为，培养良好的分析技巧，使得读者能够在个人或专业背景下了解和研究手机行为。

2. 日常观察：从克里斯托弗·斯皮尔斯医生到约翰·蒂克尔医生

2.1 用户：分心的斯皮尔斯博士

2011 年 4 月，61 岁的玛丽·罗塞安·米尔恩(Mary Roseann Milne)女士在美国德克萨斯州达拉斯市接受了一台常规的心脏手术，克里斯托弗·斯皮尔斯(Christopher Spillers)医生在其中担任麻醉师。但不幸的是，米尔恩在手术后去世了。她的家人就此提起医疗纠纷诉讼，其中一项指控是医生在手术时分心做了其他事情：斯皮尔斯医生在手术过程中发过短信并阅读了 iPad，这致使他有 15 至 20 分钟没有注意到米尔恩的血氧水平处于危险的低水平。[1] 这个案件定于当年 9 月份在达拉斯郡进行陪审团审判。但是，目前找不到任何关于案件如何结案的信息。我们在互联网上可以看到的是，斯皮尔斯医生从德克萨斯大学医学院(University of Texas Medical School)获得医学学位，以麻醉师身份在达拉斯实习超过 10 年，目前隶属于多家医院，包括贝勒地方医疗中心和贝勒大学医疗中心。

这个案件以及其他一些类似的案件，登上了多家主要报纸的版面头条，在坊间和医学界被广泛讨论。当然，这类案件涉及医疗道德、医疗事故、手机使用的积极和消 149
极作用以及手机使用政策等许多重大问题。而在这里，我们可以从医疗领域中手机用户的角度分析这个案例。

首先，从定义上来看，这位医生是一名手机用户，但显然他并不是一名优秀的手机用户。医生是医疗领域中一个主要的手机用户群体，但他们使用手机时表现出的专业道德水平可能差异很大。许多医生在使用手机时能够遵守职业道德规范，而一些像斯皮尔斯医生那样的人则违背了职业道德。

其次，正如我们在医院和诊所看到的一样，医疗专业人员在工作时随时都携带着手机，这些手机可能由他们的机构配备，也可能是自行购买。他们的手机可能用于不同的专业目的和个人目的。

第三，除了医生之外，在医疗和卫生领域还有许多其他的手机用户，如患者、病人家属、护士、医学生、救护车司机和医疗助理等。这些不同的用户会有多种多样的复杂手机行为。简而言之，不管上述报道是否准确，或是说在多大程度上是准确的，这个案例都会加深我们在医疗手机用户方面的认识。医疗领域中的手机用户比我们想

---

[1] 参见 www.dallasobserver.com/news/dallas-anesthesiologist-being-sued-over-deadly-surgery-admits-to-texting-reading-ipad-during-procedures-7134970.

象的复杂得多,而在我朋友的回答中,他并没有提到这种复杂性。

在四元素模型的基础上,与斯皮尔斯博士相关的手机行为可以用下面的简图来说明,粗体文本用于突出模型的重点:

克里斯托弗·斯皮尔斯医生 + iPhone/iPad→**在对玛丽·罗塞安·米尔恩进行心脏手术时阅读和发送短信**→**玛丽·罗塞安·米尔恩在手术后去世**。

在本书第一大部分中,我们已经用四章的篇幅讨论了手机的用户、技术、活动和效应。医疗、商业、教育和日常生活中的手机行为是这本书的第二个主要部分,我们将应用四元素模型,尽可能多地使用这个简单的图解来呈现和分析手机行为。

2.2 技术:联合国儿童基金会的创新计划

从2007年开始,①联合国儿童基金会(United Nations International Children's Emergency Fund,简称UNICEF)就发起了一项名为“联合国儿童基金会创新”的计划。该计划由全球各地的跨学科团队参与,开展了一系列的创新项目,目的是将手机
150 技术融入卫生系统,以改善塞内加尔、尼泊尔和巴拉圭等发展中国家儿童的生活。这些发展中国家的许多偏远村庄甚至还没有通电,但人们已经开始使用手机来解决提供卫生服务过程中的时间、距离和协调问题。

在众多将手机技术融入卫生系统,以改善发展中国家儿童生活的创新项目中,“患者追踪和结果递送”就是一个例子。这一项目不再使用传统的纸质信息,转而利用短信,向赞比亚和马拉维的农村以及服务不足的社区提供早期婴儿艾滋病毒的诊断结果,并将测试结果的反馈周期缩短了50多个百分点。社区卫生工作者还使用SMS(手机短信服务)来登记新生儿出生,或用于追踪患者的情况,以确保他们接受了必要的儿童干预措施。这类项目的另一个例子是“卫生系统管理”。该项目使用了一种名为M-Trac的疾病监测和药物追踪系统,它的基础是手机短信服务。有了这个系统,卫生医疗工作者可以使用手机来监测卫生服务的提供情况,并根据实时数据及时应对卫生保健需求。该系统还集成了匿名热线和公开对话功能,收集并显示通过手机传达的公众意见。联合国儿童基金会乌干达办事处和相关国家卫生部目前正在赞比亚和马拉维的全国范围内推广这一项目。

从手机技术的角度来看,在卫生系统中使用手机至少有两个优点值得我们注意:(1)虽然这些技术——如短信——很常见,但它们可以有效地解决发展中国家亟待解决的现实生活问题;(2)从一开始,使用这些技术(例如M-Trac)的目的就是提升各个项目(病人追踪、结果递送以及卫生系统管理)的成效。这一策略使得手机的使

① 参见 www.unicefstories.org/tech/mhealth/

用更加高效。基于四元素模型,与联合国儿童基金会创新项目有关的手机行为可以用下面的简图来说明,粗体文本突出了其中的重点:

赞比亚、马拉维和乌干达的卫生保健工作者和病人+**基于文本的手机技术**→社区卫生保健系统的监测、管理和递送→提高了这些卫生保健系统的有效性和效率。

2.3 活动:监测血糖水平

在2015年11月,美国国家公共广播电台(National Public Radio, NPR)报道,16
1 岁的加利福尼亚青年布莱克·阿特金斯(Blake Atkins)被诊断为Ⅰ型糖尿病。他的儿科内分泌医生使用苹果公司的应用程序编程工具Healthkit来监测他的血糖水平,并与他的母亲共享信息。布莱克佩戴着持续工作的葡萄糖监测仪,他的皮肤下面有一个微小的针头,每隔几分钟就检查一次血糖水平。显示器由蓝牙连接,并在布莱克的许可下,将数据传送到他手机中的HealthKit数据存储库上。

这是另一个十分有趣的案例。首先,它用到了HealthKit或者说Health这种手机技术。从技术上讲,HealthKit只是一款应用程序编程工具,供软件开发人员开发能够与苹果公司官方的Health应用程序互动的程序。苹果的Health是iOS8及其以后的iOS版本中一类应用程序的通用名称,可以作为iPhone用户的所有健身和健康数据的“仪表盘”,监测诸如心率、燃烧的卡路里、血压、血糖和胆固醇等与健康相关的数据。苹果公司的Health有三大功能:(1)监测和分析用于医疗和一般健身目的的健康数据;(2)连接各种第三方可穿戴电子硬件(例如Fitbit、Qardio和iHealth)和软件(例如Runmeter GPS、Sleep Cycle和Nike+Running);(3)创建一张医疗身份证,即一张包含重要医疗细节和紧急情况细节的紧急卡片。正如我们所举的苹果Health的例子一样,经过多年的发展,我们可以看到当今的医疗手机技术已经成为手机技术中最先进和最激动人心的领域之一。

其次,它涉及Ⅰ型糖尿病。根据美国糖尿病协会的资料,[1]Ⅰ型糖尿病是一种因完全缺乏胰岛素引起的,以高血糖水平为特征的病症。我们的身体需要能量,而能量来自我们将摄入的糖和淀粉分解成葡萄糖这种单糖的过程。这个过程需要胰岛素作为激素从血液中摄取葡萄糖进入人体细胞。Ⅰ型糖尿病在儿童和年轻人中最常见。在胰岛素治疗和其他治疗的帮助下,即使是年幼的孩子也可以学会如何控制自己的病情,并过上长寿健康的生活。相比之下,Ⅱ型糖尿病是一种因缺乏胰岛素或身体无法有效使用胰岛素引起的、以高血糖水平为特征的病症。Ⅱ型糖尿病在中年和老年人中最常发生。对于Ⅰ型和Ⅱ型糖尿病患者来说,监测血糖水平对他们来说至关重

---

① 参见 www.diabetes.org/diabetes-basics/type-1/.

152 要，这样可以帮助控制他们的病情，使他们的生活健康长久。手机恰好可以作为一个十分合适的工具，监控他们的血糖水平。

第三，它与通过持续监控以跟踪并控制血糖水平这种特定的医疗程序相关，而非其他的医疗程序，如直接治愈糖尿病。解决医疗问题有多种方式，如监测、管理、咨询、心理疗法和药物治疗。手机不是处方药或手术程序，但它在医学和保健方面有其独特的优势和潜力。

第四，它涉及医疗群体的三方——患者、医生和父母——而不仅仅是医生一方。现代医疗和保健系统非常复杂，它们涉及医疗或医疗保健群体的各方成员，如患者及其家属、医生、护士、医疗助理、其他医疗团队成员、医疗设备生产商、医疗系统管理人员、医疗财务分析师、医疗保险公司和医疗律师。或许我们了解其中的一部分人，但还有许多人我们可能并不知晓，而他们可能都会使用手机。

基于四元素模型，与布莱克相关的手机行为可以在下面的简图中加以说明，粗体文本突出了焦点所在：

布莱克、他的儿科内分泌医生和他的母亲 + 苹果公司的 Health 应用→**监测和分析他的血糖水平**→控制了他的Ⅰ型糖尿病病症。

2.4　效应：患脑肿瘤的约翰·蒂克尔医生

约翰·蒂克尔(John Tickell)医生[1]是澳大利亚一位有名的医生。他毕业于墨尔本大学并获得医学学位，后来成为全科医生、产科医生和运动医学专家。他同时也是一位成功的商人，在维多利亚与他人合作，共同创建了高尔夫俱乐部(Heritage Golf)和乡村俱乐部(Residential Country Club)。他还是一位作家和国际公众演讲者。他写了几本书，其中最著名的是《美妙的澳大利亚饮食、笑声、性、蔬菜和鱼》(*The Great Australian Diet and Laughter, Sex, Vegetables and Fish*)。他还参与过电视节目的录制，就怎样将压力转化为成功，以及如何过上更长寿、更健康的生活等问题为人们提供建议。

然而，在 2011 年，约翰·蒂克尔医生遇到了意想不到的毁灭性挑战。他在悉尼
153 飞往墨尔本的航班上突然癫痫发作。随后的脑部扫描显示他头部有五个肿瘤；其中有一个竟有高尔夫球大小。约翰·蒂克尔医生认为，辐射是脑肿瘤发病率上升的重要因素。他说："当今环境中的辐射量比五十年前强一百万倍，这让人不寒而栗。"目前，他正成为更安全地使用手机的主要倡导者，致力于促使人们意识到手机辐射的风

[1] 参见 www.dailymail.co.uk/news/article-3251669/Would-stick-head-microwave-Doctor-believes-mobile-gave-brain-cancer-says-use-patch-phone-reduce-radiation.html.

险，他也正准备推出一种有望将手机辐射减少95%的新设备。

从蒂克尔的故事当中，我们能获得不少有用的信息，帮助我们更好地理解手机行为的效应。首先，这个案例涉及蒂克尔医生。他既是一名医生，应当比一般人具备更多的癌症知识，也是一位有亲身经历的癌症幸存者。当时，这位65岁的医生说，他确信手机的大量使用是导致他病情的一个原因，他担心其他人也在不知不觉中陷入同样的困境。尽管他的个人言论本身并不能算作科学研究，但那些话可能比非医学人员的话更有分量，也能够引起更多的公众关注。其次，他指出了手机使用会导致脑癌的多种理由。例如，他强调说，我们平均每周可能会在手机上花费21个小时，同时，我们正越来越多地将手机用于各种各样的活动。因此，我们长时间暴露在与手机相关的各种电磁辐射中。

基于四元素模型，与蒂克尔医生相关的手机行为可以用下面的简单图解来说明，粗体文本突出了焦点：

约翰·蒂克尔医生＋手机辐射→在日常生活中暴露在各种辐射中→**在一次飞行中癫痫发作，脑部被检查出五个肿瘤**。

2.5 效应：1.76亿手机成瘾者

弗拉里(Flurry)是位于美国旧金山地区的一家手机分析公司，它在2014年4月22日发布报告称，[1]2014年全球手机成瘾人数达到了1.76亿。根据弗拉里的说法，每天使用60次及以上手机应用程序就会被定义为成瘾，这一数据是基于全球14亿部手机上超过60万的应用数据评估得出的。

这是另一个值得进一步分析的有趣案例。首先，它涉及手机的医疗效应。使用手机会带来各种积极的或消极的效应，手机成瘾是其中一个被广泛讨论的负面效应。其次，它涉及如何判断是否手机成瘾。为什么界定是否成瘾的标准是每天60次？弗拉里是如何获取这些数据的？这些数据是否有效且可靠？其估算的数值在不同国家和不同时间是否会有所不同(例如，亚洲与非洲是否有不同？2012年与2016年是否有不同？)？第三，这是由手机引起的一种效应，但也需要通过手机行为研究来解决，以防止、干预和减少这一行为。基于四元素模型，与弗拉里判定手机成瘾相关的手机行为可以用下面的简图来说明，粗体文本突出了焦点：

世界各地的手机用户＋14亿部手机和60万应用程序→每天使用这些应用程序60次→**在2014年有1.76亿人沉迷于手机**。

总之，这些现实生活中的案例从手机用户、手机技术、手机活动和手机效应的角

① http://flurrymobile.tumblr.com/post/115191945655/the-rise-of-the-mobile-addict.

度展示了医疗领域的各种手机行为。与本章引言中医生的那种直觉思维相比，这些案例为我们提供了更宽阔的视野，它不局限于临床实践，而且同时涉及医学领域里各种各样的手机行为。但是，这些案例不一定更具深度。其中一部分原因是，直觉回答和日常观察中的内容，本质上都是轶事经验而不是科学证据。要弥补这一不足，我们需要通过科学研究来获得科学证据，或者从期刊论文中找到科学证据，这正是我们在下一节要讨论的话题。

3. 实证研究：从感染 HIV 的孕妇到手机与脑癌的关联

3.1 用户：感染 HIV 的孕妇

背景。我们将要讨论的第一个研究实例是一篇题为"用增强型短信干预使更多的 HIV 感染孕妇接受产前 CD4 测试和 ART 疗法：一个集群随机试验"的文章①。这篇文章涉及各种医学术语。对于许多我们这样没有医学培训背景的人而言，标题本身都很难理解。为了理解这项研究，应该简要介绍四个关键术语或缩略词，其中三个与医学有关，一个与技术有关。

第一，艾滋病毒(HIV)是一种人体免疫缺陷病毒，而艾滋病(AIDS)则是已患上的免疫缺陷综合征。艾滋病毒感染引起艾滋病。在初次感染后，一个人可能会有短暂的类似流感的病症。此后的较长一段时间内通常再没有其他症状。随着病情感染的加重，艾滋病毒对免疫系统的干扰越来越大，其结果是人更容易患上常见疾病，机会性感染的几率变高，也更易受到肿瘤的侵袭，而这些肿瘤通常不会侵扰有免疫系统的人。病毒感染的晚期症状被称为艾滋病。这个阶段通常由于肺部感染、严重的体重减轻、皮肤病变或其他艾滋病定义病症而复杂化。艾滋病毒主要通过无保护的性交、受污染的血液输送、皮下注射针头和在怀孕、分娩或哺乳期间的母婴进行传播。预防艾滋病毒/艾滋病的常用方法包括鼓励和实行安全性行为、针头替换计划的实施②和对感染者的治疗。抗逆转录病毒治疗可以减缓疾病的进程，并可能延长生命达到正常的期望寿命。患者一经确诊应立即接受治疗，如果不进行治疗，艾滋病毒感染后的平均存活时间估计为 9 至 11 年。由于在怀孕、分娩或哺乳期间，感染了艾滋病毒的孕妇会将病毒传染给儿童，因此早期诊断和治疗尤为重要。

---

① Dryden-Peterson, S., Bennett, K., Hughes, M. D. et al. (2015). "An augmented SMS intervention to improve access to antenatal CD4 testing and ART initiation in HIV-infected pregnant women: A cluster randomized trial," *PLOS ONE*, 10(2): e0117181.

② 针头替换是一种社会服务，允许注射药品者(IDU)以很低或零成本的方式获得皮下注射针头和相关用品。——译者注

第二,CD4 细胞计数。在分子生物学中,[1]CD4 是“分化簇 4”的简称。CD4 细胞(通常称为 T 细胞或 T 辅助细胞)是一种白细胞,在保护我们的身体免受感染方面发挥重要作用。当它们发现“入侵者”(例如病毒或细菌)时,会发出信号激活我们身体的免疫反应。一旦某个人感染了艾滋病毒,这种病毒就会开始攻击并破坏人体免疫系统的 CD4 细胞。艾滋病毒利用 CD4 细胞本身的增殖机制在整个身体中繁殖和传播。这个过程被称为艾滋病毒的生命周期。

在 AIDS.gov 上可以看到,CD4 计数检测是一项实验室测试,用于测量血液样本中 CD4 细胞的数量。在艾滋病毒感染者中,它是衡量我们免疫系统工作情况的最重要的实验室指标,也是揭示艾滋病病程的最好预测指标。CD4 数越高,代表身体情况越好。对于一个未感染 HIV 的健康成人和青少年,CD4 细胞的数量范围在 500 至 1 200 个/mm^3。极低的 CD4 细胞数表明艾滋病毒感染者已经发展为 3 期感染,即艾滋病。在标题中的“产前 CD4 测试”,是指在怀孕期间(也就是人类胚胎或是胎儿孕育过程中),从受精到出生时进行的 CD4 检测。

第三,ART。它是抗逆转录病毒治疗(antiretroviral therapy)的简称。根据世界卫生组织的标准,标准的抗逆转录病毒治疗包括多种抗逆转录病毒药物的组合,以最大限度地抑制艾滋病毒,并阻止其病程的发展。抗逆转录病毒治疗也可以阻止艾滋病毒的进一步传播。在使用有效的抗逆转录病毒治疗方案时,特别是在疾病的早期阶段,死亡率和感染率就能够被大幅降低。世界卫生组织建议在确诊后尽快对所有艾滋病毒感染者进行抗病毒治疗,以防止 CD4 细胞数量的下降。

第四,增强型短信干预。这里的关键词是“增强”,而另外两个术语短信(short message service, SMS)和干预是通俗易懂的词汇。增强现实是现实世界环境的实时视图,其中的一些元素通过计算机生成的感官输入(如声音、视频、图形或 GPS 数据)进行增强或补充。相比之下,虚拟现实则是通过计算机模拟取代了现实世界的环境。

总之“用增强型短信干预使更多的 HIV 感染孕妇接受产前 CD4 测试和 ART 疗法:一个集群随机试验”,这个非常长的标题简单来说,就是作者报告了一项特别设计的研究(一个集群随机试验),其中使用了与手机相关的方法(增强型短信干预),用来鼓励更多感染艾滋病毒的孕妇参与 CD4 测试和 ART 初始治疗。

作者和期刊。本文共有来自 12 家医学研究机构的 18 位作者。第一位作者斯科特·德莱顿-彼特森(Scott Dryden-Peterson)和最后一位作者沙欣·洛克曼(Shahin Lockman)是哈佛大学免疫与传染病系的艾滋病研究专家和医学专家。他们已经发表了许多艾滋病相关研究,但这篇文章是他们在手机医疗方面的第一篇文章。该文

---

① https://en.wikipedia.org/wiki/CD4.

章发表在 2012 年的《公共科学图书馆·综合》杂志(*PLOS ONE*)上。像《前沿》(*Frontier*)和《英格兰医学杂志》(*British Medical Journal*)一样,*PLOS ONE* 是由科学公共图书馆(Public Library of Science, PLOS)自 2006 年开始发布的开放获取的科学期刊。开放获取期刊有两个基本特征——在线发布和免费访问。自上个世纪 90 年代以来,开放获取运动迅速蔓延到世界各地。PLOS 组织者开始发布多个开放获
157 取期刊,例如 2003 年的《公共科学图书馆·生物》(*PLOS Biology*)和 2009 年的《公共科学图书馆·当前研究趋势》(*PLOS Currents*)。在 2008 年,*PLOS ONE* 成为 PLOS 杂志系列中最受欢迎的期刊,它通过经典的同行评审流程,正逐渐以"只要他们准备好了就第一时间发布高质量文章"这一名声而著称,它的发布周期也由周刊变成了日刊。介绍上述内容是为了说明,查看文章的作者及其期刊很有用,这能让我们很快对文章的可信度有一个初步的了解。

研究。这项研究在非洲的博茨瓦纳进行,这是世界上最贫穷的国家,也是艾滋病毒和艾滋病流行最严重的国家之一(15 至 49 岁的成年人中有高达四分之一的人携带有艾滋病毒或患有艾滋病)。该研究集中在一个研究问题上:增强的短信干预措施是否可以让艾滋病毒感染的孕妇更多地进行产前 CD4 检测和抗逆转录病毒初期治疗?

为了回答这个问题,研究人员采用了一项称为集群随机试验的研究设计,这是一种特殊类型的临床研究,它根据特定的群体或地点对参与者进行随机化,而不是经典地随机化个体参与者。作者首先使用来自博茨瓦纳 20 家产科诊所的 4 319 个妇科记录器,确诊了 396 名感染艾滋病的妇女。随后,他们根据 20 个诊所的位置,将这些妇女随机分配至干预组和常规治疗组。核心设备是一个基于短信的自动化系统,可以直接收集 CD4 结果并将其无线分发到位于每个产科诊所里的便携式短信打印机上。当怀孕妇女的测试频率低于预期范围,或实验室验证结果有延迟时,系统具有提醒临床医生的强化功能。

结果表明,在感染艾滋病毒的孕妇中,产科诊所中增强的短信干预措施既不能及时改善 CD4 检测,也不能显著让产妇更多地接受抗逆转录病毒治疗。但是,这种短信系统的确提高了信息传递速度,并降低了实验室报告的成本。使用这种手机方法后,将中央实验室的结果提交给当地诊所所需的时间从原来的 16 天大幅缩短至 6 天。每份结果的传递费用也从以前的 2.73 美元大幅降低至 1.98 美元。这项科学研究对艾滋病毒感染的孕妇,特别是对博茨瓦纳资源有限的诊所来说,有不小的应用启示和实践意义。

评论。从这项医学领域手机行为的研究里,我们可以获得什么信息呢?可以说这篇研究以多种方式拓宽和深化了我们关于医学手机行为的知识。首先,我们可以

看到一群医学领域的手机用户，即所有参与研究的医务人员（设计师、研究人员、临床
58 医生和工作人员）。除此之外，在这种情况下还有另一个特殊的隐藏手机用户群体，即博茨瓦纳易受艾滋病毒感染的孕妇。虽然她们不直接使用增强型短信系统，但她们可能会收到来自该系统的手机短信，或是收到临床医生关于其测试结果的手机电话。艾滋病在博茨瓦纳是毁灭性的，这些女性可能会从手机使用中受益。借此我们可以更多地了解医学领域中手机用户的概念复杂性。其次，我们可以看到一种特殊的移动电话技术，即一种用于诊所环境的增强型短信系统。这个术语听起来科技感十足，但在非洲这个大环境中，所使用的仪器却十分简单明了。它让我们中的许多人了解了增强现实。第三，我们可以看到两项特殊的手机活动——提供 CD4 测试信息和管理抗逆转录病毒治疗干预行动。第四，虽然结果没有统计学意义，但由于它们提供了实验证据，因而这些结果在科学和实践上仍然具有重要意义：说明了从科学的角度来看，在这项研究中基于手机的医疗手段有效性如何，以及从经济的角度来看，博茨瓦纳增强型短信系统到底有多大的帮助。最后，这四个新增的知识比本章开始部分年轻医生的直觉回答更具体、完整和复杂。它们比前文日常观察中观测到的五个事例更为科学。它们为我们提供了真实临床实践中使用手机的意义，包括其优势、弱点和有效性，这些意义具体、真实而科学。在四元素模型的基础上，与感染艾滋病毒的博茨瓦纳孕妇相关的手机行为可以用下面简单的图解来说明，粗体文本突出了重点：

博茨瓦纳产科诊所的卫生保健工作人员＋**基于短信的自动化系统**→直接收集和无线传播 CD4 结果→帮助博茨瓦纳携带艾滋病毒的孕妇。

3.2 技术：手机调度

背景。现在让我们来讨论另一篇关注医疗技术导向的手机行为的期刊文章。它的标题是“使用手机调度非专业人员对医院外的心脏骤停患者进行心脏复苏术”。[①]
59 为了理解文章，我们先对标题中使用的三个技术概念进行介绍。

第一个是手机调度。调度的意思是将消息发送到目的地或出于某种目的发送信息。手机可用于派遣紧急调度员，指导在患者身边的人采取正确的救护程序，直到救护人员抵达现场。

第二个是心肺复苏术（cardiopulmonary resuscitation, CPR）。心肺复苏术是一种挽救生命的技术，可用于许多种紧急情况，包括心脏病发作或溺水。它通常从胸部按压开始。当心脏停止时，一个人可能会在 8 到 10 分钟内死亡。[②] 心肺复苏术的主

① Ringh, M., Rosenqvist, M., Hollenberg, J. et al. (2015). “Mobile-phone dispatch of laypersons for CPR in out-of-hospital cardiac arrest,” *New England Journal of Medicine*, 372(24): 2316 – 2325.

② 参见 www.mayoclinic.org/first-aid/first-aid-cpr/basics/art-20056600.

要目的是部分恢复血液流动，使含氧血液流向大脑和心脏以延迟组织死亡，并将短暂的成功复苏的时间窗口延长，从而避免永久性脑损伤。[1] 救助者还可以通过病者的口腔或鼻子吹入空气，或使用装置将空气推入病者的肺部来维持呼吸。

第三，心脏骤停。这是由心脏收缩失败而引起的有效血液循环突然停止的现象。医务人员可能会将意外的心脏骤停称为突发心脏骤停。心脏骤停与心脏病发作不同，心脏病发作时流向心脏肌肉的血液受阻。它也与充血性心力衰竭不同，衰竭时血液循环不足，但心脏仍在输送充足的血液。如果心脏骤停未经处理超过5分钟，就可能发生脑损伤。为了赢得生存和神经恢复的最佳时机，应立即进行医护处理。但是，由于心脏骤停会导致意识丧失，因此得到及时的医疗帮助至关重要。[2]

在这里，论文标题“使用手机调度非专业人员对医院外的心脏骤停患者进行心脏复苏术”的含义，简单来说，是研究使用手机拨打非专业人员的电话，让他们对医院外由于心脏骤停意外导致意识丧失的人实施心肺复苏的情况。

作者和期刊。作者是利夫·斯文松(Leif Svensson)和卡罗林斯卡医学院(Karolinska Institutet)的其他几位研究者，他们在几所教学医院和复苏科学中心任职。卡罗林斯卡医学院是世界领先的医学院校之一，大约有6 000名全日制医学院学生和5 000名全职员工。[3] 自1991年以来，卡罗林斯卡医学院的诺贝尔委员会负责选出诺贝尔生理学和医学奖的获得者。基于PubMed数据库检索，利夫·斯文松发表了大约210篇关于院外心脏骤停、急诊和各种疾病的文章。本文是他发表的唯一一篇与手机有关的文章。

《新英格兰医学杂志》(*New England Journal of Medicine*, NEJM)是由麻省医学会出版的医学杂志。它自1812年出版以来，就成为了最有声望的同行评议医学期刊，也是历史最悠久的医学期刊，同时在内科医学期刊中的影响因子也最高。根据期刊引用报告，《新英格兰医学杂志》在2014年的影响因子为56，是所有普通医学和内科医学中最高的。相比而言，《柳叶刀》(*Lancet*)和《美国医学会杂志》(*Journal of American Medical Association*)以45和35的影响因子分列二、三名，而《自然》(*Nature*)的影响因子为42，《科学》(*Science*)则为31。[4]

简而言之，这些初步的探究表明作者是由经验丰富的医生和知名研究人员组成的团队，该杂志也是最好的期刊之一。因此，我们应该对本文中使用的方法和发现的结果抱有基本的信任。

---

① 参见 https://en.wikipedia.org/wiki/Cardiopulmonary_resuscitation.
② 参见 https://en.wikipedia.org/wiki/Cardiac_arrest.
③ 参见 http://ki.se/en/about/ki-in-brief.
④ 参见 https://tools.niehs.nih.gov/srp/publications/highimpactjournals.cfm.

研究。这项研究的目的是探讨在救护车、消防和警察到达之前，手机定位系统是否可以增加现场实施心肺复苏术的人数。他们的实验在斯德哥尔摩从 2012 年 4 月开始，持续到次年 12 月，采用随机单盲对照试验的研究设计。参与者有 9 828 人，其中 5 989 名初始招募者是非专业志愿者，并接受了心肺复苏术培训。为了该研究，作者开发了一种手机定位系统，可以确定个人手机的地理位置。该研究涉及三类人员：心脏骤停患者、调度员和经过培训的非专业志愿者。调度员发现患者疑似心脏骤停后启动手机定位系统。随后，将疑似心脏骤停患者的位置与受过培训的非专业志愿者的当前位置进行比较。如果这名疑似心脏骤停的患者被随机分配在干预组，那么就定位其附近的志愿者位置。如果志愿者位于距离患者 500 米以内，志愿者就会自
161 动收到由计算机生成的短信和呼入的电话。如果这名患者被随机分配在对照组，那么接受过心肺复苏培训的志愿者也会被定位，但他不会被短信或电话联系。

研究的主要结果表明，在研究期间共发生了 667 起院外心脏骤停事件，干预组患者中约有 61.6%（305 起中的 188 起）的患者接受了他人发起的心肺复苏术；对比之下，这一比例在对照组的患者中仅为 47.8%（360 起中的 172 起）。接受在场人员实施心肺复苏的患者比例在这两组间存在显著差异。

评论。这项研究可以通过多种方式增加我们对医学手机行为的理解。首先，在这种情况下，心脏骤停患者和心肺复苏术志愿者都是手机用户。这是两个特殊的用户群体：一个需要得到性命攸关的救护，另一个可以提供及时的帮助。其次，我们可以发现，该研究最突出的一点是技术。这项研究中只用到了简单的短信，而不是某个复杂的应用程序（如苹果公司的 HealthKit）或最先进的技术（例如增强现实）。但是，单凭一条手机短信却可以帮助挽救生命，而不仅是用来进行常规而琐碎的日常通信。简单的手机调度可以挽救心脏骤停患者的生命，但这只有在大多数人使用和携带手机时才有可能。第三，这不是一种临床治疗，而是一种拯救生命的紧急医疗通讯活动。第四，这一强有力的科学证据表明，这种手机的使用效果非常显著。相比于年轻医生的直觉回答和我们前面讨论的日常观察，这项研究更好地提供了手机在医疗领域使用的知识。手机调度系统可以更好地用于挽救心脏骤停患者的生命，这一手机行为可以通过以下简图进行说明，粗体文本突出了重点：

斯德哥尔摩 9 828 名非医疗专业的志愿者和心脏骤停患者 + **基于短信的调度系统**→为心脏骤停患者搜寻并联络接受过心肺复苏术培训的志愿者→有更多的心脏骤停患者及时接受了在场人员实施的心肺复苏术。

3.3 活动：戒烟干预

背景。我们接下来要讨论的文章标题是“通过手机短信提供的戒烟支持：一项

162 单盲随机试验”。① 该文章被谷歌学术搜索引用了 385 次，其作者是来自英国、新西兰和澳大利亚的十位医学研究人员。第一作者卡罗琳·弗里(Caroline Free)是卫生与热带医疗伦敦学院(London School of Hygiene and Tropical Medicine)的高级讲师，在移动健康领域发表了多篇文章。这篇文章于 2011 年发表于《柳叶刀》，该期刊自 1820 年以来由爱思唯尔(Elsevier)出版，是世界上历史最悠久、最著名的综合性医学杂志之一，2014 年的影响因子为 45，在普通医学领域杂志中排名第二，仅次于《新英格兰医学杂志》。

研究。从 2007 年到 2009 年，5 800 名英国吸烟者(其中 97%是成年人)参加了这项研究。他们被随机分配到干预组(2 915 名吸烟者)和对照组(2 855 名吸烟者)。干预组接受了通过手机短信程序提供的被称为 txt2stop 的戒烟支持。该程序可自动生成包含两种类型的短信：其中 186 条向干预组中的每个参与者定期发送，另外 713 条从短信数据库中选择，并针对不同参与者进行个性化推送。这些信息或者是激励的信息(例如，戒烟日之后的内容是：“立竿见影的结果！一氧化碳现在已经离开了你的身体！”)，或是行为改变的信息(例如，戒烟日当天的短信是：“戒烟日，扔掉你所有的香烟，今天是永久戒烟的开始，你可以做到！”)。干预组在前 5 周每天收到 5 条短信，接下来的 26 周每周收到 3 条。对于对照组，参与者收到的是与戒烟无关的短信(例如，“感谢参与！没有您的意见，研究不能继续！”)。在 31 周的干预后，参与者自我报告他们的戒烟情况，这些自我报告的数据经过标准的生化实验室测试结果来进一步验证。研究的主要结果包括：(1)与对照组相比，使用短信的干预组戒烟率为控制组的一倍(10.7%对 4.9%)；(2)对所有亚组参与者的年龄和工作状况进行异质性检验，结果没有显著性差异；(3)没有发现干预存在不利的副作用，如由于发短信而造成的参与者拇指疼痛，或由于在路上发短信引起的交通事故。

评论。从医学手机活动的角度来看，这项研究提供了许多有用的信息。首先，心理健康诊所经常使用手机来监控病人、管理病例或加强沟通，然而基于手机的临床干预措施则并不常见。我们上面讨论的研究是一个例外。它真的使用短信程序作为帮
163 助人们戒烟的唯一干预手段。作者使用严格的数据收集和数据分析方法，通过科学数据证明这一干预计划效果突出，因此建议将其用于真实的临床环境。这项研究表明，短信真的可以治愈人的灵魂，也可以治愈人的身体！其次，研究中涉及的手机活动主要是吸烟者和临床医生之间持续 31 周(或者说接近 8 个月)的文字交流。这些短信根据计算机算法自动发送给参与者，主要是激发或劝告吸烟者如何最好地戒烟，

① Free, C., Knight, R., Robertson, S. et al. (2011). “Smoking cessation support delivered via mobile phone text messaging (txt2stop): A single-blind, randomised trial,” *The Lancet*, 378(9785): 49 – 55.

干预结果非常显著。共有2 915名英国吸烟者使用了txt2stop程序,并最终干预成功。本研究涉及的基于活动的手机行为可以用以下简图来概述,31周的干预活动用粗体以突出重点:

2 915名英国的吸烟者+txt2stop→**接受31周的干预**→干预组的戒烟率是对照组的两倍。

3.4 医疗效应:睡眠障碍

背景。接下来这篇文章的标题是"熄灯后使用手机与日本青少年睡眠障碍之间的关联:全国范围的横断研究"。① 根据谷歌学术显示,这篇文献自2011年发表以来已经被引用了94次。虽然这个数字并不是很大,但它却是研究手机使用对睡眠的影响最早的文章之一。作者是来自日本的十名公共卫生研究人员。第一作者宗泽武(Takeshi Munezawa)是睡眠专家,在日本发表了多篇有关睡眠问题的文章。《睡眠》(*Sleep*)杂志由"睡眠研究学会"和"美国睡眠医学学会"于1978年出版。该杂志一直以来都是这两个组织的官方正式出版物,其2015年的影响因子为4.793。

研究。在这项研究中,共有95 680名日本的中学生和高中生参加了这项调查。调查中使用的问卷主要涉及这些学生的生活方式、心理健康、睡眠问题和手机使用情况。主要研究结果包括:(1)超过84%的学生报告每天都使用手机;(2)有近30%的
学生报告说会在熄灯后打电话,而发短信的比例则约为52%;(3)有35%的学生报告 164
睡眠时间较短,42%的学生报告他们的睡眠质量差,46%的学生报告有过度的白天睡眠,超过22%的学生报告有失眠症状;(4)他们关灯后打电话和发短信的行为与各种形式的睡眠障碍显著相关,如较短的睡眠时间或失眠症状,这一相关与各种协变量(如年龄和生活方式的影响)无关,也与通话还是发短信无关;(5)女生和高年级的高中生是两个特别的群体,他们在关灯后使用手机的频率更高,睡眠问题更多,夜间的电话使用和睡眠障碍之间的关联度也更高。

评论。我们能从这项研究中了解到手机效应的什么知识呢?首先,这项研究表明,近30%的日本青少年报告说在关灯后打电话,约有52%的学生报告在关灯后发送短信。因此,学生在睡眠时间使用手机的情况并不罕见。其次,研究显示有证据表明这些学生在睡眠期间使用手机与各种睡眠困扰有关。换句话说,对许多年轻的手机用户来说,手机的使用,无论是通话、短信还是游戏,都可能是他们生活中一个共同且基本的组成部分,这对睡眠产生了显著的负面影响。与这项研究有关的手机行为

① Munezawa, T., Kaneita, Y., Osaki, Y. et al. (2011). "The association between use of mobile phones after lights out and sleep disturbances among Japanese adolescents: A nationwide cross-sectional survey," *Sleep*, 34(8): 1013-1020.

可以用一个简图来总结，其中对睡眠的负面影响用粗体进行强调：

日本的初高中生＋手机→关灯后打电话发短信→**有着各种形式的睡眠障碍**。

3.5 医疗效应：脑癌

背景。当我们用自己小巧、精美的手机拨打或接听电话时，我们可能很少考虑它是否会对我们的健康产生严重的、直接的负面影响。我们这种对手机毫无顾虑的态度可能同样存在于其他许多现代科技上，包括电报、电视机、CD播放机、数码相机、电脑等，我们对这些技术都毫无顾虑之心。然而实际上，多种与使用手机相关的健康问题确实存在于现实生活中，其中严重的甚至会危及生命。这些问题包括电池爆炸
165 造成的伤害、过度充电或手机过热引起的烧伤、脑癌、成瘾、振动幻觉和振鸣综合征(phantom vibration and ringing syndromes)、细菌积聚、头痛、眩晕、记忆力减退和睡眠障碍。下面我们将讨论哈德尔等人(Lennart Hardell、Michael Carl Berg 和 Kjell Hansson Mild)最近发表的题为"恶性脑肿瘤病例对照研究的综合分析以及移动和无线座机的使用，包括在世和去世被试"的文章。[①] 其第一作者伦纳尔·哈德尔(Lennart Hardell)是瑞典厄勒布鲁大学医院的肿瘤学教授。他是手机诱发脑癌领域的主要研究人员之一，并且在十年间发表了一系列考察手机辐射与脑癌之间关系的研究。这篇文章是他们最新的实证文章之一。

上世纪90年代以来，大量的文献指出，手机的日常使用可能与脑癌之间存在关联。世界卫生组织的国际癌症研究机构(International Agency for Research on Cancer, IARC)在2011年将手机使用和其他射频电子场归为2B类致癌物——可能对人类致癌。IARC标准是在进行致癌物分类时使用最广泛的分类系统。在过去的30年中，IARC评估了超过900种材料的致癌可能性，并将它们归入以下组别之一：组别1：对人类致癌(例如煤的气化物、煤炭发动机在室内的排放物、柴油发动机的废气、皮革粉尘、室外空气污染、太阳辐射、x辐射和γ辐射)；组别2A：极可能对人类致癌(氟乙烯、溴乙烯、制造艺术玻璃、制造玻璃容器和压制器皿、石油精炼中的职业暴露)；组别2B：可能对人类致癌(如四氯化碳、铅、汽油发动机排放的废气、汽油、极低频率的磁场、射频电磁场)；组别3：对人类致癌性无法分类；和组4：可能不会对人类致癌。在所有900多种材料中，只有116种被归类为"对人类致癌"，大多数则被列为极可能(73种)、可能(287种)或风险未知(503种)。

研究。在这篇文章中，哈德尔和他的合作者的目的是探索使用移动手机和无线

---

① Hardell, L., Carlberg, M., and Hansson Mild, K. (2011). "Pooled analysis of case-control studies on malignant brain tumours and the use of mobile and cordless phones including living and deceased subjects," *International Journal of Oncology*, 38(5): 1465.

座机与恶性脑肿瘤之间的关联。总的来说，有两种不同类型的脑瘤：一种是由癌细胞组成的恶性肿瘤，另一种则是主要由非癌细胞组成的良性肿瘤。为了实现这一目标， 166
他们使用了一种名为病例对照研究的设计，这是一项在流行病学中广泛使用的观察性研究。[1] 在这种设计中，将“病例”组（有疾病的受试者）和“对照”组（没有疾病但其他方面相似的受试者）进行比较，以检验可能的风险因素和疾病之间的潜在联系。病例对照研究最重要的一个例子是证明了吸烟与肺癌之间存在关系(Doll & Hill, 1950)。

具体而言，病例组由组织病理学（使用显微镜检查组织以研究疾病的具体表现）诊断患有脑癌的患者组成，研究时间为 1997 年至 2003 年（研究持续 6 年，于 8 年后的 2011 年发表），患者的年龄为 20 至 80 岁，来自瑞典的多个地区。作者不仅考虑了一般性的恶性肿瘤，还考虑了胶质瘤和星形细胞瘤。共有三个对照组：一个是来自瑞典人口登记处的、由健康个体组成的生存对照组，还有两个已死亡的对照组，其中一个对照组死于非脑肿瘤的其他类型的恶性肿瘤疾病，另一个对照组则死于非癌症的其他疾病。通过瑞典人口登记处，研究者对病例组和对照组家属的身份等信息进行了确认，将他们在年龄、性别和居住区域上进行了匹配。共有 1 251 例病例和 2 438 例对照者参与了这项研究。这四个组——一个病例组和三个对照组——是这项研究中的因变量。研究者通过医疗记录中的信息，收集到了关于肿瘤定位的数据，所有肿瘤类型采用组织病理学报告进行判定，同时通过瑞典人口登记处和死亡登记处进行审核。

研究的自变量是患者所接触的不同的环境和职业。这些数据通过自填式问卷收集，由仍健在的控制组受试者和去世受试者的亲属进行填写。自填式问卷详细评估了移动和无线座机（统称为无线电话）的使用情况。如有必要，还会由训练有素的采访者采用结构化方案经由电话问询进行补充。在这项研究中，58.1%的病例组受试者和 52.0%的对照组受试者使用过手机。

具体而言，研究评估了无线电话使用的两个指标：(1)潜伏期（首次使用无线电话的年份与诊断年份之间的时间），包括三个级别，1 至 5 年、5 至 10 年和大于 10 年； 167
和(2)累计小时数（根据年数和日均使用时间计算），包括 1 至 1 000 小时、1 000 至 2 000 小时和大于 2 000 小时三个水平，以进一步探索剂量和反应(dose-response)的关系。未接触类别包括报告未使用移动电话或无线座机，或开始使用时间在参考日期前 1 年内的被试。暴露的患病个体和对照个体根据手机类型分为模拟电话、数字电话和无线座机三类。在研究的报告中，模拟和数字电话（即移动电话）的使用情况

① Schlesselman, J. J. and Stolley, P. D. (1982). *Case-Control Studies: Design, Conduct, Analysis*. Oxford University Press.

被合并后进行分析。研究也呈现了所有三种电话类型(统称为无线电话)的总体分析结果。研究者将暴露状态作为预测变量,以癌症状态作为因变量进行非条件逻辑回归分析计算比值(odds ratios)和95%置信区间。年龄、性别、诊断年份和重要状况等因素被作为调节变量。

关于使用移动电话(不包括无线座机)的主要研究结果可归纳如下:(1)总的来说,在所有恶性肿瘤患者中,有574人使用手机的时间超过一年,963人不使用或使用短于一年。计算得到比值为1.3,也就是说,手机用户的恶性肿瘤发病率是匹配对照组的1.3倍。(2)在不同的潜伏期中,最高风险存在于潜伏期最长组,即大于10年组;134名手机用户患有恶性肿瘤,另有106名非手机用户患有恶性肿瘤。其比值比为2.5,表明这些手机用户患恶性肿瘤的可能性比匹配对照组高2.5倍。(3)在不同的累计使用时长中,使用时间最长——大于2 000小时组——的风险也是最高的;61名手机用户患有恶性肿瘤,另有33名非手机用户患有恶性肿瘤。其比值为3.0,表明这些手机用户患恶性肿瘤的可能性是匹配对照组的三倍。(4)在不同年龄组中,年龄最小组(小于20岁)的风险最高;19名手机用户患有恶性肿瘤,14名非手机用户患有恶性肿瘤。其比值比为2.9,表明这些年轻的手机用户患恶性肿瘤的可能性比匹配的对照组高2.9倍。

评论。这项研究有几个优点。首先,它包含了在世的和因癌症去世的受试者以
168 扩大研究范围。其次,考虑到与这种话题相关的实验性研究通常所面临的道德挑战,它通过匹配多个方面来仔细设计并严格执行这项病例对照研究。第三,它涵盖了几种最常见的恶性肿瘤类型作为因变量。第四,它使用调查和访谈来收集关于潜伏期、累积小时数、使用电话类型以及其他控制变量(如年龄、性别、社会经济状况和医学诊断年份)的数据。第五,样本量相对较大。第六,数据分析是合理的,使用了有统计控制的无条件逻辑回归(unconditional logistical regression)。第七,它包括不同的无线电话类型——模拟电话、数字电话和无线座机。

这项研究也有几个方面的局限。首先,考虑到自2003年以来手机使用(量)呈指数增长,1997年到2003年的这一研究时间就显得偏早了。其次,病例对照研究只能找到手机使用与脑癌之间的相关性结果,但不能确定手机使用是导致脑癌的原因。第三,它应该将更多的因素(例如人格、一般健康状况)和更多可能存在的途径(例如直接和间接影响、调节和调解作用)包括在内。第四,这一研究聚焦于瑞典,与世界上其他国家相比,瑞典是一个居民使用手机相对较早的国家。第五,对于使用手机会导致脑肿瘤的原因和方式需要更多的解释。第六,它没有涵盖对侧(头部的相对侧)和同侧(头部的同一侧)移动电话的使用与肿瘤定位之间的关系。第七,应该更有效地比较三个对照组间以及不同肿瘤之间的差异。

该研究的主要贡献是提供了初步研究所需的经验证据,提出由于接触手机电磁场辐射而产生的手机与脑癌相关的可能性,同时也说明了手机行为的复杂性。其意义是提醒我们注意潜在的风险,激励这一领域进一步的研究。

从基于效应的手机行为的角度来看,我们可以从上面的例子提炼出两点。首先,它详细记录说明了一种特定类型的由手机行为带来的效应:在 1 000 名患有脑癌的瑞典公民中,有 700 多人多年日常性地使用手机,而在近 2 500 名健康或没有脑癌的个体中,有约一半的人使用手机。其次,它说明了手机行为所带来的影响的复杂性。我们从这项研究中可以了解到相关研究应该考虑以下几个重要方面:(1)移动电话用户(例如使用移动电话的人的使用年数、频率和年龄);(2)移动电话类型(例如无线座机还是移动手机,手持还是免提,模拟还是数字;(3)移动电话活动(例如中、重度使用与非重度使用);(4)移动电话效应(例如脑癌或其他类型的癌症、恶性脑瘤或良性肿瘤、对侧或同侧);以及(5)移动电话环境(例如瑞典或其他国家)。简而言之,与本 169
研究有关的移动电话行为可以用简单的图解概括出来,其中对脑癌的负面效应进行了强调(粗体):

*瑞典 1 251 名手机用户 + 移动电话→1997 年至 2003 年间使用手机→**574 名用户患有恶性肿瘤**。*

4. 知识整合:从指数增长到潜在的脑癌风险

在讨论了五个实证研究的具体实例之后,许多人可能会想要知道,在医疗手机行为领域中现有知识是怎样的。在本节中,我们将讨论现有的文献、《手机行为百科全书》中的相关章节以及几篇综述文章,以全面了解这个领域目前的知识。

4.1 指数型增长

根据我们的综述文章,[1]医疗研究是整个手机行为研究领域中占比最大的领域,约占已发表文章的三分之一。在 2016 年,使用"公共卫生和手机"或"医疗和手机"等关键词,PubMed 上至少可以找到 2 400 篇文章。在过去的 20 年里,这一领域文献量的总体趋势一直呈指数级增长,以 2010 年为转折点(见图 6. 1)。由于已发表的文章被录入数据库存在一定的延迟(通常大约一年),2015 年发表的期刊文章数量应该远高于 2014 年发表的期刊数量。

---

① Yan, Z., Chen, Q., and Yu, C. (2013). "The science of cell phone use: Its past, present, and future," *International Journal of Cyber Behavior, Psychology and Learning*, 3(1): 7 - 18.

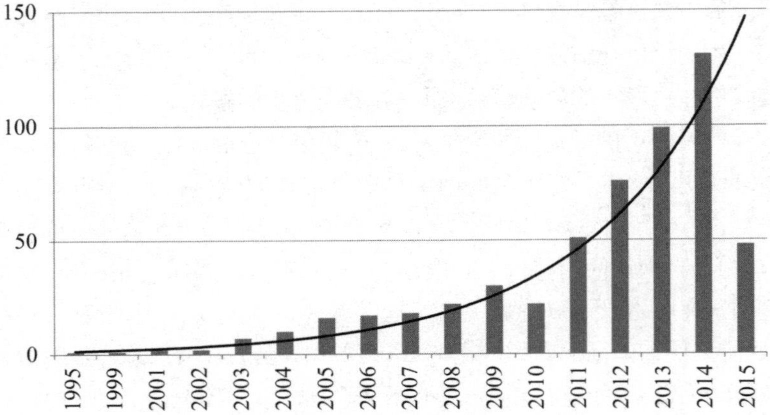

图 6.1 手机研究中医疗领域文章发表数量的趋势

4.2 核心主题

以期刊文章形式发表的实证研究是很基础、很重要的。但同时，研究了解《手机行为百科全书》中综述性质的章节也非常有帮助，它可以让我们更全面地了解医疗和公共卫生领域的手机行为。在《手机行为百科全书》中，与移动健康领域文献的核心趋势相似，在所有 108 个章节中有至少 23 个章节综合了医疗和公共健康中手机行为
170 的不同主题的文献。如表 6.1 所示，这些章节可以分为四类：医疗手机用户、医疗手机技术、医疗手机活动和医疗手机效应。其中，至少有 12 个章节将手机效应作为现有文献中的核心主题。具体来说，在这些章节中综述涉及的手机用户包括在孕妇、新生儿和儿童健康计划中使用手机的医生、使用智能手机进行医学教育的医科学生，以及利用手机接受特殊治疗的聋哑儿童或盲童。这些章节涵盖的手机技术包括专业人士、学生和患者使用的各种智能手机应用程序，这些程序用于医疗护理和移动传感器中的评估、监测、跟踪和诊断。对于手机活动，这些章节综述了紧急护理、整容手术、血液疾病治疗和心理健康干预中的各种医疗活动。而对于医疗手机效应这一被深入探讨的领域，综述中也涉及了多种效应，如霸凌、成瘾、无手机焦虑症（指手机联系不畅通时的恐惧心理）和脑肿瘤。

171 **表 6.1 《手机行为百科全书》中涉及医学手机行为的章节**

要素	章节标题
用户	已离异夫妻对通讯技术的使用
用户	移动医疗在全球孕产妇、新生儿和儿童健康计划中的应用
用户	聋哑青少年的短信主义趋势

续表

要素	章节标题
用户	视障人士对手机的使用
技术	智能手机中的医疗应用
技术	智能手机健康应用
活动	紧急护理中的移动健康
活动	手机用于整形手术与烧伤：现行的方法
活动	血液学中的手机行为
活动	精神健康和幸福的移动追踪
活动	使用手机防止儿童虐待的发生
影响	手机使用的健康影响
影响	移动技术应激(技术压力)
影响	移动技术和网络欺凌
影响	性、网络欺凌和手机
影响	学生伤害学生：网络欺凌作为一种手机行为
影响	手机成瘾
影响	无手机焦虑症
影响	对手机问题使用的概念化和评估
影响	网络和手机成瘾
影响	数字毒品：了解并处理手机成瘾
影响	类手机的电磁场对人类精神运动表现的影响
影响	长时间手机使用导致脑癌

4.3 用户：老年人的医疗保健

除了查阅百科全书和手册之外，另一种了解某一领域现有文献概况的通用方法是搜索和研究已发表的综述文章。根据 Web of Science 数据库的显示，在本书成书时大约有 300 篇已发表的综述文章。在这里，我们将讨论三篇综述文章，其中一篇涉及手机用户，另外两篇则关注手机效应。

我们将要讨论的第一篇综述聚焦于医疗领域的一个特殊用户群体——60 岁或以上的手机用户。它的标题是“老年人与手机健康：一篇综述文章”。[1] 两位作者分别是华盛顿大学的乔纳森·乔(Jonathan Joe)和乔治·德米里斯(George Demiris)。乔纳森·乔当时是一名博士研究生，研究如何帮助老年人使用生物医学和健康信息学方面的新技术，而乔治·德米里斯是生物医学和健康信息学的教授，发表了一系列有关在老年人中使用技术的文章。这篇综述于 2013 年发表在《生物医学信息学杂

① Joe, J. and Demiris, G. (2013). “Older adults and mobile phones for health: A review,” *Journal of Biomedical Informatics*, 46(5): 947 - 954.

志》[(*Journal of Biomedical Informatic*),原名《电脑与生物医学研究》(*Computer*
172 *and Biomedical Research*),2001 年更名为当前名称]上,该杂志创办于 1967 年,是一
份著名的爱思唯尔杂志,其影响因子为 2. 447。

在这篇综述中,作者搜索了多个数据库(例如 PubMed),确定了 1965 年至 2012 年期间发表的满足他们特定纳入/排除标准(例如,文章中关注的手机使用主要是干预或强调手机在健康中的使用)的 21 篇期刊文章。他们发现,手机正被应用于老年人健康干预的十个领域: (1)护理以血糖水平较高为特征的糖尿病,在这种病症中,血糖过高会导致排尿增加、体重减轻、疲劳、呕吐、皮肤感染和其他症状(护理方式例如,向患者提供文本性质的提醒以进行饮食管理或血糖监测);(2)护理与肺相关的慢性阻塞性肺病(例如,提供基于手机的运动训练程序,提醒患者改善疲劳、情绪和呼吸困难等状况);(3)护理患有痴呆症和阿尔茨海默病的老人,这些病症会导致思考和记忆能力的长期下降(例如,使用 GPS 追踪和定位流浪的老年患者);(4)护理骨关节炎——通常该炎症会导致患者遭受关节疼痛和僵硬等症状的困扰(例如,使用手机版本的测试仪器来评估关节疼痛和僵硬程度);(5)护理非黑色素瘤皮肤癌,这种皮肤癌最常见,侵害性较小,难以扩散到其他组织,并且通常是可治愈的(例如,使用手机供临床医生采集皮肤损伤的照片,并将其传送给皮肤科医师以供进一步诊断);(6)护理意外伤害和减少因摔倒导致的死亡(例如,使用手机传感器检测老年人跌倒的情况,并尽量减少从跌倒到接受医疗护理之间的时间);(7)护理由于影响心室的慢性病导致的充血性心力衰竭(例如,在家中使用手机检测和监测心力衰竭的早期症状以减少住院时间和死亡率);(8)对患有严重和危及生命疾病的患者提供缓解疼痛、减轻症状和舒缓压力的缓和疗护(例如,使用手机让患者定期报告症状,并让临床医生每天远程检查这些症状并提供自我保健意见);(9)在使用药物破坏癌细胞后,护理因化疗的多种副作用所造成的化疗综合征(例如,让患者使用手机报告其不良化疗症状并及时得到帮助);(10)老年家庭护理(例如,让老年人使用手机照相机在乡村家庭护理环境中记录他们的日常生活)。

173 正如我们从这篇综述中看到的: (1)老年人是一群特殊的移动用户,他们面临着各种特殊的医疗保健挑战,不仅饱受糖尿病、慢性阻塞性肺病、痴呆症和阿尔茨海默病的困扰,在进行日常生活的各项活动时也存在困难;(2)手机被广泛用于以各种方式帮助这些老年人,包括检测早期症状、管理干预措施、减轻痛苦,并帮助他们过上更好的生活。虽然这一系列的研究总体上还处于早期发展阶段,但它们表明手机的使用对改善老年人的医疗保健水平具有独特的潜力,应用前景光明。

4.4 效应：学校学生的睡眠紊乱

在上一节中，我们讨论了一项关于日本中学和高中学生的研究，调查了手机使用与睡眠问题之间的关联。下面我们将讨论的综述文章更全面地讨论了全球学龄儿童的手机使用和睡眠问题。它的标题是“学龄儿童和青少年的屏幕时间与睡眠：一篇系统的文献综述”。[①] 两位作者，劳伦·黑尔(Lauren Hale)和斯坦福·关(Stanford Guan)，是石溪大学(Stony Brook University)的健康科学研究人员。劳伦·黑尔(Lauren Hale)是家庭、人口和预防医学的副教授，并且发表了大量与睡眠健康相关的研究文章。她还是国家睡眠基金会期刊《睡眠健康》(*Sleep Health*)的创刊编辑。2015 年，斯坦福·关当时还是一名医学预科学生。这篇综述发表于《睡眠医学评论》(*Sleep Medicine Reviews*)，这是创刊自 1990 年的一家久负盛誉的爱思唯尔杂志，它在 2016 年的专业期刊中的影响因子高达 7.341。

这篇综述的作者搜索了多个文献数据库，包括 Web of Science、PubMed 和谷歌学术，并选择了 67 篇相关期刊文章作进一步综述研究。上文中讨论过的宗泽武的文章就是其中之一。具体而言，它涵盖了欧洲国家的 27 项研究、美国的 14 项研究、日本的 7 项研究、澳大利亚的 5 项研究，以及另外 8 个国家的研究。对于自变量，作者聚焦于四种电子媒介的使用：电视、电脑、视频游戏和手机。对于因变量，作者检验了 6 种主要的睡眠结果类型，如睡眠持续时间、上床睡觉的延迟时间、睡眠开始潜伏期和白天嗜睡等。主要结果包括：(1)总体而言，所有被综述涉及的文章中有 90%显 174
示媒介使用时间与至少一种睡眠结果之间存在显著的负相关，表明媒介的使用一直与学校学生的睡眠障碍有关；(2)睡眠障碍因不同的媒介使用而异：对于使用计算机(94%的研究显示会造成显著的睡眠障碍)、玩游戏(86%的研究显示会造成显著的睡眠障碍)、使用手机(85%的研究显示会造成显著的睡眠障碍)和观看电视(76%的研究显示会造成显著的睡眠障碍)的研究，表明互动媒介的使用(例如玩游戏)比被动媒介使用(例如看电视)会更多地导致睡眠障碍；(3)现有研究的一个主要问题是，媒介使用和睡眠问题的评估在很大程度上依赖于学生的自我报告，有时也来自于父母的报告。对于自我报告的数据，学校学生通常会报告比实际更多的睡眠时间，从而隐瞒睡眠问题。因此，这可能导致媒介使用与睡眠障碍之间的关系被低估，即实际上媒介使用造成的睡眠问题比现在看来更加严重。

从这篇综述中，我们可以清楚地看到，由于媒介使用导致的睡眠障碍显然是学校学生普遍存在的问题，手机的使用与睡眠障碍之间紧密的关联是长时间存在的。然

---

① Hale, L. and Guan, S. (2015). “Screen time and sleep among school-aged children and adolescents: A systematic literature review,” *Sleep Medicine Reviews*, 21: 50 - 58.

而，除了打电话或发短信之外，学校学生还把手机当做电脑一样来使用，他们会玩游戏、上网、看电视、尝试各种各样的新事物，因此，研究人员应该设计更好的研究来准确评估手机使用究竟会在多大程度上干扰学生的睡眠。

4.5 效应：潜在的脑癌风险

涉及手机使用和脑癌的文献尤其广泛。通过搜索 Web of Science 数据库可以找到约 600 篇期刊文章和 50 篇综述文章。被引用最多的三篇综述文章是：(1)哈德尔和塞奇(Hardell 和 Sage)的《电磁场暴露和公众暴露标准的生物学影响》；[①](2)昆迪、哈德尔(Kundi、Hardell)和其他人合著的《手机与癌症——流行病学证据综述》；[②](3)莫尔德、福斯特、埃德赖希和麦克纳米(Moulder、Foster、Erdreich 和
175 McNamee)撰写的《手机、手机基站和癌症：一篇综述研究》。[③] 而我们选择要讨论的最后一篇综述是《无线电话使用与脑癌及其他头部肿瘤的系统性综述》。[④] 这是近期关于手机使用与脑癌关系的最全面的综述之一，由全球 9 个国家的 13 位学者撰写。第一作者，同时也是通讯作者迈克尔·雷帕科利(Michael Repacholi)，是世界卫生组织辐射和环境健康项目的组长，他发表了大量关于射频场和电磁场对健康危害的文章。该综述于 2012 年发布在《电磁生物学》(*Bioelectromagnetics*)上，这是一本知名的威立(Wiley)杂志，2015 年的影响因子为 1.583。它是生物电磁学学会的官方杂志，发表有关电磁场生物效应科学各方面的研究。

在这篇综述中，作者回顾了现有文献的两种主要类型——流行病学研究(分析人群中的健康风险和疾病状况)和活体实验研究(研究有机体，通常是动物)——以检验无线电话/移动电话的使用和脑癌/其他头部肿瘤之间的关系。这篇综述有几个重点值得我们阅读和了解：(1)移动电话的两个基本技术特征是，(a)移动电话使用的电波频率在 450 到 2 700 MHz 之间，属于射频(radiofrequency，RF)，(b)手机发出的能量功率很低，通常来说其在头部的最大吸收比率(specific absorption rate，SAR) 0.2—1.5 瓦/千克(W/kg)之间，而国际标准的 SAR 为 2W/kg。手机的 SAR 越高，

---

① Hardell, L. and Sage, C. (2008). "Biological effects from electromagnetic field exposure and public exposure standards," *Biomedicine & Pharmacotherapy*, 62(2): 104 - 109.

② Kundi, M., Mild, K. H., Hardell, L., and Mattsson, M. O. (2004). "Mobile telephones and cancer — a review of epidemiological evidence," *Journal of Toxicology and Environmental Health, Part B*, 7(5): 351 - 384

③ Moulder, J. E., Foster, K. R., Erdreich, L. S., and McNamee, J. P. (2005). "Mobile phones, mobile phone base stations and cancer: A review," *International Journal of Radiation Biology*, 81(3): 189 - 203.

④ Repacholi, M. H., Lerchl, A., Röösli, M. et al. (2012). "Systematic review of wireless phone use and brain cancer and other head tumors," *Bioelectromagnetics*, 33(3): 187 - 206.

从手机发出的辐射能量就越多地射向头部或大脑。(2)对于流行病学研究,作者选定了 96 篇论文。其中,他们详细综述了 25 项病例对照研究和队列研究,这些研究涉及四种疾病结果:脑癌(神经胶质瘤)和 3 种头部肿瘤(脑膜瘤、听神经瘤和腮腺肿瘤)。他们未发现短期(小于 10 年)手机使用与神经胶质瘤、脑膜瘤、听神经瘤和腮腺肿瘤之间在总体上是否存在关联,但研究缺少关于成年人长期使用(大于等于 10 年)或儿 176
童使用的足够数据。(3)对于活体研究,作者选定了 45 项研究,并详细综述了 22 项原创性研究,其中 10 项为遗传毒性研究(检查化学药物如何损伤 DNA 并因此可能导致癌症),另外 12 项为肿瘤促进研究(探究现有肿瘤是如何被促进生长的)。他们的结论是,没有强有力的证据表明射频暴露会破坏脑细胞中的 DNA 或者促进脑瘤的生长。(4)目前流行病学研究和体内研究均未显示手机使用与脑癌和头部肿瘤之间有一致的因果关系,而两项主要的流行病学研究——对讲机研究[1]和哈德尔的研究——的结果也有实质性的不一致,再者关于长期使用和儿童使用的研究数量也不足。因此,仍需要进一步的研究来充分了解手机使用导致脑癌的潜在风险。目前,对于手机使用的两条谨慎的健康建议是:(a)采取适当的保护措施,(b)尽量减少暴露在射频场中。

从这篇综述中,我们可以了解几个重要的信息,并对手机和脑癌之间的联系有更深一步的理解。首先,与前面讨论的哈德尔的文章相比,这篇综述分析了 50 多项研究的结果,其中包括了 2011 年哈德尔的那篇文章和他的其他文章,对手机使用是否会导致脑癌进行了更为充分的讨论。尽管综述研究并没有发现总体上一致的证据表明手机使用会导致脑癌,两项主要研究和其他研究也存在较大的不一致性,且尚无足够的数据说明长期使用手机和儿童使用手机是否有害,但手机使用和脑癌这两个问题愈发重要,其原因在于,有越来越多的成年人和儿童在长时间地使用手机。因此,在找到一个完整的科学答案之前,我们仍然有很长的路要走。其次,综述研究一直在严格地评估衡量已发表论文的质量,并讨论这些研究中存在的各种质量问题。综述所发现的一个主要问题是,“自我报告”是目前评估手机辐射暴露的主要方法。但是有研究发现,对暴露状况进行回溯性自我报告与回忆偏差有关。例如,在存在回忆偏差的情况下,人们往往会高估通话次数或通话时间。因此,特别是对于手机的长期用户和年轻用户而言,应该使用客观数据(如手机服务公司的流量记录或手机中带有内置记录的特殊应用软件)来显著提高辐射暴露评估的质量。

① 对讲机研究,是一系列探究手机辐射对人类健康影响的病例—对照研究。详见 https://en.wikipedia.org/wiki/Interphone_study.——译者注

177 ## 5. 比较分析：从电视成瘾到手机成瘾

比较不同技术(包括电视、电脑、互联网和手机)在医疗领域中的人类行为是十分有帮助的。在医学和医疗保健领域，与不同的现代信息和通信技术相关的人类行为存在着差异，也有着类似之处。例如，不论对于何种技术，都有大量的文献探讨关于其过度使用而造成的对肌肉系统(例如重复性劳损)或视觉系统(例如计算机视觉综合征)的影响。但是，只有对于手机技术而言，才有大量文献研究其对于脑癌的影响。对比电视健康、计算机健康、电子健康和手机健康中的人类行为，要完成这样一项长期且综合性的、复杂且具有挑战性的任务，似乎已经超出了本章的范围。因此，我们转而关注对于不同技术的成瘾这一具体行为。回想一下我们已经讨论的弗拉里的报告，该报告估计在 2012 年全球有 1.76 亿用户沉迷于手机，或者说在 2012 年世界上 70.43 亿人口中其流行率约为 2%。现在，让我们全面地了解一下现有的关于不同技术成瘾的研究文献。

技术成瘾这一领域中已经发表了大量的文献。根据在 PsycINFO 数据库中以电视、计算机、互联网、手机和网瘾为关键词进行初步搜索的结果，得到了表 6.2 关于这四种技术成瘾文献量大小的大致估计。显然，文献量最小的是电视成瘾，最大的则是网络成瘾。要注意的是：(1)某种技术成瘾的文献量大小与其流行率并不相同，但与其相关；(2)网络成瘾往往包括电脑成瘾(如网络游戏成瘾)，两者之间没有明确的界限；(3)近 90%的电脑成瘾涉及电脑游戏成瘾；(4)由于 PsycINFO 在 2008 年开始输入与手机相关的数据，因而手机成瘾目前的文献量并非最大的，但其研究的发展十分迅速。

178 **表 6.2　关于不同的技术成瘾的期刊文章发表数量**

技术成瘾类型	文章发表数量	数据起始年份
电视成瘾	10	1962
计算机成瘾	431	1967
电脑游戏成瘾	386	1988
网络成瘾	652	2001
手机成瘾	84	2008

技术成瘾是复杂的，比较不同的技术则更为复杂。回顾和比较所有现有的文献，或者甚至仅仅是讨论已发表的综述都是不可行的。因此，作为第一步，让我们回顾讨论四篇实证期刊文章，这四篇中的每篇文章分别对应着一种技术(即电视、电脑游戏、

互联网和手机），让我们据此获得对这四种技术成瘾的基本认识。

5.1 美国成年人的电视成瘾

第一篇文章关于电视成瘾。罗伯特·D·麦基尔雷思（Robert D. McIlwraith, 1998）在《广播与电子媒体杂志》（*Journal of Broadcasting & Electronic Media*）上发表了一篇名为“我沉迷于电视：自诊为电视成瘾者的个性、想象力与电视观看模式”的实证研究。[1] 这篇文章的被引次数很多——据谷歌学术搜索显示其他学者共引用了 116 次。作者罗伯特当时是马尼托巴大学（University of Manitoba）临床健康心理学副教授，发表了多篇有关电视成瘾的文章。《广播与电子媒体杂志》自 1957 年创刊以来已经有 60 多年的历史了，这是一本知名的、同行评审的研究期刊。

这篇文章介绍了一项调查研究。参与调查的是曾在夏季参观过某个科学博物馆的 237 名美国成年人，他们在大约 25 分钟内完成了这份匿名的问卷调查。用于评估电视上瘾的方式有两种，一种是由史密斯（Smith）开发的《电视成瘾量表》，[2]另一种是“作为电视成瘾者的自我认同”，这是一种只有一项题目的测量方式，要求参与者用李克特五点量表（从“非常不同意”到“非常同意”）对“我对电视上瘾”这一论述进行评定。研究的主要结果如下：（1）10.1%的参与者自认为是电视成瘾者；（2）自认为是电视成瘾者的人平均每周收看 20.6 小时的电视节目，而样本中的其他人则平均每周收看 12.9 小时的电视节目；（3）参与者报告的观看电视的理由包括：因不愉快的情绪而分心、无所事事、在看电视的同时做其他事情，或是玩电脑或视频游戏；（4）史密 179
斯《电视成瘾量表》的总分越高，参与者越有可能认为自己是电视成瘾者。

这项研究有以下几个优点：（1）它是研究电视成瘾少数的已发表的实证研究之一；（2）它提供了电视成瘾率约为 10%的估计值；（3）它描述了电视成瘾的几个动机。然而，这项研究（1）除了成瘾者报告的近 21 个小时的电视观看时间，没有描述电视成瘾的具体症状；（2）没有依据史密斯量表报告电视成瘾的流行率，但表明了史密斯量表和单项自我评估方法之间存在密切的关联。总之，这项研究提供了有关电视成瘾的一般性的实证信息。

5.2 英国青少年的电脑游戏成瘾

我们将要讨论的第二篇文章标题为“青少年对计算机游戏的依赖”，在 1998 年由

---

① McIlwraith, R. D. (1998). "'I'm addicted to television': The personality, imagination, and TV watching patterns of self-identified TV addicts," *Journal of Broadcasting & Electronic Media*, *42*(3): 371 - 386.

② Smith, R. (1986). "Television addiction," in J. Bryant and D. Zillmann (eds.), *Perspectives on Media Effects*. Hillsdale, NJ: Erlbaum, pp. 109 - 128.

英国诺丁汉特伦特大学(Nottingham Trent University)的马克·格里菲思和奈杰尔·亨特(Mark Griffiths 和 Nigel Hunt)发表在《心理学报告》(*Psychology Reports*)上。[1] 这篇文章也是高引论文——谷歌学术显示被其他作者共引用了 423 次。第一作者马克·格里菲思是一位心理学教授,一位十分高效的游戏成瘾研究员,他发表了超过 400 篇的文章,主要涉及行为成瘾这一领域。《心理学报告》是创刊于 1955 年的一份普通心理学领域的同行评议期刊,它涉及实验性、理论性和思辨性等多类文章。本文是马克·格里菲思对电脑游戏成瘾早期的研究成果之一,在此之后他专注于研究互联网或在线游戏。

这篇简短的文章只有 6 页,其中报告了一项调查研究。在英国埃克塞特的一所综合学校里,共有 387 名青少年完成了一份调查问卷,测验了有哪些因素与在家中玩游戏这一行为的习得、发展和保持有关。其测量方式是基于《精神疾病诊断与统计手册》的第三版修订版(Diagnostic and Statistical Manual of Mental Disorders, DSM-III-R)病理性赌博标准设计的 8 个问题。请注意,由美国精神病协会出版的《精神疾病诊断与统计手册》为美国的精神障碍临床诊断提供了标准,其最新版本第五版已于
180 2013 年发布。测验计算机依赖性的 8 个问题包括:(1)显著性(你经常大部分时间都玩游戏么?);(2)耐受度(你是否经常要玩更长的时间?);(3)欢欣度(你玩游戏是为了兴奋激动或是"愉悦感"么?);(4)追求目标(你玩游戏是为了打破你的个人最高分么?);(5)复发性(你是否反复努力想要少玩游戏或不玩游戏?);(6)自闭性(如果你不能玩游戏,你是否会变得焦躁不安?);(7)冲突性(你会玩游戏,而不是参加与学校有关的活动么?);(8)冲突性(你是否牺牲社交活动的时间来玩游戏?)。在该研究中,衡量参与者是否对电脑游戏有依赖或沉迷的临界值是 4 分,即如果在这 8 个问题中被试有 4 个选择了"是",则被判定为成瘾。主要研究结果如下:(1)修改版的 DSM-III-R 量表的分数表明,有 62 名玩家(19.9%)对电脑游戏存在依赖,另有 21 名玩家(6.8%)以前曾对电脑游戏存在依赖。(2)促使这些青少年开始玩电脑游戏的主要原因,是为了给朋友留下深刻印象、消磨时间、迎接挑战和结识朋友。他们在学习时玩电脑游戏的主要原因则包括:给朋友留下深刻的印象、无法停止游戏、遇到了挑战或是为了与朋友会面。

这项研究是关于电脑游戏成瘾的早期研究之一。这是一项简单的调查研究。它的主要优点在于使用了 DSM 的标准来设计问题,以及其简单的测量设计。缺点则是其测量质量究竟如何并不清楚。从这项研究中,我们可以得知,电脑成瘾的估计流

---

① Griffiths, M. D. and Hunt, N. (1998). "Dependence on computer games by adolescents," *Psychological Reports*, *82*(2): 475 - 480.

行率约为 20%,与电视成瘾相接近。

5.3 英国大学生的网络成瘾

对于网络成瘾,我们选择了一篇题为“大学生病态网络使用的流行度及其与自尊、一般健康量表和抑制解除之间的关系”的文章作为我们讨论的例子。[1] 作者是马克·格里菲斯和他的两位研究生。

在这项研究中,作者对英国诺丁汉特伦特大学的 371 名学生进行了在线调查。该研究中用于判定网络成瘾的工具是一份名为“病理性互联网使用量表”的调查问卷,该问卷有 13 个项目,最初由两名研究人员莫拉汉-马丁和舒马赫(Morahan- 181
Martin 和 Schumacher)开发。学生需对这些项目中的每一项(例如,“我经常减少睡眠的时间,以获得更多的时间用于上网”)在四点李克特量表上进行作答。相关的主要结果表明:(1)在 371 名学生中,有 68 人(18.3%)被评估为具有强烈的病态互联网使用症状,190 名学生(51.2%)有轻微的症状,113 名学生(30.5%)没有症状;(2)病理性互联网使用与大学生中的各种学术、社会和人际关系问题有关。

从这项研究中我们可以看出,这群大学生中存在广泛的网络成瘾(其中大约 70%的人具有很强的或轻微的病态互联网使用症状),其流行率为 18%。

5.4 美国大学生的手机成瘾

我们将讨论的最后一篇文章是彼得·斯梅塔尼克(Peter Smetaniuk)在《行为成瘾期刊》(*Journal of Behavioral Addictions*)上发表的《对问题性手机使用的流行和预测的初步调查》。[2] 这篇文章发表于 2014 年,谷歌学术显示它被引用了 20 次。彼得·斯梅塔尼克是一位心理学研究生,这是他第一篇也是唯一一篇发表的论文。《行为成瘾杂志》是一份创刊于 2012 年的新期刊,但已发表了多篇关于手机成瘾的文章。

这篇文章包含两项研究。第一项研究旨在使用手机成瘾量表评估有问题的手机使用情况。在这项研究中,受试者为旧金山州立大学的本科生,共有 301 名学生通过在线调查的方式参与,他们的专业大多是心理学。研究者使用《适应性移动电话使用习惯》为测量工具,301 名受访者中约 20%有行为成瘾症状,约 12%的人有中度甚至重度的手机成瘾。第二项研究旨在测试年龄、抑郁、外向性、情绪稳定性、冲动控制和

---

① Niemz, K., Griffiths, M., and Banyard, P. (2005). “Prevalence of pathological Internet use among university students and correlations with self-esteem, the General Health Questionnaire (GHQ), and disinhibition,” *Cyber Psychology & Behavior*, *8*(6): 562 - 570.

② Smetaniuk, P. (2014). “A preliminary investigation into the prevalence and prediction of problematic cell phone use,” *Journal of Behavioral Addictions*, *3*(1): 41 - 53.

自尊是否能够作为自变量，以预测受访者对手机问题使用的认知。在这项研究中，参
182 与者共有362名，平均年龄为32岁且多为在职成年人，他们通过在线调查过程对一系列量表进行作答。研究发现，年龄、抑郁、外向性和低冲动控制是手机问题使用最合适的预测因子。

从这项研究中，我们可以了解到，研究人员已经着手开发工具来评估手机成瘾，收集经验数据以记录手机成瘾。这项研究的结果表明，在研究生中手机成瘾率约为20%。

总之，比较我们讨论过的关于不同技术成瘾类型的四篇实证文章，我们可以看到这些技术成瘾之间至少存在一种相似之处和一种差异。首先，可以很清楚地看到四种科技成瘾行为——电视、电脑游戏、网络和手机——一直在被持续关注。其次，不同的技术成瘾有不同的流行率，电视成瘾占10%，电脑游戏成瘾占20%，网络成瘾占18.3%，手机成瘾占20%。然而，由于这些研究中招募的人群不同(例如美国成年人或英国青少年)以及用来确定成瘾的工具不同(例如《电视上瘾量表》、《病理性互联网使用量表》和《适应性移动电话使用习惯》)，很难说哪种技术具有较高的患病率或哪些技术更容易上瘾。第三，虽然这些技术成瘾已被广泛地报告，但只有网络游戏成瘾得到了正式认可，并被纳入新版DSM-5。关于手机成瘾的文献正在迅速增长；然而，目前手机成瘾并不被视为典型的临床现象。

6. 复杂思维：皇冠上最璀璨的钻石

在本章的结尾，我们可以用两个词来概括医疗领域中手机行为现有的研究："最大的"和"最好的"。首先，自1995年以来，已发表了约2 400篇关于医疗手机行为的期刊文章，这大约占到了整个手机行为领域所有文献的三分之一。因此，对这一领域的研究是手机行为研究里文献产量最大的。其次，该领域的研究不仅数量多，而且质量优异。具体来说，手机技术(如医疗应用程序的开发)和手机效应(如对脑癌和睡眠
183 的影响)的研究发表在医学科学的最顶尖的期刊上，其中包括《新英格兰医学杂志》、《柳叶刀》和《美国医学会杂志》。这些研究对当前的科学知识作出了重大贡献，并产生了重大的社会影响。总之，可以肯定地说，目前关于医疗手机行为的知识是手机行为这一皇冠上最璀璨的钻石。

如果你还能回忆得起来，那么正如我们在本章开头所提到的那样，一位年轻的医生向我们透露了他对医疗手机行为直观的了解，他的重点是从医生的角度来看待医疗数据的收集和管理。尽管这是可以理解的，但这种直观的知识并不足以说明手机在医疗和健康领域行为中的复杂性。现在让我们用图6.2来回顾一下这个章节，总

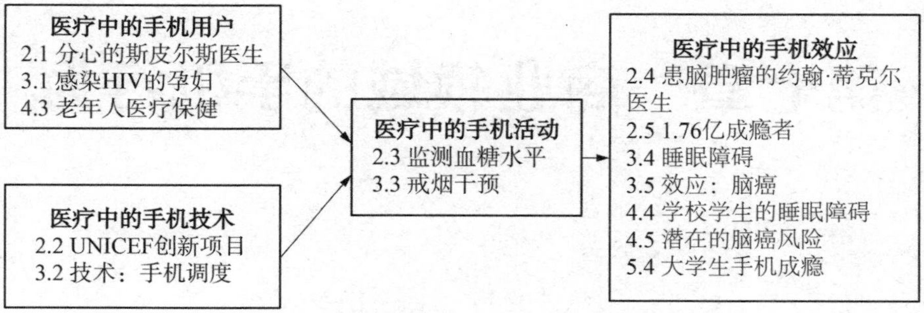

图 6.2 医疗中手机行为的概要图

结在医疗领域中的手机行为。

首先，如图 6.2 所示，医疗中的手机行为比我们最初想象的要丰富得多也复杂得多。总结来说，对医疗领域手机行为的复杂理解涉及三个关键点：(1)医疗领域中的每一种行为都涉及用户、技术、活动和效应这四个手机行为的基本要素，而不是像年轻医生的直观想法中所说的那样，只涉及其中一两个。(2)从每个要素的角度来看，这四个要素中的每一个实际上都是一个“复杂的”系统，涉及医疗领域的多种要素和案例，每个要素涉及的系统都并不简单。例如，通过日常观察、科学研究、科学综述和跨领域比较，我们可以看到手机效应，甚至是具体到潜在的脑癌风险这一个小问题，都并不直白简单。(3)最重要的是，尽管总体上而言各个基本要素之间有相似之处，但医疗领域中手机行为的每个要素在其复杂性上都是独一无二的——医疗中的用户(例如医生和患者)、医疗中的技术(例如健康应用程序和传感器)、医疗中的活 184
动(如管理和治疗)，以及医疗中的效应(如睡眠障碍、脑癌和成瘾)。举例来说，手机用户这一要素是多元化的，并且具有诸如人口特征(例如年龄和性别)和行为特征(不良的、智力、残疾)等复杂组成要素；而医疗中的用户则包括非专业医生，具有不同疾病的糖尿病患者，由患者、孕妇、成瘾青少年和医务人员组成的复杂家庭，这几乎无法穷尽，在此只简单列举几例。

其次，如图 6.2 所示，未来的研究至少应关注以下几个方面，以进一步拓宽和深化我们对医疗和卫生健康领域中手机行为复杂性的认识：(1)对于医疗中的手机用户，迫切需要进一步的研究以检验手机使用对幼儿健康的影响(他们是一个未被充分研究但很关键的群体)；(2)对于医疗领域的手机技术，应开展进一步研究以探查健康应用程序和健康传感器的最新进展和有效性；(3)对医疗中的手机活动，应进一步研究各种健康疗法和疾病诊治的方法；(4)对于医学领域的手机效应，应进一步使用行为数据和实验设计来评估手机对脑癌的影响。

第七章　商业领域的手机行为

185 1. 直觉思维：亨利的快速回答/ 147
2. 日常观察：从非洲的女性企业家到安德鲁·霍格的安全测试 / 147
2.1 商业用户：非洲的女性企业家 / 148
2.2 商业用户：塞拉利昂女孩的性交易 / 149
2.3 商业技术：飞机上的全程手机服务 / 150
2.4 商业技术：用普通手机和特殊应用程序控制飞机 / 150
2.5 商业活动：优步——一项新颖的出租车服务 / 151
2.6 商业活动：马云的母亲叫不到出租车 / 152
2.7 商业效应：从成瘾少年到亿万富翁首席执行官 / 153
2.8 商业效应：安德鲁·霍格和手机银行应用的安全测试 / 153
3. 实证研究：从乌干达女企业家到“劝烟”的应用程序 / 154
3.1 商业用户：乌干达的女企业家 / 154
3.2 商业技术：手机信用卡 / 156
3.3 商业活动：手机银行的早期接受度 / 157
3.4 商业效应：旅游应用软件的积极作用 / 159
3.5 商业效应：劝烟应用软件的消极影响 / 160
4. 知识整合：从线性增长到移动支付 / 161
4.1 概览：线性渐变增长 / 161
4.2 商业用户：移动商务的接纳 / 163
4.3 商业活动：移动支付 / 164
5. 比较分析：从广告策略到经济发展的效应 / 165
5.1 广告 / 165
5.2 商业增长 / 166
6. 复杂思维：从亨利的快速回答到复杂知识 / 167

1. 直觉思维：亨利的快速回答

2015 年冬天，我遇到了老友亨利(Henry)，当时他正经营着一项十分成功的电子学习业务，而他本人也是一位手机爱好者。我当时问了他一个简单的问题：在商业活动中人们可以用手机做些什么呢？你能快速地写下三到五个想到的词吗？他很快回复了四个短语：沟通、业务信息、商业工具(计划、安排会议、销售管理或客户管理)，还有金融。 186

从他的答案中我们能看到什么呢？首先，他对商务手机行为有一些笼统的、概括的想法。他将手机视为交流和信息传递的技术工具，从而满足经营和管理业务的各种需求，并将金融视为商业的一个分支。他简短而快速的回答表明，他对于手机业务的想法是笼统的，而非具体的(除了业务管理这一项)，同时也比较简单(他下意识地只考虑了积极方面，却没有同时关注积极和消极这两方面)。对照之前提到的四元素模型，亨利似乎主要关注手机在商业领域的一般活动。尽管亨利已使用手机多年，并且在商业圈内有几十年的丰富经验，但我们不能从他的回答中了解手机商业行为中所涉及的复杂的手机用户、技术、活动和效应。

在本章中，这种概括、一般而简单的思维将作为我们的基础入门知识。在此基础上，我们先简要介绍一些日常生活中可以观察到的与手机行为相关的案例。然后，我们会介绍一些关于商业中有趣的手机行为实证研究范例，随后概述当前商业手机行为的知识。进而，我们将手机商业行为与不同技术进行比较，最后以对商业手机行为的总结和对未来研究方向的讨论收尾。在经历了本章的智慧旅程之后，我们应该能够更好地了解手机行为在商业中的丰富性和复杂性，并学会对该领域中的手机行为进行一些复杂的思考。

2. 日常观察：从非洲的女性企业家到安德鲁·霍格的安全测试

关于手机在商业中的使用，常见的例子很多。例如，如果你在谷歌搜索(Google Search)中输入"商业中的手机使用案例"，会在 0.4 秒内找到大约 1 970 万条结果。 187
这些结果的主题包括但不限于与员工使用手机相关的严肃商业责任，通过移动技术提高生产力和盈利能力，以及零售店客户对手机的使用。现在让我们来探究一些在日常生活中观察到的、电视上看到的、报纸上读到的，或者在网上经常可以浏览到的案例。在本节中，我们将讨论一些有趣的案例。

2.1 商业用户：非洲的女性企业家

来自非洲坦桑尼亚的露西娅·那捷勒克勒(Lucia Njelekele)是两个孩子的母亲。[①] 同时,她也是一位勇敢聪明的女性企业家,她经营着一个家禽养殖场,其中有大约 3 000 只家禽。她重度依赖自己的手机,以满足各种日常业务需求。这些需求包括：(1)从坦桑尼亚最大的超市之一获得订购她 3 000 只家禽的实时需求信息;(2)安排运输;(3)寻找饲料;(4)咨询她的兽医。最近,她计划扩大业务,说服当地的一家金融公司法尼基瓦微金融(Fanikiwa Microfinance)向她提供贷款。申请这一贷款所依靠的不是她的信用记录,而是她的手机通话时间、她购买手机通话时长的记录、手机流量购买记录,以及她的手机社交网络互动记录。这些记录由一家名为“第一接入”(First Access)的社会企业提供,该企业通过一套专门为没有银行账户的客户设计的信用评分系统,利用手机经济数据来评估像露西娅这样的用户的信用,并将结果提供给放贷方,诸如法尼基瓦。经过这些流程,露西娅最终申请到了贷款。

在非洲,女性拥有房屋所有权文件、土地所有权、银行账户和其他官方文件的可能性低于男性。对于在坦桑尼亚的露西娅来说,她无法获得银行账户,因而手机记录成为了证明她极佳财务可信度的最好的、也是唯一的实质证据。因此,手机对于女性而言弥足珍贵,不仅因为它们是人际交流和业务处理的工具,同时也是一个提供可追踪的、能够为“第一接入”和法尼基瓦这样的借贷公司所参考的活动记录的工具。借助手机,女性能够获得贷款以扩大她们商业活动。

与露西娅类似,丽贝卡·卡杜鲁(Rebecca Kaduru)是另一位创业的乌干达女性。几年前,她在五公顷的地皮上开垦了一家百香果(passion fruit)果园。百香果是西番莲花的果实,可以食用。早年间,西班牙传教士踏足南美大陆,发现西番莲花的外观
188 象征着许多基督教信仰。因此,为了表达对基督的敬仰,他们以“热情”(passion)命名了西番莲花的果实。丽贝卡用她的手机与 600 名十四到二十岁之间的年轻女性进行交流,这些年轻女性都是当地百香果种植者组织的成员。通过为城市里来的经销商提供交通运输和客户关系信息,她已经帮助数百名妇女为她们的辛勤工作获得了更为公平的市场价值。通过她的手机,她还从一位美国经济发展专家那里了解到,如果她驱车几个小时前往坎帕拉,[②]她的农作物销售收入可能会增加 200%。而在这之前,即使当地经销商给出的价格非常低廉,她那些贫穷的邻居也只能把农作物卖给他们。

这两个关于手机商业行为的日常观察事例表明,非洲的女性企业家这一独特群体正从手机中受益。涉及这两个案例的手机行为可以用下面的简图来表示,在手机

---

① 参见 www. ft. com/cms/s/0/41dbff1a-8cfc-11e3-ad57-00144feab7de. html#axzz4FAW1BtmV.

② 乌干达首都——译者注。

行为的四元素模型中，用粗体文本凸显需要强调的元素(在这一案例中是用户)：

坦桑尼亚的露西娅＋手机→从事家禽业务→经济和社会需求得到满足。

乌干达的丽贝卡＋手机→从事百香果业务→经济和社会需求得到满足。

2.2 商业用户：塞拉利昂女孩的性交易

克雷斯特尔·赖(Krystle Lai)是KYNE——一家国际卫生通讯顾问公司——非洲计划的战略咨询师，她在伦敦卫生与热带医学院接受了发展中国家公共卫生的研究生教育。克雷斯特尔能够讲流利的克里奥尔语——一种在塞拉利昂使用的语言，并且已经在塞拉利昂工作了五年多。2014年1月，[①]她完成了针对"救助儿童基金会"和"减少青少年怀孕国立秘书处"这两个塞拉利昂组织的案例研究。克雷斯特尔与少女们聊天，从她们那里获取自己研究所需的信息，同时也学到了以下几件事，这也是该项研究的重点，其中一些语句直接引自参加该研究的少女们的原话：(1)塞拉利昂是世界上最贫穷的国家之一，在那里，手机是体现少女地位的重要标志。正如一位女孩所说："如果你没有手机，那么你就不是文明世界的一部分。"(2)在首都弗里敦，来自贫困家庭的十几岁女孩涉足多种形式的性关系，以便换取现金来购买手机，就像一个女孩子说的那样："年轻女孩想方设法去寻找能买得起手机、年龄大且更富有的男人。"(3)当这些女孩没有手机时，她们会用一种特殊的方式(例如用电筒照射来发出信号)与不同类型的"爸爸"或"甜心爹地"进行交流，以进行色情交易(提供色情陪同服务)。一位女孩说："对于甜心爹地来说，进行交易的女孩只在他们的生活中一闪而过。他们有妻子，所以不希望自己的生活被打扰。"(4)对于其中一些女孩来说，一部手机能够大大增加她们寻找男性进行性交易的机会，就像一个女孩所描述的那样："你的手机越好，就越容易找到男性。如果你不但有手机，而且还有脸书(Facebook)，那事情就更容易了。有了手机和脸书，你就可以与男性网聊，当关系发展到了某个点，他肯定会说'让我们见面吧'。"

从手机行为角度来看，有关弗里敦女孩的这项研究非常独特，原因有二。首先，当弗里敦的一些女孩没有手机时，她们用手电筒与"甜心爹地"进行交流。换句话说，这些女孩是一种特殊类型的手机用户，即没有手机的手机用户。虽然她们买不起手机，但她们从事性交易的目的是购买手机，这是一种特殊类型的手机行为。一般来说，非手机用户(例如，俄罗斯总统普京拒绝使用手机；一些大型IT公司CEO不希望他们的孩子在高中之前使用手机)对于手机行为研究来说是特别有趣的现象。其次，

---

① 参见 http://resourcecentre. savethechildren. se/sites/default/files/documents/mobile _ phones _ adolescent_girls_final. pdf.

当弗里敦的一些女孩终于有了手机时，她们从色情陪同行业转向卖淫业，成为性工作者。她们是另一种特殊类型的手机用户，手机成为她们日常工作的工具。以上两个观察结果是商业中两种特殊类型的手机行为，可以用下面简易图解来说明，粗体文本突出了需强调的要素：

弗里敦十几岁的女孩＋手电筒→与甜心爹地沟通→从事色情陪同服务以赚钱和购买手机。

弗里敦十几岁的女孩＋手机→接触性客户→从事卖淫。

将非洲的两位创业女性与在弗里敦从事性交易或卖淫的十几岁少女进行比较，我们可以或多或少地看到一些商业中手机用户的复杂性。企业家女性和色情陪同女
190 孩都是具有相同性别的手机用户，并且都已经或是最终将手机用于其业务中。然而，这两种类型的女性参与的商业活动完全不同，导致了非常不同的商业效应。

2.3 商业技术：飞机上的全程手机服务

加拿大交通运输部长莉萨·赖特（Lisa Raitt）于 2014 年 3 月 26 日宣布，[①]在加拿大交通运输部的新规定下，加拿大航空公司允许乘客在登机后使用便携式电子设备——如手机和平板电脑——直至他们降落，前提是他们不进行数据传输。这一改变，部分原因是为了与包括美国和欧洲在内其他地方的规则保持一致，这两个地区都在更早的时候放宽了对电子设备使用的限制。这项宽松的新规定适用于相机、平板电脑、电子游戏和电子阅读器等移动设备。从乘客登机到下飞机这段时间，这些设备只需在起飞和着陆期间处于非数据传输模式或飞行模式即可。飞机乘客一直要求航空公司允许他们在飞机上随时使用自己的设备，以便工作和娱乐。现在他们终于可以使用自己的移动设备了：商界人士可以做备忘录，普通旅客可以在飞机上阅读资料，父母可以让他们身旁的孩子畅玩任天堂 DS 游戏机，这样自己就可以有自由选择自己要做的事，提高时间的利用效率。以下简图可以说明这种商业中的手机行为，其中粗体文本表示强调的元素：

加拿大航空＋**允许使用手机设备**→提供新的功能和服务→新的良好商业激励措施，用以与其他航空公司竞争并满足乘客的需求。

2.4 商业技术：用普通手机和特殊应用程序控制飞机

德国人雨果·泰索（Hugo Teso）不单是位安全分析师，也是位持有执照的飞行

---

① 参见 www.thestar.com/business/2014/05/26/air_travellers_can_use_electronic_devices_on_aircraft_in_canada.html.

员。2013年的4月12日，[1]他在一次会议上表示，只需一部安卓(Android)手机和自己开发的软件，他就能远程窃取飞机控制权。雨果·泰索花费三年时间开发了SIMON和PlaneSploit，前者是一种可用于攻击和利用航空公司安全软件的恶意代码程序，后者是一种用于黑客行为的安卓应用程序。雨果在会上展示了如何向飞行管理系统发送无线电信号，以此来改变虚拟飞机的速度、高度和方向。人们可以使用该系统来修改与飞机导航相关的几乎所有内容。他告诉在场的人说，这些工具还可以用于改变飞行员显示屏上的内容或关闭驾驶舱内的灯光。雨果还称他所使用的是在eBay上购买的飞行管理硬件，以及可以公开获取的飞行模拟器软件，其中包含一些与真实飞行软件相同的计算机编码。

雨果不是第一个所谓的"白帽"黑客，[2]这些黑客揭露了在空中交通安全方面出现的漏洞。在2012年拉斯维加斯举行的"黑帽安全大会"上，[3]计算机科学家安德烈·科斯廷(Andrei Costin)讨论了他在次年将推出的美国新空中交通安全系统中所发现的漏洞。他说自己发现的系统缺陷并不会马上成为灾难，但却可以用来追踪私人飞机、拦截信息，并阻碍飞机与空中交通管制部门之间的通信。再举一个例子，著名的计算机安全公司首席执行官克里斯·罗伯茨(Chris Roberts)在过去五年中一直致力于提高飞机的安全性。而在2015年，[4]美国联邦调查局指控他在乘坐飞机时，在飞机的推力管理计算机上重写代码，操纵指挥系统发布"CLB"(即Climb，爬升)指令，致使其中一架飞机的发动机爬升，最终导致飞机在飞行期间横向和斜向移动。雨果的手机行为可以用一个简图来说明：

雨果·泰索+一部安卓手机和一个应用程序→黑入了飞机导航系统→发现了飞机导航系统的安全漏洞。

2.5 商业活动：优步——一项新颖的出租车服务

克里斯·西亚克西亚(Chris Ciaccia)是一位深思熟虑且富有远见的科技领域记者，他在2015年的8月24日预测，[5]优步公司(Uber)将有机会像苹果、谷歌和脸书一样，成为21世纪下一个家喻户晓的名字之一。优步这个词的字面意思是"极好的"或"卓越的"。优步最初的公司名称为优步乘车(UberCab)，而现在其全名为优步科 192

① 参见 www.cnn.com/2014/04/11/tech/mobile/phone-hijack-plane/.

② 又称 ethical hacker，道德黑客。——译者注

③ 参见 www.cnn.com/2012/07/26/tech/web/air-traffic-control-security.

④ 参见 www.theregister.co.uk/2015/05/17/fbi_claims_infosec_bod_took_control_of_united_airlines_plane_midflight/.

⑤ 参见 www.nasdaq.com/article/-next-big-tech-companies-to-go-public-cm512217#ixzz4FQR8zKw1.

技公司(Uber Technologies Inc.)。2009年,两位旧金山的企业家加勒特·坎普和崔维斯·卡兰尼克(Garrett Camp和Travis Kalanick)共同创办了优步。其技术核心理念非常简单:设计、开发和使用能将乘客与汽车司机连接起来的手机应用程序,用于出租和乘车分享服务。这项服务简单来说,就是拥有智能手机的消费者可以通过优步的手机应用程序提交出行请求,然后将请求发送给驾驶私家车的优步驾驶员,他们会前往指定地点接送乘客。优步公司的格言是"每个人的私人司机"。现在,美国优步是一家多国在线的交通网络公司,价值约10亿美元,并且在Fast Company[①]发布的2013年最具创新力公司中排名第7。截至2016年5月,优步的服务已在全球66个国家和449个城市推出。下面的图解说明了这种手机行为:

优步+手机和优步应用→**经营新的出租车业务服务**→帮助更多人获得出租车服务。

2.6 商业活动:马云的母亲叫不到出租车

2014年2月27日,[②]中国著名商业巨头、阿里巴巴集团创始人兼董事长马云,给许多人发了一条公开信息。在这条信息中,他说他的母亲在打出租车这个问题上遇到了麻烦,因为她不知道如何使用移动出租车应用程序"滴滴打车"——一个中国版的优步应用程序。而具有讽刺意味的是,马云的阿里巴巴虽然创立并运营着滴滴打车,[③]但马云并没有教会他的母亲如何使用它。滴滴打车需要使用特定的手机应用程序,这就是为什么他的母亲无法叫到出租车的原因。虽然很多老年人都使用手机,但他们不知道如何使用这款应用程序。马云的父亲告诉他,如果不是他自己儿子的集团公司在经营这个打车软件,如果不是这么多的年轻人喜欢这款应用程序,他将对此有极大的抱怨。这个消息在中国很快传播开来。许多人同意并也有类似的担忧,如果每个人都使用移动出租车应用程序,那么许多老年人、小孩,甚至国际旅客将不再能够轻松乘坐出租车,因为出租车司机需要优先接送那些用出租车应用软件叫车的乘客。下面的图解阐释了这种手机的行为:

马云的母亲+一部手机和一个不知道如何使用的出租车应用程序→**试图叫到她需要的出租车**→没有得到出租车服务。

---

① Fast Company是世界领先的商业媒体品牌,主要关注各个公司的技术、领导和设计的创新。——译者注

② 见 http://tech.ifeng.com/bat3m/detail_2014_02/27/34263873_o.shtml.

③ 关于滴滴打车及其发展历程,详见 https://en.wikipedia.org/wiki/Di

2.7 商业效应：从成瘾少年到亿万富翁首席执行官 193

2014 年 4 月，[1]中国大学本科高年级学生王锐旭开发了一款名为“兼职猫”的手机应用程序，供寻找兼职或暑期工的大学生使用。仅仅两年后，他已经成为估价数十亿美元的信息技术公司的首席执行官。公司业务覆盖中国 200 座城市和 600 万学生。现在有 20 万家公司客户使用兼职猫，这个软件平均每天能更新 10 万份新工作。

如今已是一名成功商人的王锐旭，其成功之路艰辛而漫长。他在一个普通的经商家庭长大，父母没有受过什么高等教育。在他上中学的时候，家里的生意破产了，他自己也沉迷于互联网。有一次，他和兄弟们在网吧待了七天，每天玩游戏十几个小时。很快，他就成了一个问题少年，沉迷于互联网、吸烟、喝酒和逃课。然而，他的家人一直支持他将学业继续下去。后期的大学经历为他提供了科学知识支持和商业网络建构，由此他才得以改变自己的生活，成为中国版的文森特・奎格(Vincent Quigg, TechWorld 公司首席执行官)和利奥・格兰特(Leo Grand)。[2] 下图对这种手机行为进行了说明：

中国一个网络成瘾的青少年＋兼职猫应用程序→帮助大学生找到学生的工作→成为一个身家亿万的企业家。

2.8 商业效应：安德鲁・霍格和手机银行应用的安全测试

安德鲁・霍格(Andrew Hoog)是位于芝加哥的移动安全公司 NowSecure 的首席执行官和联合创始人。2011 年，[3]他使用 viaForensics(一款针对应用程序中各种安全缺陷进行自动化测试的软件程序)测试了六个最受欢迎的银行[其中包括美国富国银行(Wells Fargo)、美国银行(Bank of America)和联合服务汽车协会(United Services Automobile Association 等)]的应用程序的潜在弱点。只有一个银行应用程序通过了测试，其他五个都失败了。未通过测试的银行应用程序，问题多种多样，包括手机上纯文本关键信息的非加密存储，可从账户中轻松偷取用户名、密码和所有客户的财务信息。

我们可以从这个故事中学到非常重要的几点。首先，移动安全是一个真实存在 194
且十分严重的问题，特别是对于银行等商业金融机构而言，尤其是随着更多技术的发展(快速变化的技术意味着开发者的速度会领先于安全措施)，以及显而易见的更快

---

① 参见 http://baike.baidu.com/view/10863596.htm.

② 利奥・格兰特是著名手机应用程序“汽车树”(Trees for Cars)的开发者，曾在大都会工作并失业。

③ 参见 www.techrepublic.com/blog/it-security/mobile-banking-apps-may-be-vulnerable-testing-and-results/.

的用户增长(这是一个相对较新的领域,而犯罪也随之而来)。其次,应用程序的移动安全问题只是移动安全的一小部分。通常而言,移动安全涉及五个主要领域: (1)对通信系统的攻击(例如,基于 SMS 和 MMS 协议的攻击或基于通信网络的攻击,如利用 GSM 网络、Wi-Fi 和蓝牙进行攻击);(2)攻击软件应用程序(如网络浏览器或操作系统)中的漏洞;(3)攻击硬件漏洞,如利用电磁波或充电座盗取数据(如在公共场所设置的恶意收费亭中,或在正常充电适配器中的 USB 充电端口,通过安装恶意软件盗取数据);(4)通过破解密码进行攻击;(5)使用恶意软件进行的攻击,如病毒和特洛伊木马、勒索软件和间谍软件。我们可以从这个故事中学到的第三点是,来自 NowSecure 的许多技术可以用于检测和修复应用安全问题: NowSecure Forensics 是一个取证工具,允许执法者在移动设备上执行一系列取证测试;NowSecure Lab 是一款商业工具,可让企业针对其移动施行运行攻击来确认其安全和隐私功能;NowSecure Mobile 则是一款免费的移动应用程序,可让个人用户使用 iOS 或 Android 来保护他们的手机。这种情况下涉及的手机行为可以用下面的简图来说明:

安德鲁·霍格 + NowSecure→测试银行应用的安全性→六个银行应用程序中有五个未通过测试。

总之,从这些案例中,我们可以获得一些关于手机商业行为的新认识。首先,这些案例是真实的、具体的、多彩的、多样的、复杂的,而不是笼统的。它们来自现实生活,而非主观想法和单纯的想象。其次,我们可以根据手机行为框架的四个要素——商业用户、商业技术、商业活动和商业效应——将这些案例分为四类。这四个基本要素在每个手机商业行为中几乎都可以见到。第三,这些案例只是类似奇闻轶事的观察记录,而不是科学证据。因此,有些案例可能不完整,有些可能有偏见,有些甚至可
195 能被夸大。简言之,这些现实生活中的观察可以帮助我们理解手机行为的复杂性,但不能取代严谨系统的研究工作,这是我们在下一节将要讨论的内容。

3. 实证研究: 从乌干达女企业家到"劝烟"的应用程序

3.1 商业用户: 乌干达的女企业家

大多数情况下,商业中的手机用户是客户、顾客或购物者。在本节中,我们将首先讨论两种类型的用户及其手机商业行为。其中一种是 280 名非洲的女企业家,这篇文章的标题是"女企业家中移动技术的使用: 乌干达的案例研究"。[①] 其作者是玛

---

① Komunte, M. (2015). "Usage of mobile technology in women entrepreneurs: A case study of Uganda," *African Journal of Information Systems*, 7(3): 3.

丽·科蒙特(Mary Komunte),她在乌干达首都坎帕拉马克雷雷大学(Makerere University)获得信息技术硕士学位。她目前是乌干达技术与管理大学计算与工程学院信息系统与技术系讲师,同时也在马克雷雷大学攻读信息技术的博士研究生。她的著作和研究集中于乌干达和肯尼亚女企业家手机使用的比较分析或建模分析。她会说英语、卢甘达语和基塔拉语。[1]

这篇文章发表在 2015 年的《非洲信息系统杂志》(*African Journal of Information Systems*)上。根据网上提供的信息,[2]该期刊被索引在国际社会科学的参考书目和卡贝尔目录中(Cabell's Directories)。《非洲信息系统杂志》旨在宣传非洲范围内信息技术转让、传播和使用相关的研究。这是一家同行评审的在线期刊,现任编辑是美国佐治亚州格威内特学院的彼得·默索(Peter Meso)。该期刊创办于 2008 年,并以季刊形式发布,美国国家科学基金会为其创立提供了一部分支持,目前由美国肯尼索州立大学主办。显然,这是一本新颖独特的期刊,而不是一本历史悠久的综合期刊。在对作者和期刊进行初步了解之后,现在让我们来看看这篇文章。

研究采用混合方法设计,其目的是研究乌干达女企业家的手机使用情况。研究 196
的实地考察工作于 2011 年 4 月至 7 月间进行。研究使用调查问卷的方法,数据来自 280 名女企业家和 40 个焦点小组(focus group)参与者。主要研究结果如下:(1)大多数女企业家(82.9%)拥有微型企业(少于 10 名雇员),拥有小型企业(10—50 名雇员)的女性占 11.8%,而少数(5.4%)拥有中型企业(50 至 100 名员工之间)。(2)女企业家经营的企业有七种类型:纺织业(61%)、农产品业(38.3%)、美容业(19.3%)、酒店和餐馆(19.3%)、学校(19.3)、诊所(28.3%)和移动支付(8.5%)——这项投资所需的启动资金很高,因此排名最低。(3)共有 47%的女性同时使用短信和电话进行商业交易。大多数女性企业家(46.1%)为了工作方便购买了手机,第二个最常被提及的动机是通信目的(41%),再次是移动性(4.5%)以及支付能力(3.6%)。(4)这些女企业家报告说,移动电话服务提高了效率、生产力和效益,提供了更好的客户服务,降低了交易成本,促进她们更多地进行价格比较和谈判。(5)这些女性企业家中共有 54.6%的人认为使用手机大幅增加了她们的利润。利润增长的原因包括:提供服务更加快速(10.4%)、降低运输成本(25%)、降低交流的成本(13.6%)、构建了更便捷的商业网络(32.1%),以及即时性(6.8%)。

虽然该研究只是初步的调查研究,但它通过提供经验性描述的证据,为我们回答了以下问题:非洲有哪些独特的用户群在商业中使用手机,他们为什么使用手机,以

---

① 卢甘达语是乌干达主要使用的语言;基塔拉语,通常被叫做"Runyakitara",也是乌干达语言的一种。——译者注

② 见 http://digitalcommons.kennesaw.edu/ajis/about.html.

及这对他们的业务起到了怎样的作用等。我们可以从这篇商业手机用户的文章中获知什么信息呢？首先，这些女性是独特的手机用户，她们是一群非洲女性企业家。其次，她们主要需要的是手机的基本功能，如用来打电话或发短信，而非使用移动网络或各种特定的应用程序，她们并不需要许多复杂的技术。第三，她们用手机从事着多种多样的商业活动，从纺织品和农产品到美容业和餐馆。第四，手机在帮助她们进行
197 商业活动方面有很大的积极作用，包括加速她们提供服务的速度、降低运输成本、获得更廉价的通信和便捷的商业网络。本研究涉及的手机行为可以用下面的简图表示，用粗体文本对重要要素进行强调：

280 名乌干达的女企业家 + 手机→从事各种小型企业→收到对其商业实质性的积极影响。

3.2　商业技术：手机信用卡

接下来要讨论的这篇文章题为“NFC 手机信用卡：移动支付的下一个前沿？”。[①] NFC(Near field communication)是近场通信的英文缩写，这一种近距离无线通信技术。作者是来自马来西亚的技术管理研究人员陈维翰等人(Garry Wei-Han Tan、Keng-Boon Ooi、Siong-Choy Chong 和 Teck-Soon Hew)。第一作者陈维翰发表了多篇关于将 NFC 应用于移动支付(m-payment)、移动电视服务(m-TV)和移动音乐(m-music)的文章。该研究发表在 2014 年的《计算机通讯学和信息学》(*Telematics and Informatics*)上，该期刊是由爱思唯尔(Elsevier)创立发行于 1984 年的跨学科期刊，其影响因子为 2.261，主要关注社会、经济、政治和文化的影响以及信息和通信技术的挑战。根据谷歌学术，自 2014 年以来，这篇文章已被引用了 61 次。

在这项研究中，作者在马来西亚的一家大银行进行了一项调查。他们使用了一种非常简单的抽样方法：招募每隔一位进入银行的客户来完成此项调查。共有 187 名年龄在 20 岁至 30 岁，且拥有信用卡和手机的客户参与了研究。因变量为使用手机信用卡的意向。本研究中的六个自变量分为三组：(1)与技术有关的变量：体验到手机信用卡的有效性(例如，相信手机信用卡的交易时间更短，不需要签名)、体验到的手机信用卡的易用性(例如，相信使用手机信用卡不需要太多精力)；(2)与心理学相关的变量：社会影响力(如其他人的观点)和创新技术态度(如愿意采用新技术)；(3)与金融有关的变量：主观财务成本(例如涉及手机账单、已知和隐藏的交易
198 费用或年服务费用)和主观风险(例如涉及潜在的财务损失)。

---

① Tan, G. W. -H., Ooi, K. -B., Chong, S. -C., and Hew, T. -S. (2014). “NFC mobile credit card: The next frontier of mobile payment?” Telematics and Informatics, 31(2): 292 - 307.

结果发现,客户感知到的手机信用卡的实用性、易用性、社会影响力,及其创新技术态度与他们使用手机信用卡的倾向密切相关,但主观风险和主观财务成本则与之不相关。换言之,在马来西亚,年轻银行客户关心的是手机信用卡是否比使用现金或普通信用卡具有更多的技术优势(例如,更实用或更易于使用)。这些年轻的客户更可能受到他们的家人、朋友和同事的影响,并且更愿意、更可能接受新技术。但是,马来西亚的这些客户并不关注各种风险和潜在的财务成本。

这项研究有助于我们进一步了解在商业活动中的手机行为。首先,研究中的手机用户很独特:他们是2013年走入马来西亚一家银行的187名年轻客户。而且这个国家的移动支付市场正在兴起,并未成熟。其次,研究中涉及的手机技术是独一无二的:手机信用卡是一种使用手机和近场通信技术的非接触式信用卡支付方式。例如,如果客户需要在银行支付账单,他们可以将手机在距离特殊读取器10厘米至20厘米的范围内挥动。读取器将通过近场通信网络收集并发送手机信息到银行系统,无线交易随后可以完成。手机信用卡与传统信用卡不同,因为它们使用的是手机,而非我们常见的实体卡。因此,它们所基于的是无线和数字技术。手机信用卡与现有的移动支付方式——如无线应用通讯协议(Wireless Application protocol, WAP)或通用分组无线服务技术(General Packet Radio Service, GPRS)——有所不同,因为它们基于短距离无线技术在两个临近设备之间传输数据,所以无触点且易于使用。然而,虽然手机信用卡自2010年以来就已经上市,这种移动支付的备选方式却并未被广泛采用。这种情形令人费解,使手机信用卡成为一种值得进一步研究的技术。第三,这一研究涉及一个非常普遍的手机活动:人们是否采用或接纳手机信用卡。技术的采用或一般意义上所说的接纳,以及手机的采用和接纳是文献中研究最多的话题之一。第四,研究中涉及的手机效应也很常见:确定了有助于技术初期采用或接受该技术的多种因素。研究中涉及的手机行为可以总结为下面的简图:

*187 名马来西亚的年轻银行客户 + **手机信用卡**→决定他们是否想使用手机信用* 199
卡→确定能有助于初期使用的技术相关因素和心理相关因素。

3.3 商业活动:手机银行的早期接受度

另一篇关于移动商业活动的文章题为"初次接受新兴技术时的多维信任与多层面风险:移动银行服务的实证研究"。[①] 作者是来自四所美国大学的四位管理信息系统研究人员罗欣(音)等(Luo Xin、Li Han、Zhang Jie和J. P. Shim)。该文章发表在

① Luo, X., Li, H., Zhang, J., and Shim, J. P. (2010). "Examining multi-dimensional trust and multi-faceted risk in initial acceptance of emerging technologies: An empirical study of mobile banking services," *Decision Support Systems*, *49*(2): 222-234.

2010 年的《决策支持系统》(*Decision Support Systems*)上。自从发表以来,它因超过 100 次的引用被 Web of Science 列为高引论文,根据谷歌学术的显示,这篇文章共被引用了 372 次。

该研究旨在了解各种主观风险和主观信任如何影响年轻人对手机银行的接受度。共有 180 名美国本科生参加了这项调查研究。研究中的因变量为接受手机银行服务的倾向性。八个与风险有关的自变量是:性能风险(例如,银行应用软件性能非常差的风险)、财务风险(例如,银行业务有财务欺诈的风险)、时间风险(例如,学习新的银行应用软件的时间太长)、心理风险(例如,经历额外焦虑的风险)、生理风险(例如,由于较长时间使用手机而导致脑癌的风险)、社会风险(例如,在朋友面前感到尴尬的风险)、隐私风险(例如,使用移动银行应用软件后失去隐私的风险),以及整体风险。三个与信任有关的自变量是:(1)对人类的整体信任;(2)对移动银行业务的普遍信任(例如,移动银行业务是否拥有高质量的法律和技术系统);(3)对特定银行的信任(例如,某家银行是否尊重和关心其客户)。

主要研究结果包括以下内容:(1)在八个风险相关变量中,除了生理和社会风险以外,所有其他风险均不能作为主观风险的重要指标。主观风险对参与者接受手机
200 银行服务的意图有显著的负面影响。换言之,当客户决定是否使用手机银行业务时,他们关心手机银行业务潜在的业绩风险、财务风险、时间风险、心理风险、隐私风险和总体风险等方面,但不考虑生理和社会风险。(2)在三个与信任有关的变量中,除了对供应商的特定信任外,对手机银行的一般信任和对人的整体信任,都是通过主观风险这一因素间接影响受访者接受手机银行服务的意向。换句话说,比较主观风险与主观信任两个因素,主观风险是影响初始接受的主要因素,起着负面作用,主观信任是影响初始接受的次要因素,起着间接作用。[①]

从手机行为角度来看,这项研究得出的对我们最有帮助的结论是,手机银行的早期接受度是一种特定的手机活动,潜在客户主要担心的是手机银行涉及的各种风险。因此,为了吸引更多的手机用户使用手机银行业务,解决这些主观风险(即潜在的业绩风险、财务风险、时间风险、心理风险、隐私风险和整体风险)至关重要。本研究涉及的手机行为可以用下面的简图表示,粗体文本用于强调的要素:

180 名美国本科生 + 手机银行→**参加对手机银行的初始接受度的调查**→六种感知风险与手机银行接受程度直接相关。

---

① 经过与作者的讨论,将原文中的“负面作用”更正,并译为“间接作用”。——译者注

3.4 商业效应：旅游应用软件的积极作用

我们接下来讨论的这篇实验文章揭示了手机行为在商业中的积极影响。它的标题是“智能手机在调节旅游体验中的作用”。① 这三位作者分别是：美国坦普尔大学(Temple University)的王丹(音)和丹尼尔·费森迈尔(Dan Wang 和 Daniel Fesenmaier),以及英国萨里大学(University of Surrey)的朴森旺(Sangwon Park)。这篇文章发表在 2012 年《旅行研究杂志》(Journal of Travel Research)上,该杂志由 Sage 出版集团(Sage Publications LTD.)出版,是关注旅游和游客行为、管理与发展的主要研究期刊。自 1968 年以来,它一直是“旅行和旅游研究协会”的官方研究出版物,影响因子为 2.905。据谷歌学术显示,自发布以来,这篇文章已被引用了 192 次。

在这项研究中,作者创造性地使用发布在“100 个最流行的旅行应用程序”中的 201
用户评论作为数据来源,分析智能手机对游客体验的影响。在与旅行相关的所有 37 133 条评论中,作者通过三步筛选程序确定了 202 条叙述性评论,作为进一步内容分析的叙述性数据。主要研究结果如下：(1)这 100 个最流行的旅行应用程序满足了多种特定的需求。这些需求分属 11 个类别,如航班信息管理、目的地导游、在线旅行社、娱乐、美食搜索和语言助理。(2)旅行应用程序对旅行体验有 14 种积极影响,例如,(a)让旅行变得更有意义和价值(如应用程序“Line”可以帮助一个家庭通过最短等待时间的线路游玩迪斯尼乐园的各个景点),(b)提高效率(例如,应用程序“Flight Update Pro”会及时向游客提供航班延误和航站楼更改情况),(c)让生活变得轻松(例如,应用程序“TripIt”可以快速为商人复杂的十一日行程生成一份详细的行程单),(d)让旅行更有趣(例如,应用程序“Air Traffic Control”使旅客能够听到飞行员和地面控制团队之间有趣的对话),(e)参观更多地方(例如,应用程序“Roadside America”能带着度假者去到那些让人流连忘返却鲜有人知的地方,(f)分享快乐(例如,应用程序“MouseWait”为迪士尼乐园的游客开发了一个在线社区,以结识令人惊喜的新朋友)。

我们可以从这项研究中了解到有关旅游业的各种有趣的手机行为。首先,旅游涉及许多手机用户：旅游供应商、政府官员、相关社区、当地人群,当然还有需求不同的游客。其次,市场上有很多适合游客的移动应用程序。这项研究介绍了 100 款最受欢迎的应用中的几种,如 Roadside America 和 TripIt。第三,有许多与旅行有关的手机活动,包括规划预订、导航、寻找休息室、估算等候时间、将旅行照片发送给家人,

① Wang, D., Park, S., and Fesenmaier, D. R. (2012). “The role of smartphones in mediating the touristic experience,” *Journal of Travel Research*, 51(4): 371 - 387.

以及生成在线口碑评价以分享经验。第四,这些应用对游客有许多积极影响,包括生理上的(例如节省等待时间)、认知上的(例如新鲜的地方让旅行者产生兴趣)、社交上的(例如结识新朋友),以及情绪上的(例如分享快乐)。本研究涉及的手机行为可以用下面的简图表示,粗体文本用于需强调的要素:

202 名游客使用旅行应用程序并发布叙述性评论 + 100 个最受欢迎的旅游应用→从事各种旅游活动→**有 14 种旅游应用带来的积极体验**。

202 3.5 商业效应:劝烟应用软件的消极影响

我们接下来介绍的实证文章标题为“智能手机上鼓励吸烟的应用:烟草行业的最新工具?”。[①] 与前面关于积极影响的研究相反,该研究揭示了移动应用的消极影响。作者是来自澳大利亚悉尼大学的三名公共卫生研究人员(Nasser BinDhim、Becky Freeman 和 Lyndal Trevena)。这篇文章发表在 2012 年的《烟草控制》杂志上。该杂志自 1992 年开始发行,是关注烟草全球使用性质与后果的著名期刊,其影响因子为 6.321。它有一个网站 http://m.tobaccocontrol.bmj.com/,甚至还有一个 iPad 应用程序。该出版商是隶属于英国医学协会的著名国际医疗保健出版公司 BMJ(最初称为英国医学期刊 British Medical Journal 或 BMJ 集团)。在过去的五十年中,BMJ 开启了数字出版和开放获取的先河。

该研究于 2012 年进行。作者搜索了苹果应用商店(Apple App Store)和安卓市场(Android Market),以查找提供明确支持吸烟内容的应用程序(例如,各种烟草的品牌和可购买香烟的具体地点)并鼓励吸烟行为(例如,吸烟游戏)。该研究没有涉及人类被试(受试者)。主要研究结果如下:(1)从最初的 1 400 个应用软件搜索结果中,作者确定了 107 种鼓励吸烟的应用。(2)鼓励吸烟的应用有六种主要类型:烟草商店应用(例如,列出具有图像的著名香烟品牌)、吸烟模拟应用(例如,可以让游戏人物吸烟或将香烟传递给其他人物的卡通游戏)、壁纸应用(例如,在 3D 图像中显示著名品牌万宝路)、香烟电池(例如,使用燃烧香烟的图像来指示电池寿命百分比)、对吸烟的拥护(例如,提升雪茄爱好者的自由)和卷烟演示(例如,展示如何卷各种形状的香烟)。(3)在安卓市场中,一个月内约有 200 万独立用户下载了鼓励吸烟的应用程序。在所有六类鼓励吸烟的应用中,最受欢迎的应用程序类别是吸烟模拟应用和烟草商店应用。

从商业中手机行为的角度来看,这项研究的发现给了我们一些教训。首先,手机

---

① BinDhim, N. F., Freeman, B., and Trevena, L. (2014). “Pro-smoking apps for smartphones: The latest vehicle for the tobacco industry?” *Tobacco Control*, 23(1): e4 - e4.

不仅会为我们带来积极影响，也会给用户施加负面影响。这项研究表明，至少有 107 个应用程序的开发鼓励了吸烟这一有害健康的行为，这些手机应用程序可以被分为 6 种类型。其次，这 107 个吸烟应用的市场非但不小，反而很广阔。例如，在一个月 203
内就有来自世界各地的 200 万用户从安卓市场下载了这些吸烟应用程序。在这个独特的实证研究中涉及的手机行为可以用下面的简图来表示，粗体文本用于被强调的要素：

200 万全球移动用户 + 107 个鼓励吸烟的应用程序→从苹果应用商店和安卓市场中下载这些应用→**使用并体验 6 种鼓励吸烟的应用程序**。

4. 知识整合：从线性增长到移动支付

4.1 概览：线性渐变增长

为了估计手机行为现有文献的范围，我们搜索了三个主要数据库：Web of Science、PsycINFO 和 Business Source Complete。对 Web of Science(社交和自然科学领域最大的数据库之一)使用两个关键词："商业"和"手机"进行初步搜索，可获得 334 篇期刊文章和 7 篇综述。使用关键词"手机"和"商业"对 Business Source Complete(商业领域最佳数据库之一)进行初步搜索可得到 165 篇期刊文章。在 PsycINFO(行为科学中广泛使用的数据库之一)中以"手机/移动设备"和"商业/贸易"为关键词对现有文献初步搜索，得到 124 篇期刊论文。从这些文章中，我们可以看到以下特征：(1)这些文章涵盖的主题十分广泛，如消费者行为、产品质量、自我效能感、隐私、旅游、健康、广告、零售、接纳、传播以及客户切换。(2)这些文章发表在多个期刊上，包括《人类行为中的计算机》(*Computers in Human Behavior*)和《决策》(*Decision*)等。其中的许多期刊，对于常规读者，或是对于阅读《哈佛商业评论》(*Harvard Business Review*)、《商业科学季刊》(*Business Science Quarterly*)、《商业科学评论季刊》(*Business Science Quarterly Review*)这样的主要商业科学期刊的读者而言，都非常陌生。(3)搜索到了三到四篇学位论文，根据托马斯·库恩(Thomas Kuhn)的理论，①这是新兴范式的一个重要标志。其原因是，这代表在论文委员会中成熟的学者支持下，年轻一代的研究人员正在接受培训。(4)令人惊讶的是，随着时间的推移，期刊文章出版物的趋势是平缓地线性增长，而不是指数增长，这与手机行为文献的总体趋势不同(比较图 7.1 和第 1 章中的图 1.3)。这一趋势很有意思，表明研究人员在过去的 20 年中都持续地致力于研究商业中的手机行为，这不

① Kuhn, T. S. (2012). *The Structure of Scientific Revolutions*. University of Chicago Press.

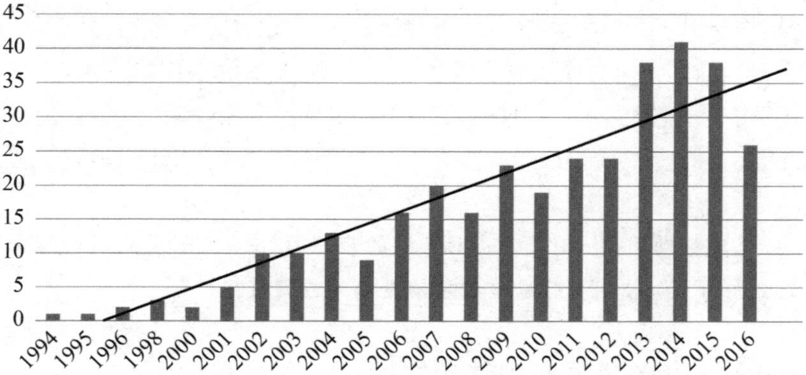

204 **图 7.1** 商业中手机行为的期刊文章出版物线性增长趋势图

是过去几年突然开始兴起的一股研究浪潮。

在了解了商业手机行为文献的一些基本特征之后,让我们来看看《手机行为百科全书》中关于商业手机行为的论述。查看《手机行为百科全书》的好处之一,是可以很容易地看到商业科学领域的一些成熟的研究人员如何评估手机行为的研究成果。尽管与所有出版物一样,《手机行为百科全书》并不完美,但它提供了一些基本信息,与我们自己搜索文献相比,它可以帮助我们更有效地了解现有知识。

如表 7.1 所示,《手机行为百科全书》中有 12 章介绍商业中的手机行为,构成了该书的主要部分。这 12 章综合了商业中手机行为在四个基本要素上的文献,即商业用户、商业技术、商业活动和商业效应。从这些章节标题中,我们至少可以看到以下几点。首先,针对商业用户这一要素,"消费者"是被综述最多的用户类型(例如,关于"消费者对于网络口碑消息的采纳"的章节),尽管商业用户更加多样化(例如,在章节"使用手机应用程序进行人力资源招聘和选择"中的人力资源经理也是用户之一)。其次,对于商业技术,商业的手机应用程序经常被当做讨论对象(例如,"使用手机应用程序进行人力资源招聘和选择")。第三,对于商业活动来说,"适应性"是最受关注的话题,它反映了基于技术扩散理论,手机在初始阶段的接纳、使用和扩散。[①] 这与前面部分讨论的实证文章是一致的。第四,对于商业效应而言,尽管每一章都必须直接或间接地将商业效应作为任何手机行为的固有要素来处理,但似乎我们并没有在《手机行为百科全书》中找到以此主题作为主要焦点的重要论述。

---

① Rogers, E. M. (2010). *Diffusion of Innovations*. New York: Simon & Schuster.

表 7.1 《手机行为百科全书》有关商业中的手机行为的章节 205

要素	章节标题
用户	印度的“Y 一代”和移动市场
用户	消费者对于网络口碑消息的采纳
技术	使用手机应用程序进行人力资源招聘和选择
技术	手机优惠券：接受和使用
技术	品牌移动应用程序：在紧急移动渠道中进行广告的可能性
活动	消费者对移动因特网的接受性
活动	消费者产品情感满意度评估的实证研究方法
活动	通过基于价值的方法了解移动电话的使用情况：营销效应
活动	生成、收集和回收废旧手机
活动	通信隐私管理和手机使用
活动	手机使用的可持续性
效应	移动技术紧张症

4.2 商业用户：移动商务的接纳

我们讨论的第二篇综述文章将主要涉及另一个具体的热门话题——人们将如何接纳移动商务。其标题是《接纳移动商务与文化调节效应的元分析》。[①] 截止到 2016 年，它在谷歌学术搜索中被引用了 95 次。作者是三位中国信息技术管理的学者张李义、朱静和刘启华(Liyi Zhang、Jing Zhu 和 Qihua Liu)。这篇综述文章发表在 2007
年的《计算机与人类行为》上，这是一本爱思唯尔出版的著名学术性期刊，自 1985 年 206
创办以来致力于从心理学角度探查计算机的使用情况，影响因子为 2.880。

这篇综述主要关注哪些因素会对移动商务的接纳产生重大影响。它由以下部分组成：引言、理论模型、方法、结果和讨论。这篇综述的要点包括以下几点：(1)移动商务是电子商务的一种新形式，是指通过无线电信技术进行的各种商业活动，如移动票务、手机银行、移动营销和移动交易。(2)在各项研究中，研究者使用了三种重要理论来研究不同的因素如何影响移动商务的接纳，即技术接受理论(关注态度等个体认知)、计划行为理论(注重社会认知，例如感知到的他人所持有的社会规范)，以及创新扩散理论(专注于技术优势等创新特征)。基于这些理论，作者开发了一个分析框架来综述文献。(3)作者精心分析了 53 篇文章，其中包括 39 篇期刊论文，11 篇会议论文，2 篇学位论文和 1 篇项目报告。这些文章是从接近 20 000 篇的总样本中选择出来的。(4)根据这 53 篇文章，研究者得出以下结论：个人对移动商务的态度与他们

① Zhang, L., Zhu, J., and Liu, Q. (2012). “A meta-analysis of mobile commerce adoption and themoderating effect of culture,” *Computers in Human Behavior*, 28(5): 1902 - 1911.

采用移动商务的意向之间，以及个人感知到的“有用性”与态度之间的关系最为密切。(5)移动商务的接纳存在文化差异。在东方文化中，感知到的“易用性”在接纳中起着最重要的作用，而在西方文化中，感知到的“有用性”是最重要的因素。

这是一篇精心撰写和高质量的元分析。它全面描述了如何提高人们对于移动商务的接纳程度。从商业中手机行为的角度来看，我们可以从这个元分析中学到两个重要的内容。首先，手机用户的态度和看法很重要。为了吸引更多的人使用移动商务，并实现更高水平的移动商务的接纳度，我们应该更加关注用户如何看待移动商务，而不是只关注技术开发。具体而言，与用户相关的两个最重要的因素是个人对移动商务的态度及其感知到的有用性，此外还有与社交规范和主观成本等其他各种与用户相关的因素。其次，手机用户的文化背景很重要。要说服更多的用户接纳移动
207 商务，我们应该考虑一定的文化差异；对于具有东方文化背景的用户来说，应该强调感知到的“易用性”；而对于具有西方文化背景的用户来说，应该强调感知到的“有用性”。

4.3 商业活动：移动支付

在简要讨论《手机行为百科全书》中的章节之后，让我们现在讨论一篇名为“移动支付研究的过去、现在和未来：一篇文献综述”的文章。[①] 这篇文章的引用率很高，谷歌学术搜索显示它已被引用 467 次。四位作者——托米·达尔伯格、妮娜·马拉特、简·昂德鲁斯和安聂斯扎卡·扎米吉瓦斯卡(Tomi Dahlberg、Niina Mallat、Jan Ondrus 和 Agnieszka Zmijewska)——分别来自三个欧洲国家。第一作者托米教授发表了多项有关移动支付的研究。这篇文章发表在 2008 年的《电子商务研究与应用》上，这是份由爱思唯尔自 2002 年起出版的相对成熟的电子商务研究期刊，其影响因子为 2.139。

这篇综述由四个主要部分组成：框架、方法、结果和讨论。换句话说，作者遵循实证研究的一般结构来介绍他们的综述工作。该综述的要点包括以下内容：(1)移动支付是指通过利用无线和其他通信的方式使用移动设备(例如移动电话、智能手机或个人数字助理)支付货物、服务和账单的技术。(2)移动设备可用于各种支付场景，例如支付数字内容(如铃声、徽标、新闻、音乐或游戏)、机票、停车费、交通费，或通过访问电子支付服务来支付账单和发票。实物商品的付款也是可能的，包括自动售货机和售票机，以及人工售货站的终端。(3)移动支付要使用移动支付工具(如移动信

① Dahlberg, T., Mallat, N., Ondrus, J., and Zmijewska, A. (2008). “Past, present and future of mobile payments research: A literature review,” *Electronic Commerce Research and Applications*, 7(2): 165 - 181.

用卡或移动钱包)进行。(4)移动支付与所有其他支付一样,大致分为两类: 日常购买支付和账单支付(即信用支付)。对于日常购买,移动支付与现金、支票、信用卡和借记卡存在补充或竞争关系;对于账单支付,移动支付通常提供基于账户的支付功能,例如汇款、网上银行支付、直接借贷转让或电子发票接收。(5)在 21 世纪早些时候,移动支付服务成为了热门话题。全世界已经推出了数百种移动支付服务,包括电子支付和网上银行服务。引人注目的是,其中许多尝试都失败了。例如,在欧盟国家 208
曾经可用的,且在 2002 年已被列入电子销售点终端数据库中的几十种移动支付服务中的大多数(如果不是全部的话)已被停用。(6)在搜索 9 个数据库和 15 个会议之后,作者总共确定了在 1999 年和 2006 年之间发表的 73 篇同行评审期刊文章和会议论文。在这 73 篇出版物中,有 29 篇涉及移动支付技术,有 20 篇涉及移动支付消费者;在 30 项实证研究中,15 个是定性研究,10 个是定量研究。(7)作者开发并使用了一个概念框架来分析现有文献并预测未来方向。该框架包含四个环境因素(技术、文化、商业和法律因素)和五个商业因素(移动支付服务提供商之间的竞争、消费者权力、商家权力、传统支付服务和新的电子支付服务)。(8)大多数研究侧重于技术因素(例如系统设计、工具和协议)和消费者因素(如适应和感知),尤其偏重三个领域(吸引力、风险和焦虑)。

尽管从商业管理的角度来看,这篇综述更多地关注移动支付服务,但也表明了有大量研究调查了移动支付行为。因此,我们可以了解到移动支付的整体复杂情况,以及各种移动支付行为的具体而详细的综合知识。

5. 比较分析: 从广告策略到经济发展的效应

5.1 广告

常见的营销策略之一是使用广告。移动广告与报纸广告、电视广告、互联网广告有什么不同呢? 我们接下来首先要讨论的这项比较研究论述了这个问题。它的标题是“手机上的有效广告: 对 53 个案例研究结果的文献综述和报告”。[1] 作为广告领域的最全面研究之一,谷歌学术搜索显示它被引用了 96 次。其作者是普渡大学的泰佐恩·朴、拉希米·舍努伊和盖弗瑞尔·萨尔文迪(Taezoon Park、Rashmi Shenoy 和 Gavriel Salvendy)。通讯作者萨尔文迪是人因工程学方面的著名学者。这篇文章发表在《行为与信息技术》杂志上,该杂志由著名的泰勒弗朗西斯集团(Taylor & 209

[1] Park, T., Shenoy, R., and Salvendy, G. (2008). “Effective advertising on mobile phones: A literature review and presentation of results from 53 case studies,” *Behaviour & Information Technology*, 27(5): 355 - 373.

Francis)从 1982 年开始出版，专门研究人因学，其影响因子为 1.211。

这篇关于移动广告的综述由四个主要部分组成：概念、模型、因素和案例。主要观点如下：(1)广告是一种常见的营销策略，旨在培养产品、服务和业务的形象，以刺激直接购买。广告的发展经历了三代，分别是：(a)广告牌、报纸和杂志，(b)广播和电视，以及(c)互联网和移动网络。它们每代都有不同的功能，如模式、呈现类型和广告类型。(2)手机广告包括消息(短消息服务、增强型消息服务和多媒体消息服务)、移动广告横幅、铃声、屏幕保护程序、壁纸和手机游戏。它可以用于促销、活动营销、品牌内容营销和品牌化的客户关系营销。(3)广告处理有四种基本模型(即市场反应模型、中间效应模型、层次效应模型和无层次模型)，这些模型解释了消费者行为与经验、认知与情感之间的关系。(4)影响手机广告效果的因素有三类：广告因素(如设计和内容)、环境因素(如曝光时间和重复次数)，以及受众因素(如经历和态度)。(5)作者对 53 个案例仔细研究的结果表明，大多数手机广告面向的是娱乐企业，针对的是年轻人群，同时涉及了多媒体。(6)手机广告的特征包括有限空间、多媒体支持和个体参与。

总体而言，该文章是一个理论整合、文献综述和案例研究的结合体。它没有说明文献范围和搜索策略。但是，它提供了三代媒体之间广告差异的清晰描述，有助于我们在广泛的背景下更好地理解移动广告。

5.2 商业增长

第二项比较研究的题目是“信息和通信技术在发展的环境下对微型企业的经济影响”。[1] 它由两位密歇根州立大学学者韩尔楚和马克·利维(Han Ei Chew 和 Mark
210 Levy)，以及来自印度的学者 P·维涅斯瓦拉·伊拉瓦拉桑(P. Vigneswara Ilavarasan)撰写。马克·利维是通信和技术方面的著名学者。他的学生之一韩尔楚，现在也是一位著名的学者。这三位作者发表了多篇关于手机对经济和社会发展影响的文章。我们将要讨论的这篇文章发表在《发展中国家信息系统电子期刊》上，这是一家受到广泛认可的期刊，专门研究与社会和经济发展相关的科学技术。自 2000 年以来该期刊共发行了 75 卷，其主编为香港城市大学信息系统跨文化研究教授戴维·罗宾逊(David Robinson)。作为一本独特而有影响力的电子期刊(www.ejisdc.org)，该期刊经过同行评审且可以开放获取，它正逐渐成为实践者、教师、研究人员和决策者最为重要的国际论坛，以分享他们在发展中国家信息系统和技术的设

---

[1] Chew, H. E., Ilavarasan, P. V., and Levy, M. R. (2010). “The economic impact of information and communication technologies (ICTs) on microenterprises in the context of development,” *Electronic Journal of Information Systems in Developing Countries*, 44(4): 1–19.

计、开发、实施、管理和评估中的知识和经验。

这项实证研究考察了四种信息和通信技术(固定电话、手机、电脑和互联网)如何影响印度商业首都孟买的微型企业(拥有1至20名员工)的经济发展,这些企业的所有者均为女性微型企业家。研究通过随机整群概率抽样的方式选择参与者。共有231名女性微型创业者参加了在2009年的访谈,时长30分钟。访谈涵盖了有关这些女性微型企业家的多个问题,包括:(1)商业增长(例如,他们的年收入);(2)技术接入(例如,他们是否有商用的手机);(3)业务手续(他们的业务经营有多正规,例如他们是否与政府注册了她们的业务或是否拥有商业银行账户);(4)为其业务使用技术的动机(例如,通过手机可以及时了解价格信息);(5)感知到的社会地位(例如,得到朋友和邻居的更多尊重)。主要研究结果包括以下内容:(1)在所有231名女性微企业家中,87%已婚,平均有两个孩子,她们的平均年龄为35岁,有52%的人接受过高中或中学教育。她们通常雇用6名员工,其中大多数人已从业了10年,56%的人 211
从事销售业务,包括餐馆、服装销售、杂货和小型电子产品,43%的人从事服务业,包括医疗保健、出租车、旅游、家教或美容院,只有1%的人从事制造业,通常制作服装或皮革制品;(2)移动电话是女性微型企业家使用最多的技术(占比88%),只有约15%的人使用计算机和互联网;(3)大约有50%的女性微型企业家对手机持积极态度,认为手机可以帮助她们的企业生存和发展,并且可以保证她们不会漏接重要的业务电话;(4)技术接入和业务手续是其业务增长的两个重要预测因素(技术接入与之正相关,业务手续与之负相关),但商业动机和感知的社会地位并不是重要的预测因素。

在日常观察的那一部分中,我们讨论过两位非洲女企业家如何将手机用于其家禽业务或百香果业务。在实证研究部分,我们还讨论了手机如何使280名非洲女企业家受益。这项实证研究从231名印度女性微型企业家中得到了有趣的比较数据。它提供的科学证据表明,与固定电话、计算机和互联网相比,手机是女性微型企业家使用最多的技术,与业务流程、业务动机和感知到的社会地位相比,技术接入与业务增长呈现显著的正相关。这些比较结果使我们能更容易地看到手机的使用对女性微型企业家的重要影响。

6. 复杂思维:从亨利的快速回答到复杂知识

回想一下,亨利对商业中手机行为的回答是非常简单的(主要侧重于积极效应),而且相当笼统(只提到了商业活动的四大方面)。从这些基础知识开始,我们讨论了近十个日常观察事例,五个实证研究、两篇综述和两个比较研究,走过了一段非常有趣的知识旅程。

现在让我们看图 7.2,并简要回顾商业中手机行为的复杂性。首先,对于商业用户,我们讨论了在非洲成功开展农场业务的两位出色的创业女性。我们还讨论了塞拉利昂弗里敦一群从事性交易的特殊少女。她们都是非洲的女性手机用户,但涉及两个截然不同的业务——一个欣欣向荣,另一个却是灾难性的。然后,我们进一步讨论了关于手机如何帮助乌干达 280 名创业女性的实证研究。最后,我们讨论了一项对 53 个实证研究的出色的元分析研究,了解到哪些因素会影响手机用户对于移动商务的接纳。我们了解到用户的态度和文化背景起着重要的作用。与亨利给出的几乎不考虑手机用户的回答相比,我们现在对手机商业用户有了更为复杂的了解——这是手机行为的第一个基本元素。

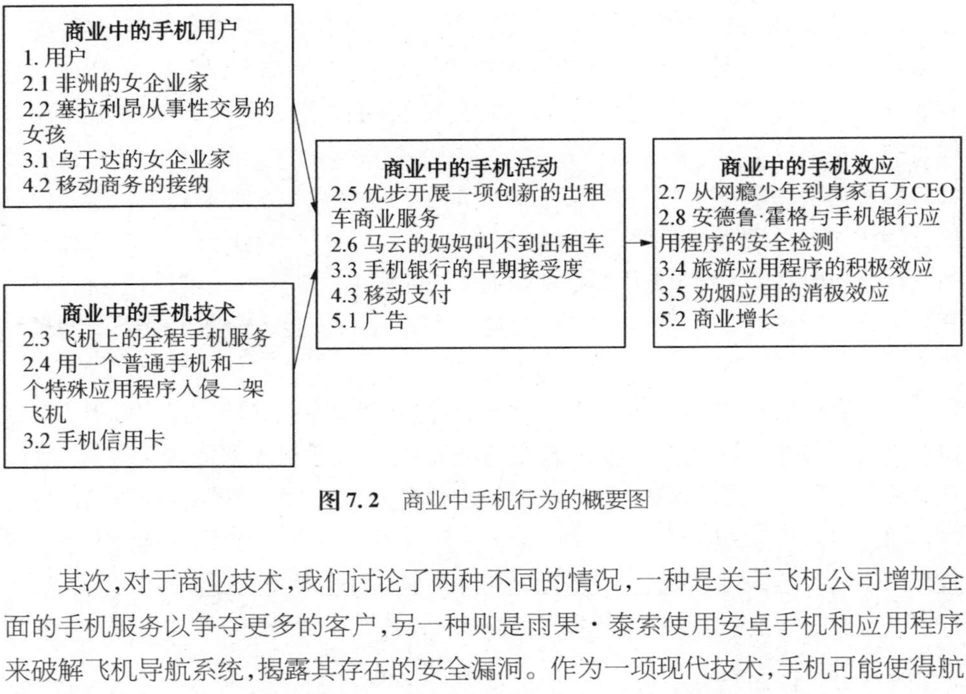

商业中的手机用户
1. 用户
2.1 非洲的女企业家
2.2 塞拉利昂从事性交易的女孩
3.1 乌干达的女企业家
4.2 移动商务的接纳
商业中的手机技术
2.3 飞机上的全程手机服务
2.4 用一个普通手机和一个特殊应用程序入侵一架飞机
3.2 手机信用卡
商业中的手机活动
2.5 优步开展一项创新的出租车商业服务
2.6 马云的妈妈叫不到出租车
3.3 手机银行的早期接受度
4.3 移动支付
5.1 广告
商业中的手机效应
2.7 从网瘾少年到身家百万CEO
2.8 安德鲁·霍格与手机银行应用程序的安全检测
3.4 旅游应用程序的积极效应
3.5 劝烟应用的消极效应
5.2 商业增长

212 **图 7.2** 商业中手机行为的概要图

其次,对于商业技术,我们讨论了两种不同的情况,一种是关于飞机公司增加全面的手机服务以争夺更多的客户,另一种则是雨果·泰索使用安卓手机和应用程序来破解飞机导航系统,揭露其存在的安全漏洞。作为一项现代技术,手机可能使得航空公司业务增加,也可能导致航班安全性降低。然后,我们讨论了一项关于马来西亚 187 名年轻银行客户如何决定是否使用相对较新的技术——移动信用卡——的实证研究。与亨利没有提及任何手机技术的回答相比,我们可以更深入地了解商业技术的复杂性:技术既可能带来正面作用,也可能产生负面影响,而即使是最好的技术也可能不会自然而然地被人们所接纳。

213 第三,对于商业活动,我们再次讨论了两个能够形成对比的案例。其中一个关于优步公司取得的巨大商业成功，这主要是基于其手机应用程序；另一个则是关于中国一家移动出租车公司 CEO 的母亲，由于她不知道如何使用出租车应用程序，因而无法乘坐出租车。对于同样的移动出租车业务，它可以帮助人们获得出租车服务，也能阻碍人们获得这项服务。通过对美国 180 名本科学生关于手机银行初始接受程度的实证研究，我们了解到手机银行的早期接受度其本身是一项重要的手机活动，因为它是各种其他手机活动的基础。此外，这一活动受到这些学生头脑中的软件使用的潜在性能风险、财务风险、时间风险、心理风险、隐私风险以及整体风险的影响。我们还讨论了一篇关于移动支付的综述文章。作者综述了 53 篇经同行评审的期刊文章和会议论文，最终得出结论：移动支付是一项非常重要的手机活动。最后，从使用不同技术的广告的比较研究中，我们可以看到人们认知加工移动广告的独特性和复杂性。从移动出租车业务、手机银行、移动支付到移动广告，我们可以看到比亨利提及的四种商业管理活动（规划、调度、销售管理和客户管理）更多元化的活动。

第四，对于商业影响，我们又从两个不同的案例开始。其中一个关于一位中国青年如何从网瘾少年成长为身价亿万的 CEO，另一个是关于移动银行应用程序中发现的各种安全问题。第一个案例展现出一种从消极作用（沉迷在线游戏）到积极作用（开发一个伟大的公司）的惊人转变；第二个案例则展现了从积极作用（开发移动银行应用）到消极作用（发现各种安全漏洞）的另一种惊人的变化。之后，我们了解了两项实证研究，分别涉及旅游应用程序的正面效应和劝烟应用程序的负面效应。最后，我们讨论了不同技术对业务增长影响的比较研究，得出的结果是：手机是印度女企业家使用最多、最有价值的工具。再一次地，我们应该对手机行为在商业中效应的复杂性有更加丰富和全面的理解。

简而言之，图 7.2 展示了商业中手机行为的整体情况，并总结了本章讨论的基本
内容。我们可能会有些惊讶地发现：(1)普通人的直觉反应可能如此简单而笼 214
统；(2)这方面的科学知识可能是如此复杂和具体；(3)尽管目前商业领域手机行为的文献广泛，但并不像在医学中的手机行为那样的广泛；(4)有许多新的或是遗留的问题急需解决（例如，商业用户的多样性、新兴商业技术、各个部门的商业活动，以及商业影响的复杂性），以便更好地了解商业中的手机行为。

第八章　教育领域的手机行为

215

1. 直觉思维：汤姆的即兴回答 / 170
2. 日常观察：从短信一代到色情短信 / 171
   2.1 教育领域中的手机用户：短信一代和退休教师 / 171
   2.2 教育领域中的手机技术：校园手机应用和“去吧，宝可梦！” / 173
   2.3 教育领域中的手机活动：短信大奖赛和色情短信 / 175
   2.4 教育领域中的手机效应：学习辅助设备和学生诉讼案 / 176
3. 实证研究：从短信一代到干扰学习 / 178
   3.1 教育领域中的手机用户：挪威青少年 / 178
   3.2 教育领域中的手机技术：二维码 / 179
   3.3 教育领域中的手机活动：生物课 / 180
   3.4 教育领域中的手机效应：学习干扰效应 / 182
4. 知识整合：从残障学习者到分心效应 / 183
   4.1 概述：一个相对较小的研究领域 / 183
   4.2 教育领域中的手机用户：有特殊需求的学习者 / 185
   4.3 教育领域中的手机技术：平板电脑 / 186
   4.4 教育领域中的手机活动：移动学习潮流 / 187
   4.5 教育领域中的手机效应：手机多任务处理 / 188
5. 比较研究：媒体多任务处理与青少年 / 189
6. 复杂思维：从汤姆的回答到复杂的行为 / 190

1. 直觉思维：汤姆的即兴回答

我的好朋友汤姆(Tom)是一位颇有名气的汉语教授。2015 年圣诞节期间，我曾问他：“人们在教学活动中，例如授课或是学习时，可以用手机做什么？能给我三到五个你现在就想到的用途吗？”在度假的心境之下，他给了我以下几个答案：

1. 学习/理解外语。

2. 给学生布置家庭作业。

3. 分享可以作为外语学习材料的油管(YouTube)视频链接。 216

4. 查找之前不知道的或是忘记了的汉字或者汉语词汇。

汤姆的答案十分符合他自己的形象:一名热爱教学工作的汉语专业教授,同时也是一名手机用户。我们可以从中了解一些与教育领域中的手机行为有关的趣事。首先,从手机用户的角度来看,汤姆的回答反映了教学活动中手机用户的典型形象——一位在大学里教汉语课、研究汉语的教授。其次,从手机技术的角度来看,教学活动中的手机技术比较常规,数量也很有限,主要包括手机短信、手机视频和移动网络。再次,从手机活动的角度来看,汤姆自己的手机活动主要涉及学习、研究和教授汉语。最后,从手机效应的角度来看,汤姆主要关心的是手机对学习、研究和教授汉语有利的认知效应。总的来说,汤姆的回答源自他个人的职业背景,简单而易于理解。与此同时,这些答案也非常个人化,受到他个人经验的影响,并受限于他的职业特点。

那么,以上这些答案是否同样适用于其他人?它们与近年的研究结果是否一致?我们到底对于教育领域中的手机行为了解多少?相比较医疗或商业领域中的手机行为,我们是否对教育领域中的手机行为了解更多?为了促进学习、授课、学业指导、学校教育和其他教学活动,我们还需要研究哪些内容?本章的目的就回答这些问题。读完本章内容之后,你也许就能够深刻地体会到教育领域中手机行为的复杂性。

2. 日常观察:从短信一代到色情短信

2.1 教育领域中的手机用户:短信一代和退休教师

短信一代。[①] 拉里·罗森(Larry Rosen)博士是加利福尼亚州立大学多明桂山分校(California State University, Dominguez Hills)的一名心理学教授。他是信息技术心理学领域的一名专家,膝下有四个孩子。他关心的研究领域涉及代际差异,特别是婴儿潮一代(出生于 1940 至 1960 年代)、X 一代(出生于 1960 至 1980 年代)、网络一 217
代(出生于 1980 至 1990 年代)和 i 一代(出生于 2000 至 2010 年代,正是 iPhone、iPod 和 iTunes 盛行的时候)这些代际群体之间的特征、价值取向和信念差异。这位教授自己是婴儿潮时期出生的,他的两个孩子出生于 X 一代时期,一个孩子是网络一代,最小的孩子则是 i 一代的新少年。他亲身体验了不同代际之间的人在生活方式、态

① www.cnn.com/2010/OPINION/02/08/rosen.texting.communication.teens/.

度和技术使用等方面存在的差异。2010 年 2 月 11 日，罗森博士在美国有线电视新闻网(CNN)讲述了自己给最年轻的女儿凯莉(Kaylee)打电话时发生的故事。某一天，他给凯莉打了一通电话，留了语音，并发了一份电子邮件，但都没有得到回复。最后，他给女儿发了一条短信，让她听一下电话留言并检查邮件。几秒后，他收到了女儿的短信，上面只有一个字母："K"(也就是 OK，好的)。他说自己的女儿每个月都会发送和接收超过三千条短信，也就是一天一百条，而且这是非常普遍的状况，他的女儿并没有任何异常。根据尼尔森移动公司(Nielsen Mobile，一家市场信息调研龙头公司)的统计，2009 年，一个美国青少年一个月平均会发送和接收 3 146 条短信。为此，拉里 · 罗森给自己 i 一代的女儿起了一个新的名字：短信一代。

拉里 · 罗森博士的女儿是一个典型的教学活动中的手机用户，因为她是一个学生，同时也使用手机。小学、初中、高中和大学里的学生是当下教学活动中手机用户群体里人数最多的成员。但是从另一个角度来说，她又是教学活动中的特殊手机用户，因为她属于短信一代而非网络一代：这意味着她具有一些短信一代才有的独有特征。在上述案例中发生的手机行为可以用下面的模型来表示：

拉里 · 罗森博士的小女儿凯莉 + 手机→更倾于在日常生活中发短信而不是打电话→短信一代人群的典型特征。

退休教师。[①] 2015 年 6 月 16 日，洛威尔高中(Lowell High School)的历史和英语老师米里亚姆 · 莫根施特恩(Miriam Morgenstern)在二十年的职业生涯之后决定退休。她决定退休的一个主要原因，是她不愿意再与手机使用所造成的课堂干扰作"斗争"了。她告诉波士顿当地的日报《波士顿全球》(Boston Global)，在课堂上发短信、发推特和短视频聊天已严重干扰到课堂纪律，使得教学工作变得非常困难。而那些支持技术的人们则说，如果老师们在课堂上表现得更吸引人，他们的学生就不会分心。这一言论令莫根施特恩非常生气。有一天，她请了一位大屠杀幸存者到自己的课堂上，来讲述第二次世界大战的历史。在这期间，她发现一位学生在发推特。她不禁问自己，是否应该提前告知这位大屠杀幸存者，让他表现得"更吸引人"一些。

218 莫根施特恩老师是教学活动中的一位非典型的手机用户。我们不知道她是否拥有，或是否使用私人手机。依据经典的定义，如果莫根施特恩没有手机，那么她就不能算作是手机用户。但是显然，她受到课堂上学生使用手机的严重影响，这也成为她决定退休的原因之一。因此，她与那些高频率使用手机(或者说手机一代)的学生间接却又紧密地联系在一起。课堂中学生使用手机对莫根施特恩老师产生的负面影

---

① www. bostonglobe. com/lifestyle/style/2015/06/15/cellphones-school-teaching-tool-distraction/OzHjXy-L7VVIXV1AEkeYTiJ/story. html.

响,使得她成为了一名“非典型的”手机用户——一位可能没有个人手机,同时强烈反对她的学生上课玩手机的教师。在该案例中涉及的手机行为可以用下面的模型来表示:

洛威尔高中的米里亚姆·莫根施特恩+她学生使用的手机→因为学生在课堂上使用手机而受到严重的干扰,体验到极度的沮丧情绪→于 2015 年终止了长达二十年的教学生涯。

2.2 教育领域中的手机技术:校园手机应用和“去吧,宝可梦!”

校园手机应用。[①] 2014 年 5 月,纽约州立大学奥尔巴尼分校(University at Albany)的希瓦姆·帕里赫和马修·吉利兰(Shivam Parikh 和 Matthew Gilliland)在计算机科学领域获得了理学学士学位。他们两人用本科最后一年的时间,开发了奥尔巴尼分校的第一款官方手机应用,为他们的母校献上了适应信息时代的独特礼物。现在许多的大学都有自己专用的校园手机应用,用以提供诸如购买文具或者出售运动赛事门票之类的服务。其中大多数都由专业的盈利性公司提供。奥尔巴尼分校早就想要开发这样一款校园应用了,但是受限于财政预算而无法实现。当时在学校网络服务部门实习的帕里赫向主管提出了开发校园应用的计划,一方面为了提高自己的应用开发能力,另一方面也为了服务于学校的需求,因为他们更了解其他学生希望从一款校园应用中获得什么服务。从 2014 年 1 月开始,帕里赫和吉利兰两人每周花 219
十五小时开发这款应用,并将它作为自己的毕业项目。他们的项目基于一个叫 PhoneGap 的开源手机应用开发框架。他们同时还调研了二十五款在其他学校机构使用的校园应用。他们开发的校园应用只要奥尔巴尼分校出资 125 美元。从 2014 年 8 月起,这款手机应用便上线以供免费下载,并同时适用于安卓系统和苹果 iOS 系统。帕里赫和吉利兰两人毕业之后将会在阿尔巴尼分校用一年的时间继续攻读计算机科学的研究生学位。未来,我们也许可以看到由这两位优秀学生共同建立的手机应用公司。

上面的故事说明了两个有趣的事实:(1)校园手机应用已成为一种非常特殊的手机应用软件。它走进了许多校园,为成千上万的大学生提供了便利服务。(2)两位本科生借助非常有限的预算,用一个学期的时间,就可以开发出一款非常成功的校园应用,而这在以前是很难想象的。传统上,像微软这样的软件公司需要雇佣成百上千的职业程序员花费几年的时间,才能够开发出一款像 Microsoft Word 这样的商业软件。上述事例中涉及的手机行为可以用两个相关的模型进行描述:

---

① www.chronicle.com/blogs/wiredcampus/for-125-2-students-build-official-app-for-suny-albany/52687.

阿尔巴尼分校的希瓦姆·帕里赫和马修·吉利兰＋**开源的手机应用开发工具 PhoneGap**→每人每周用十五个小时来开发手机应用作为自己的毕业项目→开发出阿尔巴尼分校的第一款校园应用“UAlbany App”。

大学社区的成员＋UAlbany App→使用手机应用→使得校园生活更加便利。

去吧，宝可梦！[①] 2016 年 7 月 13 日，一个 16 岁的小男孩在县法院的草坪上和一个中年人一起捕捉宝可梦。两个缓刑犯监督员认出了这个中年人，他是一名猥亵儿童罪犯，叫做兰迪·崔克(Randy Zuick)，42 岁，在印第安纳州登记有性骚扰前科。其中一个监督员返回法院叫安保人员对崔克进行拘留。该县法院在“去吧，宝可梦！”这个增强现实游戏中是一个叫做“驿站”(Pokéstop)的地方，也就是游戏中的记录点。宝可梦游戏中的“驿站”大都设立在一些现实中具有文化或是历史意义的地点。自从宝可梦游戏上线以来，该县法院经常吸引与这个 16 岁男孩一样热情的玩家前来。崔克于 2015 年被判猥亵儿童罪，他当时猥亵的孩子正由他的女朋友照看。在那之后，
220 他一直处在缓刑察看期内，并且禁止与儿童发生互动。现在，因为新的违法行为，崔克将被拘留在县监狱内，直到法官决定是否要取消他的缓刑察看待遇。

上面的故事传递了两个重要的信息：首先，“去吧，宝可梦！”是增强现实(Augmented Reality)的优秀代表之一。作为一项新兴技术——现实增强技术，或者说增强现实——越来越多地受到人们的追捧。然而，人们对于这一技术究竟是什么、它究竟能如何使我们受益，依然不太清楚。通过该游戏带来的宝可梦热，我们可以了解到，增强现实技术非常有趣，且对普通用户来说非常有用，对于学生而言尤其如此。学生们能在玩宝可梦游戏、前往“驿站”的同时，实地参观和了解大量社区内的文化或历史地标。因此，“去吧，宝可梦！”具有成为教学活动中重要手机技术的潜质。与此同时，像这样的手机游戏可以对学龄儿童产生许多独特的积极影响(例如，促进户外锻炼、在课后活动中有事可做，或是在博物馆实地考察中增加乐趣)。然而，它对儿童也有很多负面影响。就如同上述事例那样，儿童可能会和已经登记有性骚扰前科的人一起玩耍，或者进入一些不安全的地方，遇到贩毒者、精神障碍患者或是潜在的性骚扰者，从而使得这些孩子成为罪犯的目标。因此，宝可梦热也引发了各种新的问题，例如儿童安全问题和游戏成瘾问题等等。从基于技术的手机行为角度来分析，这一案例中的手机用户是 16 岁的男孩和 42 岁的性骚扰罪犯，涉及的手机技术是“去吧，宝可梦！”，涉及的手机活动是在县法院的草坪上一起玩宝可梦游戏，而效应则是该男孩可能会成为这名在册的性骚扰罪犯的潜在受害者。这一手机行为可以用下面的模型来表示：

---

① www.nydailynews.com/news/crime/indiana-sex-offender-arrested-playing-pokemon-teen-article-1.2710477.

16岁的男孩和42岁的性骚扰罪犯+“**去吧，宝可梦！**”→一起玩宝可梦游戏→这个男孩成为了性骚扰犯人的潜在受害者。

2.3 教育领域中的手机活动：短信大奖赛和色情短信

短信大奖赛。[①] 2012年8月8日，17岁的高中生奥斯汀·韦尔施凯姆(Austin Wierschkem)蝉联了第六届全美短信大奖赛(the 6th US LG National Texting Competition)冠军，并获得了五万美元的奖金。就在去年赢得这一比赛冠军之后，奥 221
斯汀立即投身于今年比赛的准备中，平均一天就给朋友发送五百条短信。根据观察，作为全美发短信速度最快的人，奥斯汀大拇指的速度异于常人——当他写短信时，他的大拇指仿佛有自己的生命一般快速运动。预选赛在几个月前就开始了，当时全美约有十万参赛者，其中十一人获得了进入决赛的资格，并在决赛中进行了三轮厮杀，分别在速度(蒙着眼拼写短信中的缩写用语)、准确度(重复屏幕上出现的语句)和灵巧度(从前往后在一堆混乱的词中拼凑出一条短信)上一决高下。由于该比赛的赞助商是LG，因此所有的参赛成员都用了同一款LG手机(LG Optimus Zip)进行比赛，统一使用标准的键盘(QWERTY全键盘)。17岁的阿南·阿瑞滋(Anan Arias)观看了决赛的全过程。作为一个同样热衷于发短信的年轻人，阿南每天要发送一百条短信。她在一次采访中告诉记者：“发短信是这一代人生活的一部分。”就在短信大奖赛进行的同时，LG团队还与卡通电视网(Cartoon Network)合作，为后者开展的反校园暴力运动“Stop Bullying: Speak Up”提供捐款，用以购置反校园暴力工具箱，并送至全美的各所初、高中。自2010年起，LG还连续赞助并举办了多届LG手机世界杯——世界短信大奖赛。16岁的河木敏(Ha Mok-Min)和17岁的裴英浩(Bae Yeong-Ho)赢得了第一届比赛，获得了十万美元的奖金。有超过六百万人注册参与这一比赛。

色情短信。[②] 纽敦(Newtown)是在康涅狄格州西南部的一个旅游小镇，距纽约市60英里。2012年，在纽敦发生了一起公共枪击事件。20岁的亚当·兰扎(Adam Lanza)在桑迪胡克小学(Sandy Hook Elementry School)枪杀了自己的母亲和其他26人之后，自杀身亡。四年之后，这个小镇再次成为了全国的焦点。2016年1月25日，纽敦高中的三名学生因被指控参与了使用短信传播其他学生的色情图片和视频，而被逮捕。2015年5月起，这几位学生通过手机应用(诸如Snapchat、Facetime、iMessage、KiK等)传播色情图片和视频。这些色情内容很快就在这所拥有1 800人

---

① http://usatoday30.usatoday.com/tech/news/story/2012-08-08/texting-championship/56867966/1.

② www.cnn.com/2016/01/27/us/connecticut-high-school-sexting-ring/.

的高中内流传开来。以上指控在六个月的调查之后被提请诉讼。在这六个月的调查中，警方对学生和家长进行了几十次审讯，执行了一系列的搜查和没收令。在美国，共有 20 个州(包括康涅狄格州在内)设立了与色情短信相关的法律，而其他 30 个州
222 则没有。但即使有了相关法律，美国的司法系统依然跟不上日新月异的青少年生活和技术发展，而这些技术中就包括色情短信。

以上两个日常生活中的故事，反映了同一种手机活动——发短信可能造成的两种截然不同的结果。第一个故事说明了手机短信在短信一代年轻人中的流行程度，并且反映了其中有一些年轻人具有高超的短信编辑技巧，尤其是在速度和准确度方面，而这种技巧甚至可以赢得全国性甚至世界性的比赛。对于教育者而言，也许可以利用短信的流行度以及短信比赛来设计更多特别的教学项目，以促进学生认知能力(例如，提高拼写或是语言技能)和社会交往能力(例如，向反校园暴力组织获取帮助)的发展。第二个故事说明，目前，色情短信(在短信中夹杂色情图片或视频)在青少年群体中十分常见，并会给学生受害者和施害者带来严重的负面后果。因此，我们需要采取更有效的预防和干预措施以应对校园中的色情短信问题。

从分析基于活动的手机行为的角度，上述两个案例涉及的手机行为可以用下面的模型表达：

威斯康星高中的奥斯汀·韦尔施凯姆＋装配传统全键盘的 LG Optimus Zip 手机→**每天发送五百条短信来准备短信比赛**→凭借全美最快的发短信速度蝉联第六届全美短信大赛冠军，获得了五万美元的奖金。

三个纽敦高中的学生＋手机短信应用(Snapchat, Facetime, iMessage, KiK)→**在学校里传播其他学生为对象的色情图片和视频**→因为收发色情短信而被捕。

2.4 教育领域中的手机效应：学习辅助设备和学生诉讼案

学习辅助设备。[1] 2013 年 3 月 25 日，纽约州立大学石溪分校(Stony Brook University)的一家办刊五十多年的学生报刊——《政治家》的撰稿人吉塞尔·巴克
223 利(Giselle Barkley)撰写了一篇新闻稿，描述了学生们在课堂上的全新记笔记方式：用快照记笔记。这种记笔记的方式在自然科学(像是生物学或者化学课)和社会科学的课堂上都很流行。例如，有些学生会把幻灯片上的结构图或者课堂习题拍下来方便以后再看；有些学生可能会把幻灯片上的内容拍下来，因为它们和黑板上的内容有所不同；有些学生可能因为讲课速度太快而拍照——把幻灯片拍下来让学生有更多的时间把老师讲课的内容记下来，而课件则都以照片的方式保存了起来；而对于另一

① www.sbstatesman.com/2013/03/25/students-use-new-methods-of-taking-notes-in-the-classroom/.

些学生来说，用拍照的方式记笔记可以更清晰地保存课件的内容，哪怕是坐在教室最后一排。简单来说，虽然传统的纸和笔不会彻底地被人们抛弃，但是现在的学生越来越多地用各种技术手段来完成学习任务。

学生诉讼案件。[①] 2007 年 5 月 22 日，社区法官玛莎·佩奇曼(Marsha Pechman)驳回了一个学生的诉讼请求。该学生要求终止对自己长达 40 天的停学处分，因为这一处罚违反了第一修正案权利(即自由的权利)。法官维持了对该学生的停学处分，因为这位学生参与制作了侮辱一位老师的视频并上传到了油管。

这一案件主要有两方当事人：一方是格雷戈里·雷夸(Gregory Requa)，西雅图肯特里奇高中(Kentridge High School)的一名高中生；另一方是乔伊斯·蒙(Joyce Mong)，雷夸的英语老师。2007 年春，一段名称为“怪兽蒙”(Mongzilla)的视频出现在网上，批评乔伊斯·蒙的个人卫生和肮脏的教室。这段视频是通过一个隐藏的摄像头在英语课上拍摄的。雷夸否认参与制作该视频，但是承认确实在网上发了该视频的链接，并在当地电视台报道该视频之后将链接删除了。在一些学生报告雷夸参与编辑、发布该视频之后，学校官方给与了雷夸停学处分。但是雷夸和他的律师认为，雷夸是否参与制作视频与案件无关，并称因批评老师而对学生进行停学处罚是违反第一修正案的。学校官方回应说停学处分并不是针对该学生批评老师的行为，而是针对他摄制视频扰乱了课堂纪律的行为。在法庭辩论之后，玛莎·佩奇曼法官裁定：(1)一个学生拍摄了另一个学生站在老师背后，或拍摄老师弯腰时露出的臀部，这些行为对学校工作和纪律构成了严重干扰；(2)虽然学生批评老师的教学表现和能 224
力是一项合法且非常重要的权利，但是阻止在课堂上出现不当行为同样符合公众利益；(3)宪法第一修正案不适用于严重干扰课堂纪律的行为；(4)学生干扰课堂纪律的行为不被允许，同时虽然所拍摄的老师并不知情，或拍摄行为未经允许，公开拍摄的视频仍可以作为法庭证据。

上述两个在日常教学活动中发生的事例，展现了教学活动中手机行为的复杂性，同时也反映了手机技术对教学活动产生的复杂影响。首先，这两个事例都涉及了一项手机技术——手机摄像头。然而，第一个事例展现了手机摄像头带来的积极效应——以全新的方式实现记笔记这一传统的学习行为。这一行为无论是在正式的会议讲话还是在非正式的专业研习会上都非常常见。第二个事例则展现了学生使用摄像头的复杂性，甚至涉及严肃的法律问题，包括教师的隐私、学生的自由权利、学校使用这些摄像视频进行教学纪律管理或是教学促进的权利，以及公众监督课堂中教师行为的权利。许多教育者、家长和学生都未必了解这些问题。

---

① www.firstamendmentcenter.org/federal-judge-upholds-student%E2%80%99s-suspension-forvideo.

从分析基于效应的手机行为的角度来看，上述两个事例中涉及的手机行为可以用下面两个模型来表述：

纽约州立大学石溪分校的学生+手机摄像头→用照片记笔记→**多方面地帮助学生学习**。

西雅图肯特里奇高中的学生格雷戈里·雷夸+手机摄像头→拍摄、编辑并发布关于他的英语老师乔伊斯·蒙的教学视频→**雷夸因严重干扰课堂纪律而被停学**。

总结上面提到的八个事例，我们可以发现教育领域中的手机行为非常复杂，尤其是相较于汤姆简单的即兴回答。教育领域中的手机用户包括了上文提到的中文教授、短信一代的青少年，以及一位退休的教师；教育领域中的手机技术涉及到智能手机、特殊的手机应用，以及以增强现实为基础的热门手机游戏；教育领域中的手机活动包括授课和学习，以及短信大奖赛和校园内的色情短信；教育领域中的手机效应不仅包含了对教学和识记有益的积极效应，也包含了在课堂里使用手机摄像头而产生的对个人隐私不利的负面效应。然而，上面这些事例还只是真实生活的冰山一角：
225 教育领域中还有许多更为复杂的手机行为。我们会面临无止境的问题，如上瘾、欺凌、政策、残疾学生、天才教育、校园枪械、课堂秩序扰乱，甚至第一修正案权利。不过，接下来我们需要检视一下目前关于教育领域中手机行为的科学研究。

3. 实证研究：从短信一代到干扰学习

3.1 教育领域中的手机用户：挪威青少年

我们下面要讨论的第一篇文献是《短信行为的社会人口学研究：对通信数据的分析》，①一项针对挪威民众手机数据的字符串计算研究。这篇文献在谷歌学术上被引用了59次。其作者是里奇·林(Rich Ling，一位在移动通信领域的先驱研究者)等人。这篇文献于2011年发表在《新媒体与社会》期刊上。

在该研究中，作者通过挪威国内的电信公司Telenor获取并分析了2007年第四季度的3.94亿万条匿名短信记录。这些匿名通讯记录账户中包含两个人口学变量可以供分析：手机用户的年龄和性别。因变量则是这些手机用户的通信流量(例如，900兆/月)。该研究的主要发现包括：(1)在10岁到90岁的各个年龄人群中，大部分的短信通讯都发生在相似的年龄人群之间，尤其是在相同年龄的青少年人群中——他们的短信通讯量是社会平均数量的60倍；(2)从性别的角度来看(考察男性

① Ling, R., Bertel, T. F., and Sundsøy, P. R. (2012). "The socio-demographics of texting: An analysis of traffic data," *New Media & Society*, *14*(2): 281-298.

和男性、男性和女性以及女性和女性之间发短信的情况)，主要的短信流量发生在女性和女性之间。(3)每个人50％的短信流量都发生在大约五个不同的对象之间。换句话说，大多数用户都只和几个关系密切的对象有大量的短信通讯。

上面的大数据研究，对于我们理解“短信一代”这一教育领域中独特的手机用户 226
群体，有着特殊的意义。首先，与许多依赖于主观报告的调查研究不同，这一研究使用了大量的手机数据，分析的是客观的手机使用模式。它证实了学龄青少年是短信的主要用户，也就是说“短信一代”确实存在。其次，与大多数只关注一个年龄群体的研究不同，该研究分析了2007年挪威几乎所有年龄的人群，从10岁到90岁，并进行了组间比较。因此，研究得出的“与其他年龄人群相比，短信通讯量在青少年人群中达到峰值”这一结论更令人信服。从基于用户的手机行为角度来分析，该研究中的手机用户主要是挪威青少年，涉及的手机技术主要是短信技术，有关的手机活动是发短信给相同年龄和性别的对象，产生的效应是“短信一代”的诞生。这一切可以用一个模型来表示：

2007年的挪威青少年＋手机短信技术→在相同年龄和性别人群间发生丰富多样的短信活动→短信一代就此诞生。

3.2 教育领域中的手机技术：二维码

接下来我们要讨论的文献题目是“将手机多媒体材料融入教材：二维码”。[①] 首先，我们需要知道条形码是一种编码和呈现数据的方式。相比较键盘输入，条形码可以被特定的光学设备更准确地读取。一维的条形码(或者叫线性条形码)在19世纪70年代被发明使用，并由专门的光学扫描器读取。2000年之后，二维的条形码(也就是二维码)被广泛使用，它能够在单位面积内更高效地呈现数据，并可以被任何一款智能手机的摄像头扫码读取。在这一研究中，学生通过使用智能手机扫描教科书上的二维码，在手机屏幕上自主地进入教材网观看相关的多媒体材料。这篇文章写得很不错，于2012年发表在《计算机与教育》期刊上。作者是土耳其加齐大学(Gazi University)计算机教育和教育技术系的两位学者，雪拉比·乌卢约尔和卡根·阿克查(Celebi Uluyol和R. Kagan Agca)。乌卢约尔是教育技术的博士，在教育技术领域发表了近十篇文献，而这是他发表的第一篇与手机相关的文献。他是一位初级研究者，不过发表了许多很好的工作。

---

① Uluyol, C. and Agca, R. K. (2012). “Integrating mobile multimedia into textbooks: 2D barcodes”, *Computers & Education*, *59*(4): 1193－1198.

在这项实验研究中，有 188 名教育技术专业的本科生参与了实验。研究者关心的两个因变量是学生们能在多大程度上维持和迁移他们对一个特定的计算机科学概念——七层网络模型的理解。唯一的自变量是四种实验条件：只有文本(学生通过阅读文本对概念进行学习)、文本加图片(学生通过阅读文本和图片来进行学习)、有旁白的在线动画(学生观看在线的有旁白的动画进行学习)和文本加手机(学生通过阅读文本，同时扫描文本中的二维码，在手机上观看相关材料进行学习)。实验的流程包括实验前已有知识的测验(由五点评分量表测量)，四种实验条件下的学习(用二十分钟时间学习教学材料)，然后是一个知识维持测验(由五个开放性问题测量)和一个知识迁移测验(由三个开放性问题测量)。主要的研究结果包括：(1)知识维持的成绩在四种条件下从低到高，分别是：只有文本组、文本加图片组、在线动画组、文本加手机组；(2)知识迁移的成绩从低到高，同样是：只有文本组、文本加图片组、在线动画组、文本加手机组。因此研究结论是，利用文本教材，加上二维码(用智能手机扫描二维码可以获取补充材料)可以提高学习的效率。

从手机行为的角度，我们能够从这一实验研究中了解到什么呢？我们可以用四因素模型来进行分析。首先，这项研究中的手机用户是 188 名土耳其技术专业的普通本科生，他们对技术具有相对较深的理解。未来可以进一步将研究对象拓展到其他普通学生(例如，其他专业的本科生、中学生或是不同文化背景的学生)，天才学生，以及有残疾的学生等群体中。第二，涉及的手机技术是教材文本中广泛使用的二维码和手机摄像头(本研究中没有报告使用的手机和摄像头的技术参数)。这些技术都很普遍，但是我们可以看到，这些普遍的技术能够被富有创造性地用来促进学习复杂的计算机科学概念。第三，相关的手机活动主要是在线阅读和学习关于网络模型的教学材料。未来可以进一步探讨其他真实课堂中会发生的手机学习活动，例如实地考察、团队合作，或是课后项目。第四，涉及的手机效应主要是，实验中发现使用手机对知识维持和迁移能够产生积极效应。在未来，其他的生理效应(例如，手机的小屏
228 幕和触屏体验产生的效应)、情绪效应(例如，动机和兴趣的效应)，以及社会效应(例如，知识分享和同学支持)也应当被探讨。下面的这个模型描述了本研究中报告的教育领域中的手机行为：

188 名土耳其本科生 + **二维码和手机摄像头**→学习计算机科学的一个概念→认知学习的效率提升。

3.3 教育领域中的手机活动：生物课

我们接下来要讨论的文献是《自然科学课程中，互动概念地图支持的移动学习活

动》，[1]该研究探讨了移动学习实验如何帮助小学生学习生物学知识。其中，概念地图是一种对不同概念间关系的图式呈现方式。文献的作者是来自中国台湾三所大学的学者黄国桢、吴伯翰和何惠茹(Gwo-Jen Hwang、Po-Han Wu 和 Hui-Ru Ke)。这项研究于 2012 年发表在《计算机与教育》期刊上。

在研究中，实验者采用了真实验设计的范式，探讨利用计算机化的概念地图进行移动学习活动的学习成果究竟如何，其对学习态度又会产生哪些影响。这项研究在当地的一个蝴蝶生态园内进行。30 名台湾地区小学生被随机分配到一个实验组和一个控制组当中。整个学习过程都发生在蝴蝶生态园内，该园区有本地无线通讯网络。在这个位置可以被感知的移动学习环境中，每一个目标生态区域都有一个基于射频识别技术(Radio-Frequency Identification, RFID)的射频识别标签，学生们可以通过一个装有 RFID 识别器的掌上电脑来帮助他们找到目标生态区域。要注意的是：(1)RFID 是一种追踪系统，可以利用 RFID 识别器识别目标的智能二维码(标签)从而追踪其位置；(2)个人数字助手(Personal Digital Assistant, PDA)，也叫掌上电脑，是一种个体进行信息管理的移动设备，与手机有许多相似的功能；(3)本地无线通讯网络在这个园区内起着无线网络的作用。

实验的流程包括以下步骤：(1)学生先学习关于蝴蝶生态学的基本知识；(2)完
成关于蝴蝶生态学知识的前测和针对蝴蝶生态学态度的调查问卷；(3)观察大白斑蝶 229
生长的四个阶段(卵、幼虫、蛹、成虫)，并形成自己的概念地图。实验组通过移动学习系统获得即时的帮助，而控制组则没有这样的即时帮助；(4)完成对蝴蝶生态学知识的后测，并再次完成针对蝴蝶生态学态度的调查问卷。结果发现：(1)实验组的学生在认知地图上获得的成绩显著高于控制组；(2)相比较控制组，实验组显著地改善了对蝴蝶生态学的态度；(3)实验组对移动学习系统给予了很高的评价。

如果我们把掌上电脑看作是广泛意义上的“手机”，或者是与手机相类似的移动设备，我们就可以用四因素模型来分析这一研究。第一，两个组别的移动设备用户都是 30 名小学生。其次，在本研究中使用的移动技术包括：(1)给两个组别同时配备的无线通讯网络、掌上电脑、RFID 标签和读取器；(2)实验组使用的移动学习系统。第二，在本研究中学生们参与的移动活动包括：两组都参与的有指导的自然观察和只有实验组参与的移动学习活动。第三，本研究中的移动效应是，移动学习对学生形成概念地图有积极影响，同时对他们关于自然科学的态度也有积极影响。简单来说，该研究中教育领域中的移动设备行为可以用下面的模型表示：

---

① Hwang, G.-J., Wu, P.-H., and Ke, H.-R. (2011). “An interactive concept map approach to supporting mobile learning activities for natural science courses”, *Computers & Education*, *57*(4): 2272 - 2280.

30 名小学生 + 本地网络/掌上电脑/RFID 标签/移动学习系统→**观察蝴蝶并形成概念地图**→对相关知识和态度的正性学习结果。

3.4 教育领域中的手机效应：学习干扰效应

下一篇我们要讨论的文献题目是“别想取得好成绩：学业表现与多任务处理”。[①] 这是一篇非常经典的早期文献，在谷歌学术上显示被引用高达 322 次。作者是洛克黑文大学（Lock Haven University）的雷诺·将柯（Reynol Junco）和阿拉巴马大学（University of Alabama）的希莉亚·科顿（Shelia Cotton）。文献于 2012 年发表在《计算机与教育》上，这一期刊已经刊登了许多移动学习领域的重要研究。

230 在这项研究中，1 774 名美国大学生完成了一份网上的调查问卷。这份调查问卷由作者设计，是与多任务处理相关的量表。主要的自变量包括：信息/通讯技术的使用、多任务处理发生的频率、上网技能、高中学业成绩和家庭教育。因变量则是学生的平均学业成绩。研究使用了层级回归来分析数据。主要发现包括：（1）学生报告在处理多任务时（例如，一边学习，一边做其他事情），发短信、浏览脸书（Facebook）和发邮件作为“其他事情”的频率最大，而即时通讯的频率则比较小；（2）在控制了高中的学业成绩、上课的准备时间和人口学变量之后，学生的大学学业成绩与学习期间同时浏览脸书或发短信的频率存在显著负相关，但是与同时发邮件、上网搜索和聊天的频率则没有显著关系。研究的结论是，在处理多任务而影响学业的过程中，学生所使用的信息/通讯技术类型，以及使用这些技术所要达到的目的都会产生影响。

我们可以用四因素模型来分析这一研究中的手机行为。首先，该研究中的手机用户是 1 774 名频繁使用信息/通讯技术的美国本科生（他们每天平均收发 97 条短信）。第二，这一研究中使用的手机技术包括脸书、短信、邮件和搜索技术。第三，研究中关心的手机活动是以多任务处理的方式，在学习的同时浏览脸书、发短信、发邮件、上网搜索资料，或是打电话。第四，这里主要的手机效应是在多任务处理时，浏览脸书和发短信的频率与大学学业成绩存在负相关。但是发邮件、搜索信息和聊天的频率则与学业成绩关系不密切。下面的模型可以总结上述的手机行为：

1 774 名美国本科生 + 手机→同时进行多重任务，一边学习一边浏览脸书、发短信、发邮件、上网搜索信息、打电话聊天→**分心去浏览脸书或者发短信会使得大学的**

① Junco, R. and Cotten, S. R. (2012). “No A 4 U: The relationship between multitasking and academic performance”, *Computers & Education*, *59*(2): 505 - 514.

学业成绩下降。

4. 知识整合：从残障学习者到分心效应

4.1 概述：一个相对较小的研究领域

探讨了上述的具体事例和实证研究之后，我们将从一个更广阔的视角来看待教育领域中的手机行为。我们首先回顾一下已有的大量文献、核心期刊和主要的热门 231 话题，再详细讨论四篇综述性的文章。

为了了解目前与教育中的手机行为有关的文献数量，我们可以做一个初步的文献检索。PsycINFO 和 ERIC 被选为与教育有关的两个主要数据库。接下来，我们用"个人手机"、"移动设备"作为关键词，然后用"教育"、"授课"、"学习"、"学业指导"等关键词进一步检索文献。第三步，结合以上的关键词，我们检索到了超过 400 篇期刊文献。最后，我们检索了其中的综述性文章，共找到 6 篇公开发表的综述性文章。与已有的医疗和商业领域中的手机行为有关的文献数量相比，教育领域中手机行为的相关文献数量比较少。

该领域中主要的杂志期刊包括：(1)《计算机与教育》(*Computers & Education*)刊登了这一领域中主要的和最好的研究；(2)《计算机与人类行为》(*Computers in Human Behavior*)刊登了该领域围绕一系列不同话题的文章；(3)《国际移动和混合学习期刊》(*the International Journal of Mobile and Blended Learning*)刊登了电子学习和移动学习相关研究；(4)《计算机教育研究期刊》(*the Journal of Computing Education Research*)近几年来开始刊登该领域的相关研究；(5)《辅助教育期刊》(*the Journal of Assistive Education*)出版了与残障人士学习有关的文献；(6)《英国教育技术期刊》(*the British Journal of Educational Technology*)发表了许多与技术相关的文献；(7)《大洋洲教育技术期刊》(*the Australasian Journal of Educational Technology*)发表了几篇该领域非常有价值的文献；(8)《IEEE 学报》刊登了一些新近出现的与教育有关的手机技术。

与教育领域中手机行为有关的话题非常广泛。《手机行为百科全书》中有一个专门的部分，其中的 40 多章内容都是探讨教育领域中的手机行为。如表 8.1 所示，许多主题涉及教育领域中的手机用户、手机技术、手机活动和手机效应。其中，大约有 20 章的内容主要在讨论教育领域中的手机活动，例如学习、游戏、短信、评估和欺凌等。

表 8.1 《手机行为百科全书》中关于教育领域中手机行为的章节

因素	章节题目
用户	儿童、风险与移动网络
用户	探索移动设备使用对教师教学工作的支持
用户	听力障碍青少年的短信活动
用户	Y 一代与印度的手机市场营销
用户	手机与日本青少年
用户	中学生手机使用
用户	手机：一种重新定位的残障人士辅助技术
用户	辅助孤独症谱系患者的手机技术使用
用户	视力受损个体的手机使用
技术	短信通讯技术的潜在教育意义
技术	手机游戏
技术	手机和图书馆/信息中心
技术	短信：使用、滥用及其效应
技术	教育中的数字手机游戏
活动	青少年短信行为
活动	青少年色情短信行为：色情表达与移动技术
活动	大学课堂中的智能手机使用
活动	在学生评估工作中利用手机技术
活动	微学习和移动学习
活动	手机游戏与学习
活动	移动学习
活动	移动文化：在移动时代中的学习
活动	手机多重任务处理与学习
活动	手机使用与儿童的识字学习
活动	自我监督的学习视角下的移动无缝学习
活动	移动技术辅助的学习
活动	移动平台上的科学学习游戏
活动	基础教育中的手机使用
活动	使用手机进行教学评估
活动	性、网络欺凌与手机
活动	儿童的短信使用与语言技能
效应	手机礼仪
效应	使用手机预防儿童虐待
效应	手机对青少年社会化和自我解放的影响
效应	日以继夜的通讯联系：手机与青少年亲密体验
效应	移动医疗与全球母婴及儿童医疗卫生项目
效应	手机成瘾
效应	大学课堂中的手机行为：对学生学习的效应和对学生、老师的意义

续表

因素	章节题目
效应	移动技术与网络欺凌
效应	移动技术与社会同一性
效应	无手机焦虑症
效应	学生对学生的伤害：网络欺凌作为一种手机行为

4.2 教育领域中的手机用户：有特殊需求的学习者

第一篇我们要讨论的综述性文章是《移动设备作为辅助学习技术：对辅助技术的综述》。[①] 作者是英国波尔顿大学(University of Bolton)的洛纳·麦克奈特(Lorna McKnight)。她已经发表了许多论文，主题大多涉及针对儿童的手机设计和辅助学习技术设计。这篇文章于2014年发表在《国际移动人机互动期刊》，这一年轻的期刊由IGI全球出版社[②]于2009年创办。

这一综述包括了三个主要章节：背景回顾、利用移动设备作为辅助学习的技术，以及移动技术的缺陷。综述中的主要内容有：(1)作者通过数据库检索、参考文献追踪、会议记录检索、专家咨询等方式，一共找了超过一百篇文献和会议摘要。目的是探讨移动技术是否适合作为辅助技术，用来帮助在不同阶段的教学活动中存在困难的学生。(2)这篇综述讨论了三个重要的概念：辅助技术(广泛意义上任何能够在生活各个方面帮助到残障人士的技术)、辅助学习技术(主要指能够帮助有特殊需求的学习者的技术)和基于手机的辅助学习技术(狭义地指手机或者其他能够帮助有特殊需求的学习者的移动技术)。(3)有特殊需要的学习者至少可以在六个方面从手机技术中获益：大量的手机应用(例如，语音转化为文本、文本转化为语音、头脑地图、语音备忘录)、便携特征(例如，孤独症青少年可以一直携带手机，并在感到过分焦虑时通过"紧急按钮"来呼叫社区帮助)、移动传感器(例如，脸部识别器可以帮助孤独症学生识别周围人的情绪)、触摸屏幕(例如，鼓励多个孤独症学生通过触屏来合作学习)、教室学习工具(例如，同时在手机和教室屏幕上呈现学习活动，从而帮助学生协调他们的活动)、常规的手机(例如，对于有视力损伤的学生而言，使用主流手机不会给他们造成经济负担，也便于他们社交)。(4)一些缺陷还是存在的。例如，手机上的辅助工具(像Dragon Dictate、Google Voice Typing、Apple Siri等语音识别的手机应用软

① McKnight, L. (2014). "The case for mobile devices as assistive learning technologies: A literature review", *International Journal of Mobile Human Computer Interaction*, 6(3): 1－15.

② IGI全球出版社(IGI Global)成立于1988年，总部位于美国宾夕法尼亚州的Hershey，是一家国际学术出版商。——译者注

件)需要消耗更多的电量;有阅读障碍的学生需要更多个性化的短信格式功能;大脑麻痹的学生不能很好地控制一个手指来触控手机上的小型菜单;视觉受到损伤的学生需要屏幕阅读功能而非触屏功能等等。

从手机用户的角度来看,这篇综述表明各类残障学生是教育领域中手机用户的
234 一个特殊群体;手机可以为上述学生提供许多生理、认知和社会层面的辅助;利用手机来满足特殊学生的各种需求依然是一个巨大的挑战。

4.3 教育领域中的手机技术:平板电脑

我们要讨论的下一篇综述文献是《校园里的平板电脑:影响学习成绩的相关证据的综述》。[①] 这是一篇有关校园学习效应和平板电脑对其产生的影响的系统性综述。在这篇综述中,平板电脑(例如,iPad)被认为是一种移动技术。三位作者都是剑桥大学的教职工:伯约恩·哈布勒(Bjoern Habler)是联邦教育中心的研究员,已发表多篇论文讨论教育中的平板电脑使用;路易斯·梅耶(Louis Major)是研究助理,主要研究教育中信息技术的使用;莎拉·亨尼西(Sara Hennessy)是教师发展和教育创新的讲师(相当于美国的教授),她在教育中的信息技术使用领域做了大量工作。这篇综述于 2016 年发表在《计算机辅助学习期刊》上,这一杂志由威立出版公司在 1985 年创建,是一个非常有影响力的专业期刊,在 2015 年其影响因子是 1.679。

在这篇综述中,作者通过手动搜索和自动搜索的方式收录了 23 篇高质量的研究。主要发现包括:(1)16 项研究发现了积极的学习效应:平板电脑的使用促进了自然科学、社会科学和数学的学习;5 项研究在文学、阅读、数学和自然科学的学习中没有发现平板电脑产生任何效应;还有 2 项研究发现使用平板电脑对阅读理解和合作性创造与写作具有消极的学习效应;(2)对学习效应产生影响的因素包括设备接受性(高的可用性、较好的互动性、能够便捷地进行个性化设置、有比较好的触屏设备、便携性)、有效的教育适配性、优质的内容和良好的教学设计、学习互动性等。

这篇综述截至 2016 年 8 月在谷歌学术上显示共被引 5 次,因此还不能算是一篇被广泛引用的综述文献。一篇好的综述正常情况下应当被广泛地引用,但是目前就此评价该文献还为时过早。毕竟它刚于 2015 年发表,几个月后才被印刷出版在
235 2016 年该期刊的第二期上。然而,从基于技术的手机行为角度来看,这篇文献对于我们来说有特别的意义:首先,这篇综述中涉及的移动设备使用者是小学或中学生,而不是大学生;其次,这篇综述关注的是平板电脑这一在学校尤其受到欢迎的移动技

---

① Haßler, B., Major, L., and Hennessy, S. (2016). "Tablet use in schools: A critical review of the evidence for learning outcomes", *Journal of Computer Assisted Learning*, *32*(2): 139 - 156.

术，相比而言手机在学校的使用则备受争议。综述深入地探讨了平板电脑的设备接受性问题，包括功能一体化、个性化、触屏的使用，以及便携性等。第三，文献中分析了移动学习活动中的教育因素，包括教学适配性、内容和教学设计、学习互动等。第四，文献中关于学习效应的综述是令人信服的：(a)首先，它明确地把与动机有关的研究排除在外，更关注与认知成绩相关的研究。当然，根据现代学习理论，动机性成绩(或者情绪性成绩)和社会性成绩(例如，在合作学习中的学习成绩)是学习成绩研究中不可或缺的成分，因此应当被包含在对学习成绩的综合分析中。(b)该综述对以往相关研究的质量、方法严格性和内容相关性进行了评估。这一严格且可审查的方式提高了综述的整体质量，因为低质量的研究会使知识综合的过程出现偏颇，因此不应该被收录在综述之中。(c)文献呈现了一个综合性的结论，说明了平板电脑对认知性和社会性成绩的混合影响。

4.4 教育领域中的手机活动：移动学习潮流

总的来说，已发表的质性分析研究综述能够很好地反映某一领域的研究成果，而已发表的元分析和定量分析的综述则可以很好地反映某一领域实证研究的成果。幸运的是，教育中手机行为这一领域已经有许多公开发表的元分析研究。[①] 其中之一是《移动学习研究的导向：元分析》。[②] 该文章在谷歌学术上显示被引 268 次。作者 236
是台湾大学信息管理领域的吴文雄等人(Wen-Hsiung Wu、Yen-Chun Jim Wu、Chun-Yu Chen、Hao-Yun Kao、Che-Hung Lin 和 Sih-Han Huang)。这一研究于 2012 年发表在《计算机与教育》上。

在这篇综述中，作者在已发表的两篇综述基础上(一篇综述了 154 篇 2003 年到 2008 年的文献；另一篇综述了 154 篇 2001 年到 2010 年的文献)，搜索了超过 10 个教育相关的数据库和 7 种核心期刊，共收录了 164 篇 2000 年到 2010 年间已发表的与移动学习有关的文献：主要的发现有：(1)被收录的文献主要关注四个话题：评估移动学习项目的有效性(58%)，呈现了新的移动学习设计(32%)，探讨了情绪的影响(5%)，并评估了学习者的特点(5%)。(2)在这一领域中，经常使用的研究方法有五种：调查、实验、描述、观察和个案研究。(3)142 篇文章(87%)报告了积极的学习成果，16 篇(9%)没有发现效应，6 篇(4%)报告了中性的成果，只有 1 篇(0.6%)报告

---

① Alrasheedi, M. and Capretz, L. F. (2013, August). "A meta-analysis of critical success factors affecting mobile learning," in *IEEE International Conference on Teaching, Assessment and Learning for Engineering: TALE 2013*, pp. 262 - 267.

② Wu, W.-H., Wu, Y.-C. J., Chen, C.-Y. et al. (2012). "Review of trends from mobile learning studies: A meta-analysis", *Computers & Education*, *59*(2): 817 - 827.

了消极成果。(4)在已有文献中,研究的移动设备包括手机(69篇)、掌上电脑(64篇),以及iPod(7篇)。

这篇文献的题目显示它是元分析。这显然是一个误用,因为文中并没有估计效应量的大小。尽管存在这一错误,我们仍然能够从这篇文献综述中,了解到教育领域中基于活动的手机行为研究的几个重要趋势。首先,综述的文献中主要的手机用户是大学生(52%),其他人群则包括小学生(12%)、中学生(8%)和有残疾的学生(0.56%)。移动学习活动的学习内容可能涉及语言(30篇)、计算机科学(23篇)、环境研究(18篇)和医疗卫生(18篇)。其次,手机和掌上电脑作为移动技术被研究的最多;第三,主要涉及的手机活动包括效率评估和在学习中适配的新移动学习系统;第四,大多数研究都发现了积极的学习成果。

4.5 教育领域中的手机效应:手机多任务处理

我们要讨论的最后一篇文献综述是"手机多任务处理是否会影响学习?"。[①] 第一作者陈全(音)(Quan Chen)是我在奥尔巴尼分校的博士研究生。她在手机多任务处理领域发表了多篇文章。这篇文章于2016年发表在《计算机与人类行为》。

在这一综述中,陈全和我共收录了104篇专门研究学习过程中手机使用效应的实证研究。作为已有的两篇文献综述的延伸,[②]在整合了手机多任务处理所造成的分心干扰效应之后,本文主要关注三个更为具体的问题:干扰的源头(干扰从何而来?)、干扰的目标(干扰影响了哪些活动?)和干扰的对象(怎样的人更容易被干扰分心?)。该综述表明:(1)干扰的源头包括手机铃声、收发短信和其他各种信息和通讯技术(例如,使用脸书);(2)干扰目标主要包括阅读和注意的各个层面(例如,阅读的速度、阅读理解等);(3)干扰对象则具备了不同的人格、性别、文化或动机的个体。为了解释为何手机多任务处理会妨碍学习,该综述还讨论了四种理论:多任务学习理论、连续性部分注意理论、多任务连续体理论以及注意瞬脱理论。

这篇综述可以帮助我们更好地理解移动学习过程中的多任务分心效应。首先,分心效应的强弱与不同种类的手机用户有关(例如,人格特质就起了重要的作用)。其次,分心效应的强弱与不同种类的手机技术也有关系(例如,发短信和打电话所产生的多任务分心效应就有差异)。第三,分心效应与不同种类的手机活动有关(例如,

---

① Chen, Q. and Yan, Z. (2016). "Does multitasking with mobile phones affect learning? A review", *Computers in Human Behavior*, 54: 34 - 42.

② Levine, L. E., Waite, B. M., and Bowman, L. L. (2012). "Mobile media use, multitasking and distractibility", International Journal of Cyber Behavior, Psychology and Learning, 2(3): 15 - 29; and Carrillo, R. and Subrahmanyam, K. (2015). "Mobile phone multitasking and learning," in Z. Yan (ed.), *Encyclopedia of Mobile Phone Behavior*. Hershey, PA: IGI Global, pp. 82 - 92.

在阅读或注意集中时所产生的效应不同)。最后,分心效应能够产生不同类型的手机效应(例如,消极效应和积极效应同时存在)。

5. 比较研究:媒体多任务处理与青少年

在前面的小节中,我们讨论了手机使用对学习产生干扰效应的一项实证研究,和同一主题的一篇文献综述。我们不仅了解了手机使用对学习产生干扰的实验证据(近 2 000 名本科生学业成绩 GPA[①] 下降)和综合性证据(104 篇其他实证研究的综述),还了解了这一问题的复杂性(例如,不同的来源、目标和用户会有不同的干扰效 238
应)。这种干扰效应是特别针对手机吗?其他的技术对学习会不会也产生干扰效应?我们现在来看一项对比研究《媒体多任务处理对青少年产生的影响:文献综述》。[②] 这篇综述比较了不同的媒体对青少年用户进行多任务处理所产生的影响。截至 2016 年 7 月,谷歌学术上显示该文章被引用了 5 次,而在 web of science 上则显示被引用了 2 次。不过这主要是受到了它的发表时间(2016 年 12 月)影响,与它的质量无关。实际上,这篇文献综述写得很好,未来一定也会被广泛引用。文章的作者是荷兰阿姆斯特丹大学的研究者们(Winneke van der Schuur、Susanne Baumgartner、Sindy Sumter、Patti Valkenburg)。最后这位作者,帕蒂·瓦尔肯贝格(Patti Valkenburg),是国际上在通讯领域享有盛名的专家,发表了许多高质量的文章。这篇综述发表在《计算机与人类行为》上。

这篇综述主要有三个部分,从三个方面回顾了与"媒体多任务处理对青少年的影响"这一主题有关的文献。这三个方面分别是:认知控制、学业表现和社会情绪功能。主要的结论包括:(1)媒体多任务处理主要指同时进行多种媒体的任务处理,或者是在学习时进行媒体多任务处理。这篇文章主要关心的媒体包括电视、手机、社区网站、脸书、短信、笔记本电脑、即时通讯等。(2)从 2014 年开始,一共有 56 篇与媒体多任务处理有关的实证研究被公开发表。为了综合这些文献,这篇综述主要关注了媒体多任务处理对青少年产生的复杂影响。(3)大约 30% 的青少年同时使用多种媒体,或是在学习时使用媒体。(4)针对认知控制,只有 9 项研究部分支持了媒体多任务处理会对认知控制(选择并维持注意的能力)产生消极影响的假设。更多的研究只

---

① GPA(Grade Point Average),即平均学分绩点,是某些学校采用的一种用于评价学生成绩的方式。——译者注

② van der Schuur, W. A., Baumgartner, S. E., Sumter, S. R., and Valkenburg, P. M. (2015). "The consequences of media multitasking for youth: A review," *Computers in Human Behavior*, *53*: 204 - 215.

是发现，多任务处理会分散注意力。有一些研究甚至发现，多任务处理能够提升注意力。(5)针对学业表现，有将近45项研究表明，在学习时进行多任务处理，会对学业表现产生消极影响，但是其效应量中等偏小。(6)有一些研究发现，媒体多任务处理
239 对学业表现的影响，受到其所使用的具体媒体类型的影响。尤其是，在学习时使用脸书与较低的GPA和考试成绩相关。(7)针对社会情绪功能，有4项研究表明，媒体多任务处理与情绪功能以及睡眠质量存在负相关，但对社会功能没有影响。

这篇比较性综述解释了媒体多任务分心效应的复杂性。首先，不同的操作性概念、实验设计和测量方法可能会导致不同的结果。其次，虽然手机是一种现代媒体或者说现代技术，但是在2015年之前，手机多任务分心效应并不是已有文献研究的重点。同时，一个更复杂的问题是，现代手机是一种多科技综合的媒体(例如，手机电视、移动网络等)，且可以被用于实现多种功能，包括建立社区人际网、检查脸书更新、发短信或进行其他即时通讯等。这对于比较不同媒体和技术的实证研究、理论研究和方法学研究来说都是一个特殊的挑战。

6. 复杂思维：从汤姆的回答到复杂的行为

还记得我们在本章开头讨论过的，汤姆对教育领域中手机行为的即兴回答吗？对于手机用户，他关注的是自己大学教授的身份；对于手机技术，他考虑了手机短信、手机视频，还有移动网络；对于手机活动，他主要涉及了学习、研究和教授汉语；对于手机效应，他关注的是对学习、研究和教课的积极影响。在阅读完本章之后，我们可以发现教育领域中的手机行为这个问题，比汤姆的直觉想法更加深刻、广泛和复杂。我们可以用图8.1来概括教育领域中的手机行为。

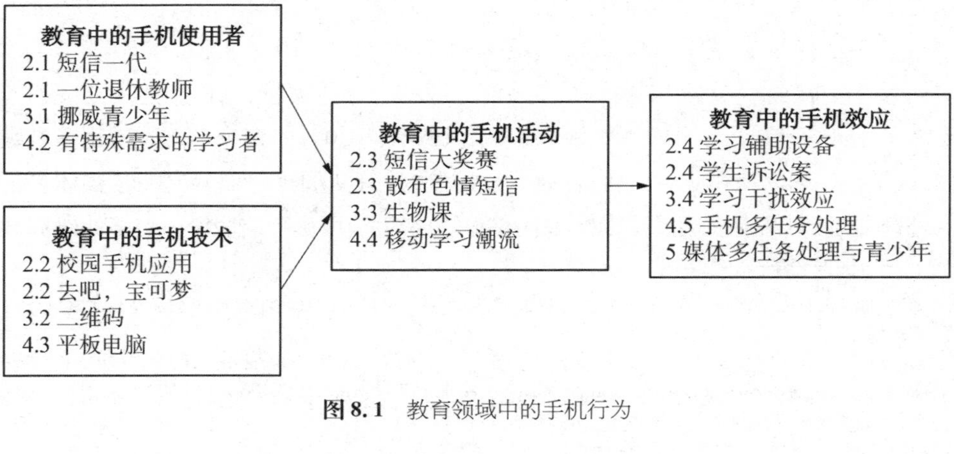

240 **图8.1** 教育领域中的手机行为

首先，针对教育领域中的手机用户，我们讨论了：(1)短信一代中的一个典型的女孩，她每个月发送三千条短信——短信一代主要是新一代的学生，他们是新一代的手机用户；(2)一位作为非典型手机用户的教师，她决定辞职，不再理会手机对课堂产生的干扰；(3)一个针对挪威青少年的研究，他们频繁地发短信，主要是发给与他们同年龄、同性别的对象；(4)一篇关于有特殊需求的学习者的文献综述，这些特殊的学习者作为一个特别的手机用户群体，一方面从手机中获得了大量便利，另一方面也对手机设计提出了更多挑战。教育领域中的手机用户不仅仅是像汤姆这样的大学教授，还有其他更为复杂的成员。

其次，针对教育领域中的手机技术，我们讨论了：(1)两个本科生开发校园手机应用的事例，说明手机应用可以让整个校园受益；(2)一个男孩和一个性骚扰罪犯一起玩“去吧，宝可梦！”的事例，表明了宝可梦游戏作为一款手机游戏，可能会伤害到天真的孩子；(3)一个使用二维码来帮助学生了解计算机科学中的复杂概念的研究；(4)一篇针对掌上电脑使用对学生认知成绩产生复杂影响的文献综述。教育领域中的手机技术可能比汤姆说的发短信和上网要复杂和多样得多。

再次，针对教育领域中的手机活动，我们讨论了：(1)一位连续两年赢得了全国短信大奖赛的高中学生，他参与了超出寻常的短信活动；(2)三个涉嫌散布色情短信的高中生，他们的短信行为违反了法律；(3)一项利用本地移动网络进行生物课学习的研究；(4)一篇关于移动学习的使用者、内容、技术和结果多样性的文献综述。教育领域中的手机活动相比汤姆提到的学习和教授语言来说，有更复杂和多样的内容。

最后，针对教育领域中的手机效应，我们讨论了：(1)大学生如何能够从数字笔记中获益；(2)学生如何因为拍摄和发布与老师相关的视频而搅乱了教学秩序，甚至
接受庭审；(3)一项针对近 2 000 名大学生的研究，他们汇报在学习中使用手机，对他 241
们的学业成绩造成了消极影响；(4)一篇对手机多任务处理所产生的分心效应的文献综述；(5)一项媒体多任务处理的比较研究，说明了媒体多任务处理可能会对学生的认知控制、学业成绩和社会情绪功能产生不同的影响。教育领域中的手机效应比简单的积极效应或是消极效应要更为复杂和多变。

第九章　日常生活中的手机行为

242

1. 直觉思维：辛迪的快速回答/ 193
2. 日常观察：从难民携带手机到丈夫目击妻子被刺事件 / 194
    2.1　日常生活中的手机用户：阿富汗的难民伊克巴尔 / 194
    2.2　日常生活中的手机用户：科罗拉多女孩 / 194
    2.3　日常生活中的手机技术：GPS 系统辅助警察寻找谋杀犯 / 195
    2.4　日常生活中的手机技术：女性日历 / 195
    2.5　日常生活中的手机活动：阿曼达·克洛伊尔开车去弗吉尼亚州见朋友 / 196
    2.6　日常生活中的手机活动：走在华盛顿特区的手机专用道 / 197
    2.7　日常生活中的手机效应：手机救了加雷特·科尔松 / 198
    2.8　日常生活中的手机效应：丈夫目击妻子被刺 / 198
3. 实证研究：从澳大利亚的双生子到减少孤独感 / 199
    3.1　日常生活中的手机用户：518 对澳大利亚双生子 / 199
    3.2　日常生活中的手机用户：371 名低收入的母亲 / 200
    3.3　日常生活中的手机技术：脑机交互 / 201
    3.4　日常生活中的手机活动：驾驶时打电话导致车祸 / 202
    3.5　日常生活中的手机活动：计划每日家庭活动 / 204
    3.6　日常生活中的手机活动：在餐厅用餐 / 204
    3.7　日常生活中的手机效应：消极的溢出效应 / 206
    3.8　日常生活中的手机效应：在公共场合减少孤独感 / 207
4. 知识整合：从老年用户到驾车时打电话 / 208
    4.1　概述：一个没有边界的研究领域 / 208
    4.2　日常生活中的手机用户：老年使用者 / 210
    4.3　日常生活中的手机活动：驾驶过程中打电话 / 211
5. 比较分析：家庭功能 / 211
6. 复杂思维：常见的话题、复杂的行为 / 213

1. 直觉思维：辛迪的快速回答 243

有一天，我问辛迪(Cindy，一位四个孩子的母亲)，个人和家庭在日常生活中可以用手机做什么。我希望她迅速地把脑海里直接想到的东西告诉我。她的回答是："因为我要带四个孩子，所以手机提供了以下帮助：(1)我的孩子能够在需要的时候立刻联系到我；(2)如果我儿子的车抛锚了，他可以打电话求助；(3)让我即使在工作时依然觉得和我的孩子密不可分，因为我知道他们有需求的时候可以很便捷地打我电话；(4)把我们各自的运动、活动、工作和学习生活联系在了一起。总的来说，我认为手机为我和孩子们提供了安全感和紧密感，因为无论我在哪儿，也无论他们在哪儿，我们总是可以通过手机联系。手机的其他功能对我来说就没有那么重要了，尽管如果我不能用手机做别的事情，我可能会觉得不方便。"

这位母亲多么关心她的孩子呀！从辛迪的快速回答中，我们对日常生活中的手机行为能有什么了解呢？我们至少可以从中得到四点启示：首先，这位母亲关于日常生活中手机的知识都来源于她个人的经验，这些体会都非常具体。其次，她的回答都围绕着自己的家庭，尤其是她的孩子。显然，她把手机作为自己和家庭成员联系的工具。再次，她的回答主要关注的是她孩子在任何地方和任何时间的安全问题。第四，这些回答都与她以及她孩子之间的联系有关。通过四因素模型，我们可以进一步更细致地分析她的回答：其中手机用户主要是四个孩子和她这个母亲，手机技术主要涉及手机最基本的电话功能，手机活动主要是家庭成员间的通讯，而手机效应则是家庭成员的安全和通讯联系。辛迪对日常生活中的手机行为的体会可以用下面的模型来描述：

辛迪和孩子×电话功能→在家庭成员间打电话→实现了家庭成员的安全和即时通讯。

以辛迪的回答作为基础，本章中我们将会进一步讨论和分析一些日常现象、一些实验研究、一部分文献综述和几个比较研究。希望在这之后，读者可以对日常生活中的手机行为有更多的了解，能够深刻地理解其多变性和复杂性。我们的目的是拓展并加深人们对生活中手机行为复杂性的了解，并借此鼓励更多针对相关领域的研究 244
和分析。

有时候，我们没法把日常生活中的手机行为与其他医疗、商业、教育领域中的手机行为区分开来。比如，美国基础教育(K－12)中发生的手机学习活动可以说是生活中的手机行为，因为上学是日常生活的一部分；当然它也可以是教育中的手机行为，因为基础教育是教育系统的一部分。另一个例子是手机支付，它既可以作为商业话题，也可以作为生活话题，因为手机支付已经成为了生活中经常发生的行为。就像心理健康可以是一个医疗话题，因为它是医学所关心的问题中的一个分支，也可以是一个生活话题，因为我们现在的生活中充满焦虑。为了澄清可能存在的混淆，同时也为了让问题简单化，我们将会通过四个角度来定义日常生活中的手机行为：用户、技术、活动和效应。如果一个行为涉及日常的而不是职业的用户，日常的而不是专业的技术，日常的而不是专门的活动，日常的而不是专有的效应，那么我们就认为这一行为发生在“日常”背景下，而不是某一种“职业”背景下。

2. 日常观察：从难民携带手机到丈夫目击妻子被刺事件

2.1 日常生活中的手机用户：阿富汗的难民伊克巴尔

2015 年 9 月，成千上万的难民逃往欧洲。17 岁的少年伊克巴尔(Iqbal)就是其中一人。[①] 伊克巴尔跋涉了几百英里，只为逃离正在经受战火的家乡——阿富汗南部的昆都士(Kunduz)。他逃到了伊朗，然后步行经过土耳其，最后乘船抵达希腊的莱斯博斯岛(Lesbos)。他不知道接下来该去哪里。他只带了几件随身物品，放在他那个棕色的小背包中：一条裤子、一张纸、一双鞋、一双袜子、一卷绷带、100 美元、130 土耳其里拉、一部智能手机、一部旧手机，以及一些阿富汗、伊朗和土耳其的 SIM 卡。将手机带在身上作为重要的或甚至唯一的求生物品，是阿富汗和叙利亚难民最常见
245 的选择。他们用手机来实现许多功能，例如与亲戚朋友获得联系，分享生死攸关的信息，用 GPS 帮助自己安全地穿越欧洲，在船沉没之前获得希腊海岸警卫的注意，上网搜寻信息以避免触犯海关的物品携带规定，以及从非盈利组织(例如“欢迎来到欧洲”[②])获得法律援助或是实际帮助，从而找到暂时落脚的地方，或是一个新家。这些手机行为可以用下面的模型来描述：

阿富汗难民伊克巴尔＋智能手机/旧手机/sim 卡→在逃亡的路上使用手机→伊克巴尔从经受战火的家乡逃亡到了土耳其。

2.2 日常生活中的手机用户：科罗拉多女孩

2015 年 3 月 20 日，一个 12 岁的科罗拉多女孩因涉嫌对母亲投毒而被波尔得县(Boulder County)警方逮捕。[③] 这位不便透露姓名的女孩曾有一部苹果手机，但因

---

① http://metro.co.uk/2015/09/15/these-are-the-things-refugees-pack-when-fleeing-for-their-lives-5392880/.

② 欢迎来到欧洲(Welcome to Europe，网站 w2eu.info)是一个为移民和难民提供信息服务和协助的组织。——译者注

③ 参见 www.reuters.com/article/us-usa-colorado-poison-idUSKBN0MG2KQ20150320.

使用过度而被她的母亲没收了。女孩极度焦躁，并在一周内两次将漂白剂加入母亲喝的牛奶中。她的母亲最终发现了自己女儿的意图。女孩被少年犯监管所收容，等待针对她的指控。

一个 12 岁科罗拉多女孩＋苹果手机→过度使用手机而导致她的母亲将手机没收→她两次企图对母亲投毒，并最终被逮捕，收容于少年犯监管所。

以上两个对日常生活的观察事例涉及两个非常不同的青少年手机用户。他们都有相似的智能手机。然而，由于完全不同的生活环境，他们的手机活动和手机效应截然不同。难民伊克巴尔利用手机求生，而科罗拉多女孩则过度使用手机以致手机被母亲没收。结果是，伊克巴尔幸运地逃离了自己的家乡，而科罗拉多女孩则因企图对母亲下毒，被监禁于少年犯监管所。我们可以发现，日常生活中的手机用户千差万别——可能是一个希望逃离战火肆虐家乡的难民，也可能是一个想毒死自己母亲的女孩——这就导致相应的手机行为也变得复杂起来。

2.3 日常生活中的手机技术：GPS 系统辅助警察寻找谋杀犯 246

2012 年 4 月 11 日早晨，两名南加州大学电气工程专业的 23 岁本科生瞿铭（Ming Qu）和吴颖（Ying Wu）在校园附近停着的一辆车上被射杀。[①] 随后，洛杉矶警方追踪到了一个人正在使用吴颖的苹果手机打电话。通过吴颖手机上搭载的 GPS 系统，警方找到了手机的位置，同时也抓捕了嫌疑犯布赖恩 · 巴恩斯（Bryan Barnes）。警方还找到证据指明，巴恩斯与另一个嫌疑犯贾维耶 · 博尔登（Javier Bolden）之间曾讨论过谋杀行为。2014 年 2 月 5 日，年仅 21 岁的巴恩斯和博尔登承认，他们在抢劫失败之后射杀了两名学生。这里的手机行为可以用下面的模型描述：

洛杉矶警方＋被偷窃的苹果手机上的 GPS 系统→抓捕嫌疑犯，收集犯罪证据→两个谋杀犯被捕入狱。

2.4 日常生活中的手机技术：女性日历

2013 年 7 月 30 日，一位已婚男子因涉嫌与另一位年轻女子有婚外情，被中国台湾当地法院判处 8 个月监禁。[②] 法院还要求该男子向女子家庭支付 30 000 新台币的赔偿。该案的关键证据来自这位女子的手机。在手机上，女子安装了一个特殊的手机应用——女性日历，用来记录月经周期以及她和该男子幽会的时间。这一手机行

① http://articles.latimes.com/2014/feb/05/local/la-me-usc-killings-conviction-20140206.

② http://fashion.taiwan.cn/styleshow/201307/t20130731_4524528.htm.

为可以用下面的模型描述：

一个年轻的中国台湾女子+手机上的女性日历→记录了她和男子的婚外情细节→法庭判处男子有罪。

上述两个事例显示了生活中基于技术的手机行为的复杂性。在第一个事例中，巴恩斯和博尔登属于特殊的手机用户，因为他们偷取了两个学生的苹果手机。然而，被偷的手机所自带的GPS功能使得洛杉矶警方发现了这两位嫌疑犯，并找到了犯罪证据，使他们最终落入法网。

247 从技术的角度来看，GPS(全球定位系统)是由美国军方运营，也是被普通民众在日常生活中广泛使用的系统。为了让手机能够使用GPS系统，我们需要在手机上安装一个GPS接收器，并且需要激活手机服务。我们在手机上打开GPS接收器，经由我们手机服务商与GPS卫星联系，并获得我们的位置信息。因为GPS定位会占用一部分的蜂窝网络带宽，因此手机公司一般默认关闭GPS，除非我们手动将其打开。但是手机公司也可以选择在不告知我们的情况下，自动记录我们的位置信息，这就是为什么有些人会因为手机隐私和安全问题而担忧。

第二个事例中的年轻女子，作为一名普通的手机用户，使用女性日记来记录与已婚男性的婚外情，使得女性日历这一手机应用软件中的记录成为了庭审的重要证据。需要注意的是，作为日常生活中被使用的众多手机应用软件中的一种，女性日历具有多种语言设定，并具备丰富的功能：包括记录月经周期、排卵期、生育期预告、基础体温记录表格、体重记录、心情、孕期记录、子宫颈黏液监测表等等。所有的主要功能都可以通过日历来发起。只要轻按日历上的某个日期，你就可以增加或者编辑每天的设定。月经周期、排卵周期和生育周期预告是理论计算的结果，与实际的月经、排卵和生育周期不完全吻合。

2.5 日常生活中的手机活动：阿曼达·克洛伊尔开车去弗吉尼亚州见朋友

2008年6月20日，20岁的大学生阿曼达·克洛伊尔(Amanda Kloehr)从新泽西州的麦圭尔空军基地(McGuire Air Force Base)驱车前往弗吉尼亚州的纽波特纽斯(Newport News)去见她的朋友。[①] 她行驶在13号路上，享受着北大西洋吹来的夏季暖风，即将抵达目的地。她没有超速，没有酒后驾车，也没有吸毒，她还系上了安全带。她没有做任何十恶不赦的事，她只是在驾车的同时随意地查看了一下手机短信，
248 看了一眼GPS定位。然而，就在她分心的几秒时间内，她没有发现左车道上一辆大卡车正要左转。她的车与大卡车追尾了，车身钻进了卡车底部，几乎被压平。她的腿

① www.pennlive.com/midstate/index.ssf/2012/07/distracted_driving_cost_her_an.html.

断了,脸撞在了卡车尾部的叉车头上,右脸被毁容,血溅了一地。

幸运的是,她从这场车祸中幸存了下来。一年之后她才能够重新走路。她失去了右眼,但在二十场手术之后勉强恢复了右脸。为了分享自己的经历,警示其他司机,她已经在许多学校和大学就驾驶时分心的危险举办演讲,并开发了一个网站(AmandaReconstructed.com)进行宣传。她说:“我希望把自己的经历告诉尽可能多的人,这样说不定可以挽救更多人的生命。”

2.6 日常生活中的手机活动:走在华盛顿特区的手机专用道

2014 年 7 月 17 日,在华盛顿特区的国家地理博物馆附近,18 号路西北段的人行道被分成了两个道。[①] 一条挂着“无手机”的标牌,一条挂着“手机专用”的标牌,上面还写着:如要选择这条路,请自担风险。这条手机专用道专为那些在走路时使用手机的人设计。这是国家地理电视台——美国国家地理协会的电视频道——正在制作的一期电视节目的场景。原来,在城市主管部门的允许下,这期电视节目标注了手机专用道,来观察人们的反应。有趣的是,许多行人在看到“手机专用”的标牌时都停下来笑了笑。随后,他们会拿出手机拍照作为一个有趣的照片留念。

这种对行人进行管理的社会实验在美国纽约和费城,以及世界上的其他一些城市也存在(例如,中国重庆、比利时安特卫普)。目前,由手机引起的各种交通事故数量急剧增加,这一现象使得人们开始担忧行人的安全问题。设计手机专用道就是应对行人安全问题的一种措施。

我们上面讨论的两个事例,是生活中非常常见的基于活动的手机行为。更具体地来说,这两个事例展现了基于活动的手机行为研究中的一个独特而复杂的问题:手机多重任务处理活动——也就是,人们在做其他事情的同时使用手机(例如,
一边读书一边发短信,一边跑步一边用手机听音乐,一边学习一边上网搜索信息, 249
以及一边开车一边打电话)。然而,在所有手机多重任务处理活动中,开车时打电话或者发短信是最危险的,同时也是最难以禁止的。阿曼达的故事只是成百上千起由开车时打电话或发短信而引起的交通事故中的一例。华盛顿特区的手机专用道表明,除了分心驾驶之外,在行走或者骑自行车时使用手机也会引起许多问题,甚至是事故。由于这些原因,分心驾驶成为了手机行为研究中第二热门的领域,而第一热门的是手机使用与脑瘤。以上两个事例可以用下面的两个模型分别进行描述:

阿曼达·克洛伊尔+手机→**开车时使用手机**→造成了严重的交通事故,右脸

---

① www.yahoo.com/tech/cellphone-talkers-get-their-own-sidewalk-lane-in-d-c-92080566744.html.

毁容。

城市里的行人＋手机→**走路的时候使用手机**→出现了为这些人设计的手机专用道，以保障行人的安全。

2.7 日常生活中的手机效应：手机救了加雷特·科尔松

2013 年 9 月 7 日，一个星期六的早晨，40 岁的加拿大边境巡查官加雷特·科尔松(Garett Kolsun)在港城丘基尔(Churchill)独自溜达。① 突然，他看到一头北极熊向他跑来。他大声呼救，挥舞着双手四处逃窜，希望能够甩开北极熊。最后，他看到了一家面包店，便跑上前去。就在他准备拉开门的时候，北极熊扑倒了他，双爪按在他肩上。手足无措之际，他从口袋里摸出了手机，打开了闪光灯，扔向了北极熊。北极熊因为突然的光照而后退了几步，加雷特这才得以跑进了屋中。他只受了些擦伤，臀部被抓伤。由于冰雪融化，这一时期的北极熊特别活跃。当地政府捕获了这只三岁大的北极熊，并把它送往了当地动物园的国际北极熊保护中心(而没有对它实施安乐死)。这一事例可以用下面的模型来表示：

250 加雷特·科尔松＋手机闪光灯→用来惊吓北极熊，使之分心→**从袭击中幸存了下来。**

2.8 日常生活中的手机效应：丈夫目击妻子被刺

2013 年 10 月 30 日，在西南亚驻守九个月的美国大兵贾斯汀·贝利·普尔(Justin Pele Poole)正使用苹果手机应用 FaceTime，和他在得克萨斯州怀孕九个月的妻子雷切尔·普尔(Rachel Poole)视频聊天②。突然，他看见一个年轻男人在雷切尔的身后用刀袭击她。雷切尔认出了这名男子，并叫出了他的名字。贾斯汀只能眼睁睁地在手机上，目睹自己的妻子被这个年轻的男人用刀在脸上和腹部狠刺。最终雷切尔被送到了大学医疗中心进行急救。她虽身陷生死关头，但是在医生的帮助下，通过剖腹产生下了自己的女儿伊莎贝拉(Isabella)。她的女儿非常健康。袭击者被诉以恶性谋杀未遂。

贾斯汀＋苹果手机的 FaceTime→和自己怀孕的妻子视频聊天→**目击了自己的妻子被一个年轻男人捅了数刀，该男子最终被捕。**

上面的两个事例说明了基于效应的手机行为的复杂性。第一个事例中的手机用户是科尔松。他用手机闪光灯来惊吓北极熊，从而从袭击中幸存下来。一部手机救

---

① www.cbc.ca/news/canada/manitoba/winnipeg-man-wards-off-polar-bear-with-cellphone-1.1705973.

② www.cnn.com/2013/11/02/justice/texas-stabbing-videochat/?hpt=zite_zite9_featured.

了他的命，这一效应超出了预期，令人惊叹。第二个事例中的手机用户是贾斯汀和他怀孕九个月的妻子雷切尔。这对横跨太平洋的夫妻通过苹果手机进行视频聊天，丈夫目睹了自己妻子被袭击的全过程，这一效应同样超出了预期，但却令人后怕。

3. 实证研究：从澳大利亚的双生子到减少孤独感

如同我们在前面所讨论的那样，手机在日常生活中非常常见；然而，日常生活中
的手机行为的复杂程度却超过了我们的预期。现在我们将从日常的观察，转到对科 251
学研究的讨论中，进一步讨论日常生活中手机行为的复杂性。

3.1 日常生活中的手机用户：518 对澳大利亚双生子

我们接下来讨论的这篇研究题目是“手机使用的可遗传性和基因关联性：对消费行为的双生子研究”。[1] 可遗传性一般定义为外在表现型的差异有多少是受到基因差异性决定的。作者是新墨西哥州立大学心理学系的杰弗里·米勒(Geoffrey Miller)，以及澳大利亚昆士兰州立医学研究所基因流行病学部门的朱顾(音)等人(Gu Zhu、Margaret Wright、Narelle Hansell 和 Nicholas G. Martin)。杰弗里·米勒在智能手机心理学领域发表了两篇文章，而他最初的研究领域是人类进化中的无性选择。这篇文章在 2012 年发表在《双生子研究与人类基因》上，这一期刊是国际大洋洲双生子研究和人类基因学界的官方期刊，由剑桥大学出版社出版。

这项研究的目的是考察手机使用的可遗传性和基因关联性。这项研究中共招募了 2 个澳大利亚的青年人双生子样本，总样本量 1 036 人，也就是 518 对双生子。该研究通过商业仪器检查他们是同卵双生子还是异卵双生子，然后通过血液和其他表现型数据进行再次确认。2005 年到 2010 年间的手机使用行为数据由一个五点问卷进行采集。本研究的主要结果是：(1)大约 25%的双生子一周打 4 到 10 次电话，
15%的双生子一天发送 4 到 10 次短信；(2)用手机打电话和发短信的行为与遗传性 252
之间存在关联，大致有 34%到 60%的变异可以由遗传性解释，而由共同生活环境解释的变异则只有 5%到 24%；(3)与异卵双生子相比，同卵双生子在多种手机行为上一致地表现出了更多的相似之处，如打更多的电话，发更多的短信等。本文作者相信他们的结果对解决以下这些问题有所帮助：(1)评估手机使用所带来的危险，例如辐射暴露和交通意外等；(2)研究采取或使用其他新技术的行为；(3)理解认知和人格特

① Miller, G., Zhu, G., Wright, M. J. et al. (2012). “The heritability and genetic correlates of mobile phone use: A twin study of consumer behavior,” *Twin Research and Human Genetics*, 15(1): 97–106.

征的基因结构,这些结构能够预测消费者的行为;(4)对常识提出了挑战:消费者行为不仅仅是由文化、媒体和家庭环境所决定的。

这是第一个,也可能是唯一一个,从行为基因学的角度考察手机行为的研究,从中我们可以对日常生活中的手机行为有更多的了解。首先,双生子(同卵或异卵)的基因相似性会影响到他们的手机行为,这种影响独立于普通的人口学变量和心理学特征。其次,对于手机技术和手机行为(用手机打电话或者发短信)而言,在双生子样本中,打电话和发短信的行为之间不存在显著的差异。双生子的遗传性特征并不会促使他们打更多的电话或者发更多的短信。第三,这一研究并没有探讨手机对双生子产生的影响。上述手机行为可以用下面的模型表示:

518 对澳大利亚双生子 + 手机→日常打电话或者发短信→观察了遗传对打电话和发短信的影响,但是没有探讨手机对行为的影响。

3.2 日常生活中的手机用户:371 名低收入的母亲

朱迪思·卡塔(Judith Carta)是堪萨斯州立大学特殊教育专业的教授,已经在“手机对教养策略培训的辅助效应”领域发表了数篇文章。她和她的同伴发表了一篇题目为“随机家访中手机对教养策略培训的辅助效应研究”,[①]并提供了一个手机用户的代表性样本。这篇文章在 2013 年发表于《儿科》期刊上。

这个研究主要关注一个问题:在家长教养策略培训中,由家庭指导员来进行培训,或是同时增加手机进行辅助,是否能增加低收入母亲使用最优教养策略的频率?为了研究这个问题,研究者设计了一个随机的控制实验研究。他们招募了 371 名低收入的母亲(18 岁的时候有了第一个孩子,学历低于高中,正在接受经济援助,或者收入符合入选助贫项目的条件),并将她们和她们的孩子随机分配到了三个实验组
253 中,分别接受三种实验条件:参与一个常规的教养策略培训项目——计划活动训练(Planned Activities Training, PAT);参与一个由手机辅助的计划活动训练;参与一个候补控制小组(Waitlist Control Group, WLC)。研究中考虑的 6 个因变量包括:(1)母亲们正确使用计划活动训练策略的能力(如解释行为、设立规则和结果、提供选择、使用积极的交互技能、忽略轻度错误行为);(2)12 个维度上的亲子关系质量;(3)母亲的抑郁程度;(4)母亲的焦虑程度;(5)孩子的适应性和外在/内隐的问题行为;(6)孩子的积极参与程度和回应程度。研究小组同时评估了干预后的短期效果,以及干预后 6 个月的长期效果。通过协变量分析,在控制了干预前的基线水平之

① Carta, J. J., Lefever, J. B., Bigelow, K. et al. (2013). “Randomized trial of a cellular phone-enhanced home visitation parenting intervention,” *Pediatrics*, *132*(Supplement 2): S167 - S173.

后，研究者分析了两个时间点，6 个因变量的变化。这一研究获得了两个主要的干预效果：(1)在两个时间点上，母亲使用的教养策略都得到了提升，亲子关系的质量都得到了改善，而且由手机辅助进行的培训干预效果更佳；(2)孩子的积极参与程度以及他们外显/内隐的问题行为得到了改善，而且同样是由手机辅助进行的培训干预效果更佳。

这一实例表明了手机行为复杂性的两个方面。首先，它记录了一种特定的手机行为，着重点是干预效应。在 371 名低收入母亲样本中，有三分之一的母亲不仅接受了 PAT 训练，还获得了一部手机和相应的手机服务。手机辅助培训的主要形式是培训教练和被培训母亲之间的短信交流。这样的短信每天会发送两次，第一条短信用于提醒母亲使用特定的 PAT 策略，或是和她们的孩子保持积极的互动；第二条短信用于询问母亲实施和使用 PAT 策略的情况，或是询问她们孩子的行为。短信的内容针对每一位母亲进行了个性化，并且关注近期干预的目标。这种通过手机辅助(主要是每天两条短信)的干预活动显著改善了母亲使用教养策略的情况，以及她们孩子的行为。其次，这项研究揭示了手机效应并不简单，而是相当复杂，这也反映了手机行为的复杂性。从直觉出发，人们可能会认为手机效应是一个简单的、单向的效应(例如，青少年每天给同伴发短信从而导致了一个结果——维持他们的友谊)。在这个实例中，短信促进了人与人之间的干预效果，产生了对低收入家庭教养行为和孩子行为 254
的显著影响，且这种影响既有短期的也有长期的。这一手机行为可以用下面的模型表示：

371 名低收入母亲 + 手机→接受由手机辅助的培训项目→母亲的教养策略、亲子关系的质量、孩子的积极参与程度、外显/内隐的问题行为都得到了改善。

3.3 日常生活中的手机技术：脑机交互

下一个我们要讨论的研究题为“基于手机的脑机交互在日常通讯中的应用”。①这一研究特别有借鉴意义，因为它关注的是那些不能很好控制自己的手脚甚至身体的个体(例如伤残的、年长的个体)，他们可能无法顺利地完成日常活动(例如打电话或者移动轮椅)。如果他们能够直接通过大脑来做这些事情，一切都会变得非常便利。该文的作者是加利福尼亚大学圣地亚哥分校(UCSD)神经计算所斯沃茨计算神经中心(Swartz Center for Computational Neuroscience)的王瑜德等人(Yu-Te Wang、Yijun Wang 和 Tzyy-Ping Jung)。王瑜德是 UCSD 计算机科学与工程系的博士，现为研究助

① Wang, Y.-T., Wang, Y., and Jung, T.-P. (2011). “A cell-phone-based brain-computer interface for communication in daily life,” *Journal of Neural Engineering*, *8*(2): 025018.

理。在基于手机的无线移动脑机交互领域,他发表了数篇论文。这篇文章于 2011 年发表在《神经工程学期刊》期刊上,这是一个比较新的期刊,由物理协会(Institute of Physics, IOP)出版社于 2004 年创办,影响因子在 2015 年已经达到 3.493。IOP 出版社是物理协会的一部分。物理协会是一个旨在促进物理科学发展,以促进相关领域学术交流而闻名遐迩的科学家群体,在全球有 50 000 名不同领域的物理学家会员。

本研究的目的是检测一种脑机交互设备的实用性。该设备可以通过脑机交互界面将大脑信号以无线方式发送给手机,从而让手机完成一些日常的任务(如遥控关闭厨房的煤气灶,遥控调节室内暖气的设定温度等等)。本研究共有十名被试参与。实验的脑机交互设备包括三个部分:(1)一个可以显示 0 至 10 数字的电脑屏幕,并有空格键和回车键;(2)一条能够采集大脑 EEG 信号的头带,可以对信号进行放大、处理,并发送给其他设备;(3)一部能够通过蓝牙接收、处理并执行大脑信号的手机。实验要求被试注视电脑屏幕上显示的一串十位数的电话号码,以及屏幕上显示的空格键或回车键按健图标,然后测试通过被试大脑(而非手指)进行拨号的准确性和效率(相比较手动拨号而言)。结果表明:(1)所有十位被试都成功地用大脑进行了拨号,平均正确率 96%,平均用时 89 秒;(2)设备的信息传输速度在每分钟 30 比特左右,这与使用高端 PC 进行脑机交互的类似设备相当。

这是将人类大脑信号与手机连接在一起的第一个研究。我们可以从中了解到:(1)手机可以通过人脑进行操作,而不一定需要用手指;(2)手机作为一种常规技术,能够与常见的脑机交互设备相连,从而组成一个无线、移动、便携而又便宜的设备;(3)丧失行动能力或是行动受限的个体(残障人士或是行动不便的人)可以利用这一设备来完成各种日常任务(例如打电话,或是移动轮椅)。这一事例中的手机行为可以用下面的模型来表述:

人脑 + **手机上搭载的脑机交互设备**→探测、处理并发送大脑信号给手机→用手机成功地完成日常的任务。

3.4 日常生活中的手机活动:驾驶时打电话导致车祸

在前面的章节中,我们讨论了阿曼达·克洛伊尔的事故,以及华盛顿特区的手机专用道。现在让我们了解一些这方面的科学证据,看看在驾驶时使用手机引发事故的实证研究。下面这篇文章的题目是“手机通话与交通事故的关系”。[1] 这是一篇在分心驾驶研究领域非常经典的文章,谷歌学术上显示被引 1 122 次。这篇文章于

① Redelmeier, D. A. and Tibshirani, R. J. (1997). “Association between cellular-telephone calls and motor vehicle collisions,” *New England Journal of Medicine*, *336*(7): 453 - 458.

1997年发表在《新英格兰医学期刊》上，这一期刊被认为是世界上历史最悠久也是最好的医学期刊，在2015年影响因子达到59.558——这是学术期刊中最高的影响因子。作者是两位著名的加拿大学者，唐纳德·瑞德梅尔(Donald Redelmeier)和罗伯 256
特·蒂布希拉尼(Robert Tibshirani)。唐纳德是多伦多大学医学院的教授，已经在交通事故领域发表了多篇论文。罗伯特则是斯坦福大学健康研究与政策及数据统计学院的教授，在统计学方面发表了多篇论文。

这项研究于1994年到1995年间在多伦多进行。被试是699名司机，他们都经历过重大交通事故，遭受了严重的经济损失，并都曾在工作日的10:00—18:00到北约克事故报告中心(North York Collision Reporting Center)汇报了事故。那些受伤进医院的司机，以及那些故意肇事的司机并不会去该中心上报事故，因此不在研究范围内。研究中的自变量是“手机使用”，这一变量的数据来自手机公司的记录。因变量是“发生交通事故的时间”，这一数据来自被试的汇报陈述、警局记录，以及急救服务的记录。研究使用了事件交叉分析(case-cross-over analysis)的手段，比较了每一个司机在发生交通事故之前的手机使用行为，以及在其他可以比较的日子中相同时间段的手机使用行为，以期发现交通事故与手机使用之间的关系。主要的发现有：(1)使用手机导致交通事故发生的危险比没有使用手机时高出4.3倍；(2)对于年轻、经验较少、教育水平较低的司机，以及在高速公路上的司机，使用手机导致交通事故的危险更高；(3)使用手持式的手机与使用无需手持的手机一样危险；(4)由于使用手机而导致事故的司机中，70%会在事故后立即再次使用手机(打急救电话)。

从日常生活中的手机行为角度来看，这项经典研究为我们提供了以下信息。首先，司机是一个规模庞大的手机用户群体，许多人经常在驾驶的过程中同时使用手机。很多因素与分心驾驶风险有关(例如，年龄、经验、教育水平等)。然而，分心驾驶已经成为了他们的生活习惯，即使这一行为可能会导致死亡。其次，这一行为中涉及了许多不同的手机技术，例如，通话功能、短信功能、手持功能或是无需手持功能。第三，驾驶时分心使用手机的活动也有许多，包括打电话、发短信、用导航等。这些都是在驾驶过程中非常危险的行为。第四，使用手机同时具备积极效应和消极效应。一方面，使用手机而引发交通事故的风险是正常情况的4.3倍，略高于酒驾引起交通事故的风险。另一方面，许多司机会在事故之后，用手机来拨打急救电话，获得及时的 257
救助。这一研究中的手机行为可以用下面的模型来表述：

699名多伦多司机+手机→**在驾驶时使用电话而导致交通事故**→引发事故的风险是正常的4.3倍，但同时又可以在发生事故之后用手机打急救电话。

3.5 日常生活中的手机活动：计划每日家庭活动

我们接下来要讨论的这篇文章题目是“家庭生活中的手机：对日常活动计划和车辆使用的影响”。[①] 谷歌学术上显示这篇文章已经被引用 28 次。作者是兰迪·赫奥尔托尔(Randi Hjorthol)，挪威交通经济学院的首席社会学家，在交通行为和社会流动性领域发表了多篇论文。这篇文章于 2008 年发表在《交通评述》期刊上，这一期刊由泰勒和弗朗西斯(Taylor & Francis)出版社于 1981 年创刊，主要刊登权威性的、与最新研究有关的述评，在 2015 年影响因子达到了 2.452。

这项研究的目的是探讨在有孩子的家庭中，日常的活动计划、手机使用和车辆使用之间的关系。这项研究于 2005 年在挪威开展，共收集了 2 030 位挪威家长的数据。这些家庭中都有一名 18 岁及以下的孩子与父母共同生活。该研究的主要结果如下：(1)98%的父母拥有手机，93%的父母日常上网。有 51%的父母家中有车，39%的家庭有两辆车。这两个背景信息——父母拥有手机的百分比(有联络工具)和父母拥有车的百分比(有交通工具)——能够帮助我们理解家长如何计划孩子的日常活动。(2)三种日常活动与手机的使用以及车辆的使用有关：购买食材、接送孩子上下学(托儿所)，以及接送孩子去朋友家或其他休闲场所。(3)在有孩子的家庭中，一般
258 的购物频率是每周三到四次。73%的家长表示他们一般是面对面沟通决定购物时如何用车；40%的家长表示他们会使用手机打电话来商量用车的事情；23%的家长会发短信，16%的家长会用有线电话。(4)超过 60%的家长会用车接送孩子上下学。对于那些每天多次用车接送孩子的家长，63%会通过手机事先约定，58%会用短信，50%会当面说明，48%会用有线电话。相比而言，那些每天只用车接送孩子一次的家长中，38%会用有线电话事先约定，34%会当面说明，27%会用手机，25%会发短信。

我们从这个研究中可以了解以下信息：(1)这 2 030 位家长都是手机用户；(2)他们主要用手机打电话或者发短信；(3)他们当中的很多人都会用手机给配偶打电话来商量用车的事情；(4)手机帮助他们协调家中汽车的使用，从而使驾车出去购物和接送孩子不会相互冲突。这一手机行为可以用下面的模型来表示：

2 030 位挪威家长 + 手机→**计划车辆的使用**→帮助他们减少用车接送孩子之前进行计划、商量所需的时间。

3.6 日常生活中的手机活动：在餐厅用餐

下面这篇我们要讨论的文章题为“在快餐店用餐过程中监护人和孩子使用移动

① Hjorthol, R. J. (2008). “The mobile phone as a tool in family life: Impact on planning of everyday activities and car use,” *Transport Reviews*, *28*(3): 303 - 320.

设备的行为模式》。[1] 作者是波士顿大学医学中心的一组医学研究者。第一作者詹妮·拉德斯基(Jenny Radesky)是波士顿医学中心发展与行为儿科的医师,已进行过多项关于移动设备(智能手机、平板等)如何影响孩子与监护人之间互动,以及他们的手机使用行为的研究。这篇文章于 2014 年发表在《儿科》期刊上,这一期刊是美国儿科学会的官方期刊,创刊于 1948 年,2014 年的影响因子为 5.473。

这项研究的目的是考察手机行为对监护人与孩子间互动产生的影响。在这项研 259
究中,实验者共进行了 55 次自然环境中的匿名观察。观察的地点是波士顿的一家快餐店,时间是午餐和晚餐期间。三位研究者在无直接参与的情况下,独立观察监护人与孩子之间的互动长达 40 分钟,并进行详细的记录。接着,他们通过扎根理论(grounded theory)的数据分析方法(一种质性数据分析方法,用来系统性地分析数据,从而获得显著结果)来获得核心主题和次级主题。主要的研究结果有:(1)在 55 对监护人与孩子中,有 40 对使用了手机。(2)观察到的核心主题是,在吃饭的过程中,监护人的注意力被手机所吸引,而忽略了与孩子的互动。(3)主要观察到了五种监护人与孩子之间的互动模式:(a)在 55 对监护人与孩子中,16 个监护人在吃饭的时候沉迷于手机使用,一直在发短信或是触屏操作;(b)8 个监护人花费了大量时间使用手机,主要是打电话,同时还紧盯着自己的孩子;(c)9 个监护人偶尔会使用手机,快速地检视手机屏幕,短暂地进行短信编辑或是打电话;(d)3 个监护人把手机拿在手里,一边注意着手机,一边做其他的事情;(e)18 个监护人没有使用手机,他们既没有把手机拿出来,也没有放在桌上。(4)研究发现了手机使用的三种影响:(a)监护人对孩子的反应减少;(b)监护人与孩子间的对话减少,孩子在对话中也显得更为被动;(c)孩子的行为强度增加,以期重新获得监护人的注意,但监护人则希望孩子保持安静。

这项医科人类学研究从一个特殊的角度(家庭时光),为基于活动的手机行为提供了丰富而特别的科学证据。(1)这项研究的手机用户是孩子的监护人,他们在吃饭的时候使用或是不使用手机。他们的孩子也应该被认为是手机用户,因为他们或是直接(与监护人一起看手机屏幕)或是间接(眼看着他们的父母使用手机,甚至为此而烦恼)地使用了手机。(2)特定的手机技术,包括发短信、划屏幕、打电话,或只是拿着手机,都可能对亲子间的互动产生影响。(3)手机使用对监护人与孩子间的关系产生了消极影响,这一点确凿无疑。上面的手机行为可以用下面的模型来表述:

55 对监护人与孩子 + 手机→**在吃饭的时候只顾着看手机**→监护人和孩子都体 260

---

① Radesky, J. S., Kistin, C. J., Zuckerman, B. et al. (2014). "Patterns of mobile device use by caregivers and children during meals in fast food restaurants," *Pediatrics*, *133*(4): e843 - e849.

验到了消极情绪。

3.7 日常生活中的手机效应：消极的溢出效应

我们要讨论的下一个研究，题目是“混淆边界？技术使用、溢出效应[1]、个人忧虑和家庭满意度之间的关系”。[2] 作者萝爱拉·切斯利(Noelle Chesley)是威斯康星大学密尔沃基分校(University of Wisconsin-Milwaukee)社会学院的一名助理教授。她在技术使用和工作—家庭关系领域发表了多篇论文。这篇论文的一部分内容是基于她2004年完成的学位论文。该论文于2005年发表在《婚姻与家庭杂志》上，这一期刊是家庭关系国家委员会于1938年创刊，目前在威立数据库内，2015年的影响因子是1.873。

在本研究中，研究者定义了两种技术使用类型——基于计算的使用(使用计算机)和基于通信的使用(使用手机)——并旨在考察技术使用与工作—家庭重叠，以及个人忧虑和家庭满意度之间是否存在关系。本质上来说，这是一个二手数据分析的研究，数据材料来自1998—1999年和2000—2001年两次对纽约州七个组织的调查。主要的观测变量包括：技术使用(电脑使用和手机使用)量表；溢出效应量表，包括两个问题，涉及工作对家庭的消极和积极影响(即，工作上的事情是否会让你在家中分心)，以及家庭对工作的消极和积极影响(即，你的个人问题是否会让你在工作时分心)；忧虑感量表，包含五个问题；家庭满意度量表，同样包含五个问题。结果发现：(1)关于工作对家庭的溢出效应，整个样本中所有的调查对象(无论性别)，两年以上的手机使用经历(而非电脑使用经历)与消极的溢出效应有显著相关。(2)关于家庭对工作的溢出效应，只在女性中，两年以上的手机使用经历与消极溢出效应有关。这一效应和个人的忧虑感以及家庭满意度有显著关联。

261 从日常生活中的手机行为角度，这一研究关心的现象非常有趣——工作—家庭溢出效应。首先，从手机用户的角度来看，这一研究显示了溢出效应上的性别差异：女性的家庭需要会溢出并影响她们的工作，而她们的工作需要则会同样溢出到家庭生活中；对于男性而言，他们的工作需要会溢出到家庭生活中，但是反过来家庭需要不会溢出到工作中。其次，从手机技术和手机活动的角度来看，不同的技术有不同的溢出效应。总的来说，手机使用会导致工作对家庭的消极溢出效应，但是电脑使用并

---

① 工作—家庭溢出理论(Work-family spillover theory)指出，工作中的行为、情绪或心境(尤其是工作焦虑)可能会对家庭生活产生影响。与之相对的，家庭—工作溢出是指家庭生活对工作的影响。——译者注

② Chesley, N. (2005). “Blurring boundaries? Linking technology use, spillover, individual distress, and family satisfaction,” *Journal of Marriage and Family*, *67*(5): 1237 - 1248.

不会。第三,从手机效应的角度来看,这一研究并不支持界限理论(界限理论认为,技术的使用会在工作和家庭之间形成一道灵活的界限,从而有益于同时满足工作和家庭的需要)。相反地,该研究部分支持了溢出理论,发现技术使用可能会使工作—家庭之间的界限更不清晰,从而导致消极(而非积极)的溢出效应。这一效应在男性和女性中都表现为工作对家庭的影响,但是在女性中还表现为家庭对工作的影响。技术的使用可能模糊了工作和家庭的界限,并给职场人士的日常生活带来消极结果。本研究中的手机行为可以用下面的模型来表达:

1367 对纽约夫妻+手机→在工作和家庭中使用手机→产生工作—家庭溢出效应,导致个体忧虑感增加,家庭满意度下降。

3.8 日常生活中的手机效应:在公共场合减少孤独感

我们接下来要讨论的文章题为"城市公共场合中社会生活的变迁:30 年来手机和女性数量的增长以及孤独感的减弱"。[1] 作者是美国罗格斯大学(Rutgers University)通信学院的助理教授基思·汉普顿(Keith N. Hampton)。她已经在手机与社会变迁领域发表了多篇论文。这篇文章于 2014 年发表在《城市研究》期刊上,该期刊由 Sage 在 1964 年创刊,2015 年的影响因子为 1.934。

在本研究中,作者通过比较两段录像,分析了同一个公共区域(例如,纽约大都会艺术博物馆的阶梯区域)内将近 150 000 人的行为和特征变化。在这两段录像中,一 262
段摄于 1979—1980 年间,另一段摄于 2008—2010 年间。研究的目的是考察美国人在公共场合变得更孤单了,还是变得更合群了。总计有 38 个小时的视频。作者将录像按照 15 秒间隔进行了采样,由此获得 9 173 段观察窗口,然后根据性别、活动(独自一人还是集体行动)、手机使用(一人还是集体),以及其他特征对这些观察窗口的事件进行了编码。主要的结果如下:(1)1979—1980 年和 2008—2010 年这两个时间段内,在四个选定的公共场所中,三个地点(以娱乐和消费为主要功能)内独处的人数减少了,集体行动的人数增加了。换句话说,总体的趋势是人们变得更倾向于群体行动。(2)同样还是比较这两段时间,在剩下的那一个公共场合(从地铁站前往办公楼和医院所经过的区域)内,独处的人变得更多了,群体活动的人变少了。(3)在 2008—2010 年间,大多数人并没有使用手机,在这四个地方都是只有 3%到 10%的人用了手机。而在 1979—1980 年间,没有收集到类似的数据。

本研究有两个惊人的发现。首先,它并不支持我们通常认为的,现在的人们在公

---

[1] Hampton, K. N., Goulet, L. S., and Albanesius, G. (2015). "Change in the social life of urban public spaces: The rise of mobile phones and women, and the decline of aloneness over 30 years," *Urban Studies*, 52(8): 1489 - 1504.

共场合比过去变得更孤单了。相反,相比于30年前,人们在2010年更多地倾向于群体活动。第二,它同样不支持我们通常认为的,人们会经常在公共场合使用手机,并使人们更倾向于独自行动。恰恰相反,在公共场合一边行走一边使用手机的比率非常低,且人们很少在群体活动的时候使用手机。这一手机行为可以用下面的模型来表述:

2008—2010年在四个公共区域的超过5 000美国人+手机→在四个公共区域都没有使用手机,除非他们是独自行动→**30年来,在公共场合比较少的手机使用与社会孤独感的减少有关。**

4. 知识整合:从老年用户到驾车时打电话

4.1 概述:一个没有边界的研究领域

在我们之前讨论的医学、商业或教育领域,研究者可以清晰地确定一个界限以寻
263 找相关的研究。但是,要为日常生活中的手机使用行为设定边界,却是一件非常困难的事情。这是因为,手机使用在普通人的日常生活中非常广泛地存在。因此,日常生活中的手机行为本质上就是没有界限的。为了本书分析的方便,我们可以给该领域的文献下个宽松的定义:与医疗、商业或教育领域都关系不大的文献。在《手机行为百科全书》中,大致有40多个章节涉及日常生活中的手机行为,且与医疗、商业和教育关系不大(见表9.1)。在这些章节中,有一些关注日常生活中的手机用户(例如,去教堂做礼拜的人、离婚的夫妻、热恋中的情侣,或是墨西哥用户),有一些关注日常生活中的手机行为(例如,手机的基本功能、反社会短信、环境地理感知技术),有一些关注日常生活中的手机活动(例如,社会交往、手机铃声、超协作,[①]以及驾驶中打电话),还有一些关注日常生活中的手机效应(例如,情绪效应、道德效应、社会效应,以及文化效应)。

265 **表9.1 《手机行为百科全书》中关于日常生活中手机行为的章节**

因素	章节题目
用户	手机和图书馆/信息中心
用户	宗教中的手机使用
用户	离婚夫妻对通讯技术的使用
用户	恋爱中手机的作用
用户	发短信和基督教礼拜

① 译者注:超协作(Hyper-coordination)是指利用手机随时随地组织并协调人与人之间的活动,例如进行线上会议、即时通讯、煲电话粥等等。这一现象在青少年群体中尤其常见。

续表

因素	章节题目
用户	拉丁美洲中墨西哥的移动通讯
用户	关注短信：一个法国研究
用户	中国手机用户行为
用户	可移动社会群体
技术	移动日记法研究日常家庭生活
技术	短信中的消极和反社会通讯
技术	移动应用软件的使用和应用
技术	手机游戏
技术	用于感知人类行为的认知手机
技术	手机——无处不在的社会和环境成像技术
活动	使用手机控制社交活动
活动	日常的手机维修、陷阱以及超协作
活动	移动通讯工具作为鼓舞士气的设备
活动	手机对青少年社会化和自我解放的影响
活动	手机铃声
活动	手机使用的可持续性
活动	二手/报废手机的产生、收集、循环使用
活动	手机：新消费、新创造和新组织的便利
活动	驾驶时的手机通话
活动	青少年的色情短信：色情遇上移动技术
活动	青少年与手机短信
效应	手机通讯中的情绪符号 ☺
效应	手机通讯的道德前沿
效应	环境通讯中手机行为的维度
效应	不同社会情景中的手机依赖
效应	手机成瘾
效应	手机技术压力
效应	手机使用对社会亲密度的增进作用
效应	手机技术和社会身份
效应	手机文化：手机使用的影响
效应	使用手机预防儿童虐待
效应	无时无刻的联系：手机和青少年的亲密体验
效应	性、网络霸凌和手机
效应	手机行为干扰的探索
效应	通讯隐私管理和手机使用
效应	手机礼仪

4.2 日常生活中的手机用户：老年使用者

除了百科全书中的相关章节外，我们再另外讨论两篇综述性的文章，以进一步了解这一领域中相关文献的广度和深度。第一篇综述的题目是“老龄化社会中的手机应用：基本情况和未来趋势”。[1] 作者是西班牙的四位工程学研究者因马库拉达·普雷扎等人（Inmaculada Plazaa，Lourdes Martína，Sergio Martin 和 Carlos Medrano）。这篇文章于 2011 年发表在《系统与软件杂志》上，这一期刊由爱思唯尔在 1980 年创刊，是一本比较有名的专刊，2015 年的影响因子达到了 1.424。

这篇综述读起来比较费劲，因为它的内容组织与众不同。但是，它针对日常生活中的老年手机用户，提供了不少独特而且急需的知识。(1)大家都知道，人们健康生活和工作的年限逐渐延长，比如在欧洲的人口中，超过 65 岁的老年人占总人口的比例在 2005 年达到了 23%，而在 2050 年则有可能达到 30%。(2)老年人的福祉成为了一个全新的研究领域，它的出现就是为了与老龄化社会和信息技术相适应。(3)晚
264 年生活质量在过去的 50 年内成为重要的现代概念，它主要涉及老年人的生理、心理、社会、精神和经济需求。(4)与人们常有的刻板印象（老年人不喜欢也不能很好地学习新技术）相比，60%的 60—74 岁老年人和 27%的 75 岁以上老年人使用手机，比使用个人电脑或网络的比例要高。(5)对于老年人来说，手机主要满足了五个方面的需求：安全感（例如，在走动或者摔倒时求助的需求）、记忆助手（例如，记录重要会面时间或者用药提醒）、通讯（例如，和家人或者朋友通讯的需求）、机动性（例如，自由行动的需求），以及健康生活（例如，生理和心理健康的需求）。(6)目前的手机给老年人带来了一些难题，例如按键太小、菜单太多、字号太小、体积太小等等。(7)目前的研究主要关心几个特定领域：医疗卫生和家庭照看（例如，DGhome，一个通过手机提醒老年人按时用药的家庭看护服务）、安全（例如，用手机 GPS 和指南针来帮助老年人以及他们的家人，减轻老年人在户外走丢的危害，或者用 SMS 来远程监控老年人的行动）、学习（例如，Hermers，一个通过手机对老年人进行认知维持和认知训练的产品）、宗教（例如，礼拜日历、每日语音广播、新闻推送、宗教铃声）、社会交往（例如，祖父母和孙辈之间的手机通讯）、爱好（例如，专门为老年人设计的游戏），以及工作（例如，在家中作为自由职业者）。(8)许多手机都有服务老年人的特别设计，包括增大的键盘、紧急 SOS 求救按钮、用于照明的后置手电筒、适应老年人听力的音量、用来探测摔倒或者其他意外的运动探测器等。

老年人可能在日常生活中存在许多需求，这篇综述还描述了老年手机用户在日

---

① Plaza，I.，Martína，L.，Martin，S.，and Medrano，C.（2011）．“Mobile applications in an aging society：Status and trends，” *Journal of Systems and Software*，*84*(11)：1977－1988.

常生活中丰富的手机行为。我们可以从这篇综述中了解到：(1)老年人不仅是一群有着许多特殊需求的手机用户，他们还各不相同，需求多种多样。(2)为了满足这些特殊而多样化的需求，手机技术需要与之对应的特殊设计。(3)老年人可能会在各种不同的活动中使用手机。(4)手机可以帮助老年人活得更好、更健康、更开心。

4.3　日常生活中的手机活动：驾驶过程中打电话 266

我们接下来讨论的元分析研究题目是“手机对驾驶表现影响的元分析”。[①] 文章的作者是来自加拿大卡尔加里大学(the University of Calgary)的杰夫·凯尔德等人(Jeff Caird、Chelsea Willness、Piers Steel 和 Chip Scialfa)。其中第一作者杰夫·凯尔德是认知工程学实验室的负责人，已经在交通运输中的人因学领域发表了许多研究。这一研究于 2008 年发表在《事故分析与预防》上。

在这篇元分析中，作者仔细地甄别和选择了 33 篇相关的实证研究文章。这些文章于 1969—2007 年间发表，主要研究无需手持或是需要手持的手机对驾驶表现的影响。主要的发现有：(1)在驾驶的过程中，不管是使用无需手持还是需要手持的手机，都会造成使用者反应减缓，尤其是对老年用户；(2)在驾驶的过程中，不管使用何种手机，对车道位置都没有影响；(3)在驾驶的过程中，不管是用何种手机，都会使得车与车之间的距离增加；(4)在驾驶的过程中，不管是用何种手机，都会使得驾驶的车辆速度减慢；(5)发表偏见[②]对上述的主要发现没有影响。

在驾驶过程中使用手机，可能是日常生活中手机行为领域被研究最多的问题。这篇元分析文章，为我们提供了一个量化的文献综述，表明从总体上来看，在驾驶中无论是使用无需手持的手机，还是需要手持的手机，都会减慢驾驶员的反应时间，增加车辆之间的距离，减慢车辆行驶的速度。

5. 比较分析：家庭功能

在本章的开头，我们讨论了辛迪对日常生活中手机行为的直觉理解。作为一位母亲，她在日常生活中使用手机主要是为了帮助自己处理家庭事务。接下来我们讨论的这篇综述文献为我们揭示了科技(包括手机)是如何与家庭功能相关联的。这篇

---

① Caird, J. K., Willness, C. R., Steel, P., and Scialfa, C. (2008). “A meta-analysis of the effects of cell phones on driver performance,” *Accident Analysis & Prevention*, *40*(4): 1282 - 1293.

② 发表偏见(the publication bias)是指期刊倾向于发表结果显著的文章，而非结果不显著的文章的现象。——译者注

267 文献的题目是“家庭功能与信息和通讯技术：它们之间有何关系？文献综述”。[①] 作者是乔娜·卡瓦柳等人(Joana Carvalho、Rita Francisco 和 Ana Relvas)，他们来自葡萄牙两所不同的大学。这篇文献于 2014 年发表在《人类行为中的计算机》期刊上。

在这篇通俗易懂的综述中，作者收集了 1998—2013 年间发表的 54 篇相关文章，并将它们分成两个主要的部分：各种信息和通讯技术(ICTs, Information and Communication Technologies)在家庭中如何使用，以及这些技术如何影响了家庭功能。主要的结果是：(1)针对信息通讯技术的研究一开始专注于职业工作，之后逐渐转移到了个人和家庭的生活上。(2)存在三种主要的理论：网络理论认为，信息通讯技术改变了家庭和社会的互动网络；使用与满意理论认为，个人和情景的需求决定了信息通讯技术的作用；驯养理论认为，新的技术改变家庭环境、结构和互动的过程，就如同人类通过驯养改变动物的行为一样。(3)面对面的交流曾经是家庭主要的沟通手段，而人们的圣诞贺卡上的名单则代表了家庭的社交网络。但是现在，媒体多任务处理、媒体多面性、多重沟通和不间断的紧密性是更常见的模式。(4)在家庭中生活使用的信息通讯技术可以分成三个水平：低技术密度(例如，使用电视)；中技术密度(例如，使用多媒体和个人电脑)；高技术密度(例如，使用网络和手机)。(5)信息通讯技术的用户受到了许多因素的影响。例如，当家庭中有年幼孩子的时候，使用电视、个人电脑以及网络的主要原因就是满足孩子的需求；而当家庭中有青少年的时候，“房间文化”就出现了，青少年更倾向于待在自己的房间里玩游戏，给同伴发邮件或者使用手机；成年之后的个体则更倾向于使用邮件，或是面对面地和家庭的其他成员沟通；为人父母之后，母亲比父亲更倾向于使用脸书这一社交工具。考虑一下另外一种情况，当家庭成员之间距离很远的时候：当人和人之间的物理距离很远的时候，人们更有可能会使用邮件和手机，而当人们住得很近的时候，更有可能通过面对面的沟通和电话来交流。(6)手机是现代家庭用来保持联系的主要手段，其功能包括实时
268 进行规划、监督孩子的安全、打紧急求助电话。家长们更倾向于打电话联系孩子，而不是发短信，但是孩子们则更倾向于发短信而不是直接打电话。(7)信息通讯技术会影响家庭功能的许多方面，包括家庭通讯(例如，维持家庭的关系与减少真实发生的互动)、家庭凝聚(例如，分享彼此的互联网活动与青少年把他们和自己的家人隔离开来)、家庭关系(例如，沉迷游戏可能会导致夫妻间出现矛盾，或者孩子成为了家中的技术专家可能会使得家长不满)，以及家庭界限(例如，能够没有限制获取外界信息与

① Carvalho, J., Francisco, R., and Relvas, A. P. (2015). “Family functioning and information and communication technologies: How do they relate? A literature review,” *Computers in Human Behavior*, *45*: 99-108.

混淆了外在世界和家庭内部事务的界限)。(8)信息通讯技术从根本上改变了现代家庭的生活。然而,这些改变究竟是积极的还是消极的,还有待商榷。

从这篇综述中,我们可以对日常生活中的手机行为有更多的了解。首先,手机是信息通讯技术中的一种,因此它的功能应当与其他的技术手段放在一起考虑。其次,手机在家庭功能中的角色非常独特(例如,实时作出家庭决策)。第三,考察信息通讯技术对家庭功能的影响是一件非常复杂的事情,因为其中的用户、技术、活动和效应在不同的背景中各不相同。

6. 复杂思维:常见的话题、复杂的行为

在这一章的开头,我们讨论了辛迪的快速回答,初步了解了日常生活中的手机行为。她的回答中蕴含了四个方面的内容:(1)手机用户包括作为母亲的她和她的四个孩子;(2)使用的手机技术主要是简单的电话功能;(3)手机活动关注的是家庭的联络;(4)涉及的手机效应主要与家庭安全和联络相关。在阅读完本章之后,我们就明白了辛迪的直觉回答是非常简单的,而我们生活中的手机行为实际上非常复杂而多样。

本章内容之间的联系可以通过图 9.1 中看到。比较辛迪的回答和本章中其他的内容,主要的差异有以下几点。首先,从手机用户的角度来看,在日常生活中,手机用户更为复杂,从带着手机逃难的人,到毒害自己母亲的科罗拉多女孩,从双生子到低收入母亲,从年轻的孩子到老年用户。正如辛迪所说的那样,家长和孩子是日常生活

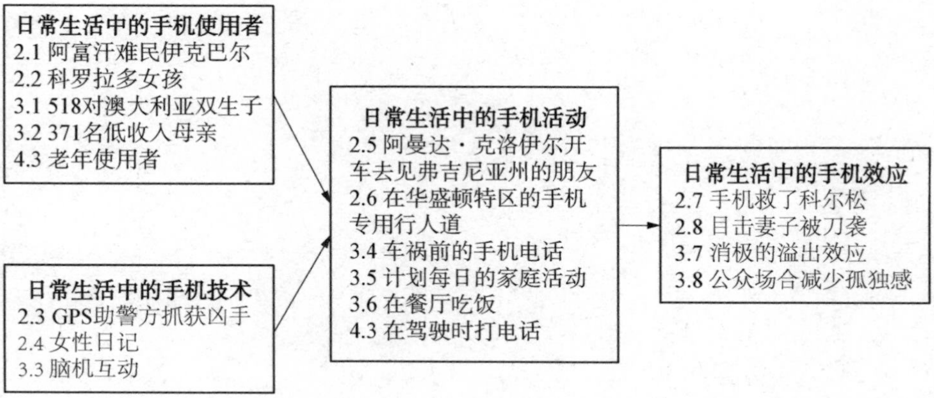

图 9.1 日常生活中的手机行为 269

中最重要的手机用户，但是他们显然不是唯一在生活中使用手机的人。其次，从手机技术的角度来说，日常生活中的手机技术非常复杂，从GPS定位到女性日记，从脑机交互技术到基于短信的干预技术。打电话和发短信是两种非常常见的手机技术，辛迪也提到了它们，但是还有其他更复杂更新近的技术。第三，从手机活动的角度来看，很多研究课题都与驾驶、行走、骑车时使用手机有关。除此之外，其他的研究包括在吃饭时使用手机，或者用手机计划家庭活动等等。最后，日常生活中的手机效应既有积极的(例如，从北极熊面前逃脱，或者在公众场合减少孤独感)，也有消极的(例如，目睹自己的妻子被人捅刀子，或者引发工作和家庭生活之间消极的溢出效应)，甚至可能同时引起积极和消极的效应(例如，在驾车时使用手机可能会大大增加车祸的风险，但是车祸之后却又可以通过手机来求救)。

第十章　手机行为的复杂性

1. 三个系统/ 215 270
2. 第一系统：直觉思维 / 216
3. 第二系统：复杂思维 / 216
   3.1　关于手机行为复杂性的基本知识 / 217
   3.2　有助于理解手机行为复杂性的基本技能 / 220
   3.3　手机行为复杂性的拓展知识 / 222
4. 第三系统：直觉复杂思维 / 226

1. 三个系统

在最后这一章节中,我们将会使用三个概念：第一系统、第二系统和第三系统,进一步解释手机行为的复杂性,并为我们一起走过的科学之旅画上圆满的句号。

正如我们在第一章中简单介绍的那样,诺贝尔奖获得者丹尼尔·卡尼曼(Daniel Kahneman)用“第一系统”象征人们的直觉思维。基于他的理论,第一系统运作迅速,自动起效,无需意识努力。人们经常运用直觉思维,但这一系统与各种认知偏见(例如,代表性偏见、证实偏见、可得性偏见、锚定偏见、光环偏见等等)相关。与之相对应的,“第二系统”是卡尼曼使用的另一个术语,用来象征理性思维。第二系统运作较为缓慢,需要意识努力才能生效。人们依赖他们的理性思维来构建复杂的想法,而这一系统与训练、教育、学习和练习相关,并非自然形成。贯穿本书始终,我们将复杂思维作为理性思维之中的一种。除了第一系统和第二系统之外,卡尼曼和其他研究者还
时常在他们的研究中提及专家直觉。[1] 这一概念涉及特定领域的专家们：他们能够 271
迅速地作出复杂的决定。例如,杰出的医生可以在急诊室中快速地作出决定,有经验

① 例如,Kahneman, D. and Klein, G. (2009). “Conditions for intuitive expertise: A failure to disagree,” *American Psychologist*, *64*(6): 515 - 526; and Kahneman, D. (2011). *Thinking*, *Fast and Slow*. New York: Macmillan.

的消防员能够在起火的建筑中做出快速反应，一位棋艺大师可以在短时间内认出复杂的棋局，并即时做出回应。我们把这种专家的直觉认定为“第三系统”，因为这一系统建立在第一系统和第二系统之上，是一种更加高级的思维方式。根据卡尼曼和克莱因(Klein)的说法，[1]专家直觉的发展需要充分的学习机会，经年累月的练习和即时的反馈，以及一个高强度的支持环境。

第一、第二和第三系统有助于讨论我们对手机行为的直觉思维，有助于总结我们希望通过全书获得的对手机行为的复杂思维，还有助于进一步为我们提供本书最终也最重要的一个信息。

2. 第一系统：直觉思维

在本书的开头，我们总结并讨论了一群本科生对于手机、手机行为和手机行为研究的快速问答。许多学生认为手机就只有两个功能，打电话和发短信，而手机行为主要就是发短信，检查电子邮件，以及浏览脸书。他们还认为与手机行为有关的期刊文献可能就只有 200 篇左右。这些回答展现了学生们对手机、手机行为和手机行为研究的直觉思维，也就是第一系统运作的结果。

除此之外，在每一章的开头，我们都描述了普通人对手机行为某个特定领域的快速问答。例如，在第二章我们描述了三个本科生对手机用户的快速回答。他们每个人都就手机用户的某一个方面给出了自己的答案，像是年龄、使用时间等等，表明了他们的直觉知识并不丰富。这些回答也可以被认为是第一系统运作的结果。

总之，我们书中的快速问答是第一系统的产物。这些答案非常简单，但是非常真
272 实，且具有现实意义。我们可将这些答案作为基础知识，以此使我们对手机行为的认识从第一系统发展到第二系统。

3. 第二系统：复杂思维

正如我们在第一章中所说的，本书希望达到两个目标：理解手机行为的复杂性、分析手机行为的复杂程度。为了实现这两个目标，我们在每一章中都使用了六步学习序列法，以期形成关于手机行为的复杂思维：

直觉思维→日常观察→实证研究→知识综合→比较研究→复杂思维。

现在就让我们把关于手机、手机行为和手机行为研究的知识综合起来。

---

[1] Kahneman 和 Klein 发表的上面脚注的第一条参考文献。

3.1 关于手机行为复杂性的基本知识

手机。正如在第一章中所讨论的那样，传统的手机，像典型的电话一样，确实主要起到口头和书面交流的功能。然而，现代的手机已经变成了一种多功能的个人技术，可以像强大的控制中心那样综合使用信息、交流和计算技术。而未来的手机，也许可以直接成为人类的一部分。

那么为什么之前提到的本科生对于手机的直觉思维如此简单呢？根据卡尼曼的理论，手机之所以被人们当作传统电话而不是个人多功能设备，是源于一种认知偏见：显著性偏见。显著性偏见是指，当人们遇到不确定的对象时，会倾向于用记忆中最显而易见的表征进行类比。[1] 例如，一位经理可能会根据他已有的成功商业项目的经验，来判断一个新的商业计划的好坏。可能正是因为显著性偏见，人们才会把移动电话（手机）和传统电话等同起来，因为传统电话是与移动电话最接近的技术。传统电话的基本功能是打电话，而移动电话的原始功能就是可以无线打电话。另外，从语言上来说，传统电话和移动电话都有“电话”这个词。因此，人们简单地把手机的功 273
能定位为打电话，可能就是受到了传统电话的显著功能特征的影响。但是，如果我们用著名的创新专家克莱顿·克里斯滕森（Clayton Christensen）的术语，[2]移动电话就是一种突破性的技术，它出乎意料而又迅猛地替代了传统电话技术，就像电子邮件替代了传统的邮件，数字照相技术替代了化学照相技术一样。从第二系统的角度来看，移动电话不再是传统电话的一个子类别，而是一种个人多功能技术。只不过大家受到了显著性偏见的误导，忽略了手机的部分功能。

手机行为。从第二系统的角度来看，手机行为异常复杂。它涉及各种各样的手机用户、手机技术、手机活动、手机效应和手机使用背景。哪怕仅仅只关注手机用户这一个手机行为的基本要素——哪些人是手机用户——这个问题都要比普通人想的要复杂得多。首先，如何定义手机用户就是一个问题，是否应该简单地根据有无手机来定义手机用户，还是说要加上那些订购了手机服务，或是正在使用手机（但没有自己手机）的人。其次，手机用户的范围非常广泛，包括了正常的和异常的用户（例如，罪犯或是手机成瘾者），有不同的人口学特征（例如，不同年龄或是不同性别的用户），有不同的行为学特征（例如，不同人格特征或是不同残障程度的用户），还有一些特别的用户（例如，政治领袖）。第三，不同背景下的手机用户可能有所不同，例如在医疗、

---

① Kahneman, D., Lovallo, D., and Sibony, O. (2011). “Before you make that big decision,” *Harvard Business Review*, *89*(6): 50 - 60.

② Christensen, C. (2013). *The Innovator's Dilemma*: *When New Technologies Cause Great Firms to Fail*. Boston, MA: Harvard Business School Press.

商业、教育领域，或是日常生活中的手机用户可能各有特色。手机用户这一因素的复杂性只是手机行为复杂性当中的一部分，全书讨论的手机行为复杂性可以用图 10. 1 进行总结。

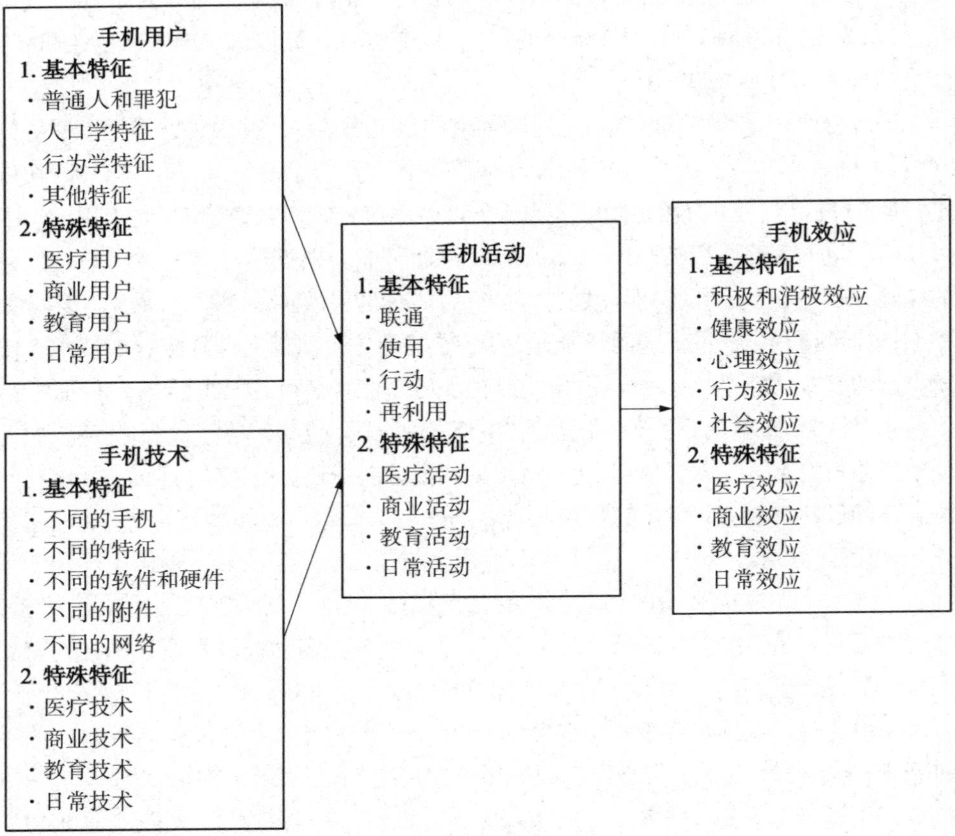

274 **图 10. 1** 手机行为的复杂性

为什么本科生关于手机行为的直觉思维只涉及简单的发短信、检查邮件和使用脸书？根据卡尼曼的理论，这一现象可以用易得性偏见进行解释。易得性偏见是指，人们会因为某事件从记忆中被提取的容易程度，错误地估计该事件发生的概率。人们倾向于根据容易回忆的内容或是脑海中即刻出现的样例来指导思维和决策。例如，在加利福尼亚州发生地震之后，幸存者购买财产险的动机大大增加。对于我们讨论的那些本科生而言，他们的记忆中直接存在的就是他们自己日常生活中使用手机的经验。因为易得性偏见的影响，当思考手机行为时，他们主要依赖的就是自己日常的经验(例如，正常地使用手机，有一部自己的手机，经常发短信，或是从手机上获得一些益处）。因此，他们对于手机的直觉思维是个体化、简单化的，直接反映了他们的生活。然而，从第二系统的角度来看，手机行为非常复杂，因为其中涉及的手机用户、技术、活动、效应和背景都非常复杂。在这里，易得性偏见损害了人们复杂思维的能力。

手机行为研究。在第一章，我们讨论了手机行为研究的蓝图，展现了手机行为研究 25 年的历史，以及该领域积累的 3 000 篇公开发表的文献。在随后的 8 章中，我们讨论了 50 多篇实证研究，20 多篇综述文献，10 篇比较研究，以及 100 多章百科全书中的内容，介绍了手机行为研究中不同的案例。

为什么学生们猜测的手机行为研究领域的文献数量（平均 173 篇）与真实的文献数量（超过 3 000 篇）之间存在如此大的差异？我们可以利用卡尼曼的“锚定偏见”来进行解释。卡尼曼利用“锚定偏见”来解释一个稳定而显著的实验现象：人们总会倾
向于使用一个特定的内心数值来估算未知的数量，从而导致了锚定偏见。他经常使 275
用的一个例子是房屋的售价表，售价表上的价格水平会影响我们购买的意愿。售价表上的价格越高，房屋就显得更加值钱，即使我们有意去摆脱价格表所产生的锚定效应，也无济于事。

手机行为研究至少有 3 个重要的特征可能会导致 3 种锚定偏见。首先，手机行为的研究本质上是一个交叉学科领域。研究者来自各个领域，像是医学、商学、教育学、政治学、社会学、人类学、心理学和人际交流学等等都为手机行为的研究作出了贡献。结果就是，关于手机行为的文章被分散在超过 50 种不同领域的期刊中，包括《新英格兰药学杂志》、《自然》、《移动通讯》和《人类行为中的计算机》。因此，普通人（包括本科生和研究生）也许只能通过自己所在领域（像教育学领域、心理学领域、商学领域等）发表的部分与手机行为有关的文献，管中窥豹地猜测手机行为研究总的文献数量，其结果就是低估了该研究领域的文献数量。第二，虽然手机行为的研究早在 20 世纪 90 年代就出现了，但直到 2010 年之后才出现了指数式的增长。因此，普通人可能会因为 20 世纪 90 年代时出现的寥寥几篇关于手机行为研究的文章（只考虑了 20 世纪 90 年代发表的文章数量，而没有考虑 21 世纪新发表的文章数量），而错误地估计了现在该领域文章的数量。第三，目前还没有具有代表性的课程、书籍或是电视节目介绍手机行为研究这个领域，相关的教育和训练也比较少。因此，民众只能依赖自身有限的经验知识，对手机行为研究领域的认识还非常浅薄。然而，从第二系统的角度来看，手机行为研究是一个有着 25 年历史，超过 3 000 篇期刊文章的重要的交叉学科领域，而不是人们认为的只有 173 篇文献的新领域。在这里，锚定偏见使得人们严重低估了手机行为研究的广阔领域。

3.2 有助于理解手机行为复杂性的基本技能

除了讲述关于手机行为的实用性知识之外，本书还希望读者能够习得一些用于
276 分析手机行为复杂性的实用性技能。我们之前简单回顾了关于该领域的可用性知识，这为读者提供了一个概念框架，而接下来我们要讨论的技能会提供具体的工具。两者合在一起可以帮助我们形成关于手机行为的第二系统复杂思维。在这里，我们主要关注两个基本的工具，这两个工具可以帮助我们分析或整合手机行为各种类别的复杂性。

简单图示作为一种分析工具。从第二章到第五章，我们介绍和讨论了手机行为中的四个基本要素，之后我们通过简单图示在第六章到第九章中分析并呈现了手机行为的多种类别。例如，根据四因素模型，我们利用了下面的图示来分析和呈现斯皮尔斯医生的手机行为：

斯皮尔斯医生+iPhone/iPad→在对玛丽·罗塞安·米尔恩进行心脏手术时阅读和发送短信→玛丽·罗塞安·米尔恩在手术后去世

为了分析和呈现蒂克尔医生的手机行为，我们用了下面这个简单图示：

蒂克尔医生+手机辐射→在日常生活中暴露在各种辐射中→**在一次飞行中癫痫发作，脑部被检查出五个肿瘤。**

这种简单图示的方法，可以作为一种分析和呈现手机行为的工具，对理解特定手机行为的复杂性具有重要的作用。首先，这一图示可以帮助我们将手机行为分解成四个基本因素——用户、技术、活动和效果——从而更适合于呈现手机行为的不同方面。其次，它可以帮助我们以粗体的方式强调特定的方面(例如，在上面提到的第一个图示中，手机行为的重点就在于斯皮尔斯医生)。第三，这种图示帮助我们将某一特定手机行为的四个基本因素，以流程图的方式动态地联系在了一起。

总结图示作为一种综合工具。在第二章到第九章的结尾，我们都利用总结图示作为一种综合知识和呈现知识的工具，来协助理解手机行为的复杂性。例如，在第三章的结尾处，我们使用了一个图表来综合和呈现手机行为中的技术要素。在第六章的结尾处，我们同样使用了图表来综合和呈现医疗卫生领域中的手机行为。

类似于图10.2这样的总结图示，对我们理解某一领域的手机行为大有裨益。首先，这种图示帮助我们通过关键词高效地组织和展示了日常观察或实证研究中的手
278 机行为的例子。例如，在第一个总结图示中，Signature Touch和Freedom 251就是我们所使用的两个关键词。这两个关键词是两个小节的标题，这两个小节分别讨论了两种不同的手机行为，两种基于技术的手机行为。这两个焦点词汇以及其他手机技术箱中的词汇系统地展示了手机技术的方方面面：手机本身、特征、软件和硬件、附件，以及网络。其次，它帮助我们将那些不同的手机行为归类到四个主要的因素之

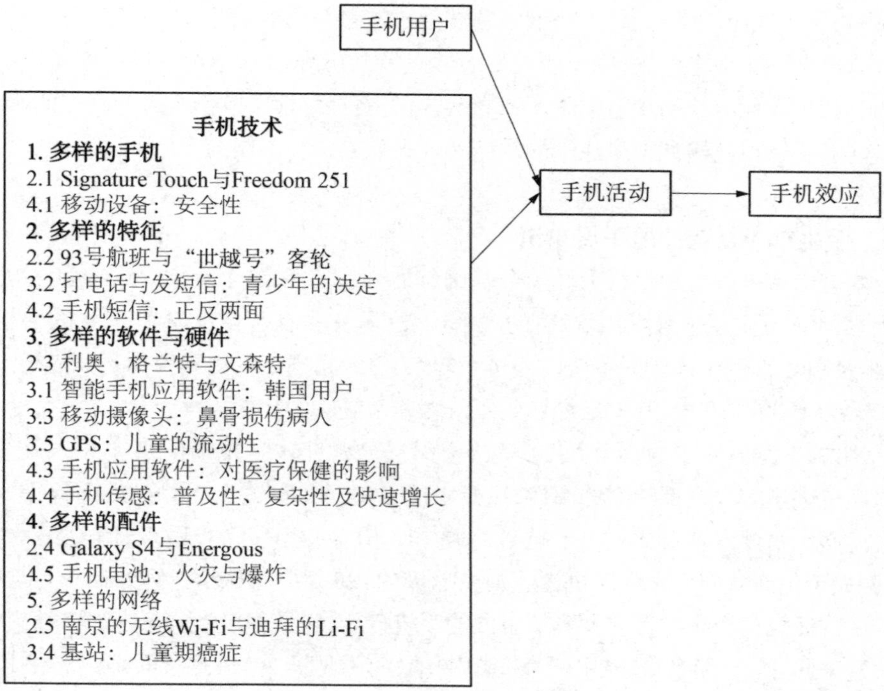

(a)

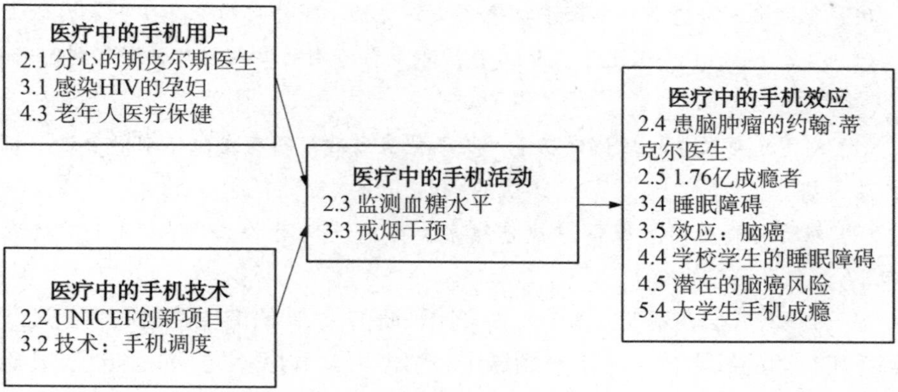

(b)

图 10.2 两个总结图示的例子：(a)基于技术的手机行为总结图示；(b)医疗领域的手机行为 277

下，从而在视觉上呈现了某一领域中手机行为的复杂性。例如，第二个图示中就有14 个不同的手机行为案例，这些案例都被归类到了 4 个基本因素之下，从而展现了医疗中的手机使用者(例如，分心的医生给和感染 HIV 的怀孕妇女)，手机技术(例如，UNICEF 的大规模创新计划和简单的手机派件)，手机活动(监督血压水平和戒烟干预)和手机效应(例如,脑癌、睡眠问题和手机成瘾)。这种图示将医疗领域中的手机行为复杂性呈现了出来,同时使我们能够以复杂思维而不是直觉思维来考虑手机行为。如果我们继续使用总结图示,我们就可以更轻易地了解手机行为研究的概貌,也就能够了解目前研究中最热门的领域和未来急需研究拓展的方向。

3.3 手机行为复杂性的拓展知识

本书希望能够对手机行为做一个基础性的介绍。为此,我们使用移动手机行为四因素模型,促进人们对其复杂性的理解。然而,许多在现实生活中发生的手机行为,以及科学文献中描述的手机行为过于复杂,已经超出了四因素模型可以描绘的程度。实际上,在本书中,我们已经遇到了一些非常复杂的案例。

例如,在第五章中,我们讨论了美国女演员詹妮弗・劳伦斯储存在 iCloud 上的私人照片因黑客攻击而泄露的事件,以及中国女演员刘涛的个人物品失而复得的事件。这两个事件表明,有一些手机效应可能一开始是积极的,后来却转变为消极的(例如劳伦斯);而另一些手机效应则由消极的转变为了积极的(例如刘涛)。这两个事件中任意一个事件都涉及到了不同的手机行为(先是积极效应再是消极效应,或
279 是反过来)。因此,我们选择用两个简单图示(而不是一个)来更全面地描述手机行为。对于詹妮弗・劳伦斯:

(1) 詹妮弗・劳伦斯 + 苹果手机摄像头→自拍→照片自动保存在了 iCloud 上。

(2) 黑客 + iBrute→黑进了 iCloud 系统中→劳伦斯的私人照片被泄露到了网上。

对于刘涛:

(1) 刘涛 + 苹果手机短信→在个人物品被盗之后给朋友发短信求助→这一讯息被广为传播。

(2) 刘涛的朋友们 + 微信→找寻线索和办法→所有物品都在 12 小时之内被找回。

另一方面,我们在本书中讨论了许多比较研究,这些研究能够帮助我们进一步了解手机行为的复杂性。在不同领域中,例如写作、睡眠问题、细菌防控、成瘾问题、广告、多任务处理和家庭功能,我们都可以发现手机几乎总是和其他的技术一起发挥作用,而不只是单独起作用。这就使得手机技术变得更加复杂,因为我们需要在了解了整片森林(不同的技术行为)之后,才能够更好地理解其中的一棵树(手机行为)。

例如,根据报道,日本初中生和高中生在熄灯之后发短信或是打电话的行为与失眠以及其他睡眠问题紧密相关;35%的中学生睡眠时间过短,42%的中学生睡眠质量

较差，46%的中学生在白天会犯困，而有超过22%的中学生有失眠症状。[①] 然而，我们可以通过劳伦·黑尔(Lauren Hale)和斯坦福·关(Stanford Guan)对于不同媒体使用时间的综述研究，来进一步理解上述现象。[②] 基于来自欧洲国家的27项研究，美国的14项研究，日本的7项研究，澳大利亚的5项研究以及其他国家的8项研究，研究者发现媒体的使用时间与学生的睡眠问题之间存在显著的关联。相比于被动的媒体使用(例如看电视)，交互性的媒体使用(例如玩游戏)与睡眠问题的关系更为紧 280
密。现有的文献表明，手机确实会干扰学生的睡眠，但并不是干扰睡眠最严重的技术。

为了进一步促进对手机行为复杂性的认识，我们将简单介绍两种更为高级的策略，结构方程模型和动态系统模型，它们也可以作为研究手机行为复杂性的分析工具。

结构方程模型。结构方程模型是目前研究常用的一种数据分析手段。[③] 这一手段的目的是建立起解释力强而灵活的模型，用以考察复杂的实证研究问题，例如多层次的问题(观察水平中的5个显变量与结构水平中的1个潜变量之间的序列关系)、多途径的问题(例如，6个自变量是如何与3个因变量直接或者间接相关的)、多组别的问题(例如，6个自变量与3个因变量的关系在女性学生和男性学生之间存在怎样的差异)和多时态的问题(例如，6个自变量与3个自变量的关系在几个月的时间内有何差异)。

在本书中，所有的简单图示和总结图示都被有意地绘制成与结构方程模型相似的结构，从而能够方便我们在实证研究中轻易地使用。实际上，这些图示都是正在构建的理论假设模型，能够使用结构方程模型的方法，接受实证研究数据的检验，从而获得最佳估测模型。

如图10.3(a)所示的那样，我们的四因素模型可以作为一个理论模型，通过结构方程模型的手段进行检验。如果我们试图搞清楚高中生自拍成瘾的程度，如图10.3(b)，首先，我们可以考虑与手机用户有关的因素(可能的样本大小、年龄、地区、学校类型，以及人格等等)、与手机技术有关的因素(不同的摄像头、不同的服务计划)、与手机活动有关的因素(自拍以及上传自拍)、与手机效应有关的因素(自拍成瘾)。接着，在文献综述的基础之上，我们设定了以下四个主要因素：人格特质、手机

① Munezawa, T., Kaneita, Y., Osaki, Y. et al. (2011). "The association between use of mobile phones after lights out and sleep disturbances among Japanese adolescents: A nationwide cross-sectional survey," *Sleep*, *34*(8): 1013 - 1020.

② Hale, L. and Guan, S. (2015). "Screen time and sleep among school-aged children and adolescents: a systematic literature review," *Sleep Medicine Reviews*, 21: 50 - 58.

③ Bollen, K. A. (1989). *Structural Equations with Latent Variables*. New York: Wiley.

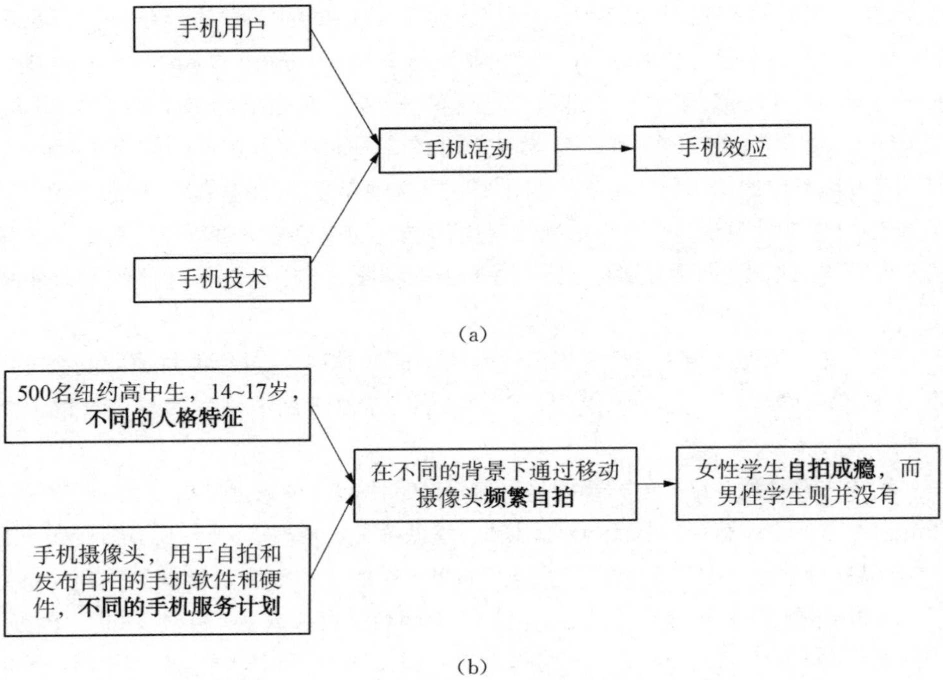

281 **图 10.3** (a)四因素模型(b)自拍成瘾的结构方程模型

数据计划、自拍和发布自拍的频率，以及自拍成瘾的程度(见图中的粗体字)，并希望检验以下的理论模型：人格特质与手机数据计划对高中生自拍和发布自拍频率的影响，以及它们如何导致自拍成瘾。使用结构方程模型至少有两个方面的优势：(1)对将概念模型转化为实证研究来说大有裨益；(2)可以将简单模型(自拍成瘾的四因素模型)拓展成复杂模型(包含手机用户年龄、性别和服务计划这三个因素)。总之，结构方程模型对设计复杂的实证研究模型，理解手机行为的复杂性具有重要的作用。

动态系统模型。与结构方程模型相类似，动态系统模型也是一种在研究中广泛使用的方式，它的检验能力强大而灵活。然而，与基于统计学理论的结构方程模型不同的是，动态系统模型的理论基础是非线性动态系统理论。目前，构造动态系统模型的方法和技术有很多，我们在这里举一个最具有代表性的例子——杰伊·福里斯特(Jay Forrester)的动态系统模型。①

杰伊·福里斯特是系统动力的创始人。他使用了许多系统动力的概念(例如，反馈回路和时间延迟)以及一个叫做 DYNAMO 的计算机程序，来模拟动态系统中不同

① Forrester, J. W. (1969). *Urban Dynamics*, vol. 114. Cambridge, MA: MIT Press.

物体间随着时间进程而发生的复杂互动影响,如工业动力系统、城市动力系统,甚至是地球动力系统。

我们可以利用这一模型来洞察手机行为的复杂性。例如,在真实的生活中,手机行为一般都涉及两方的相互影响:打电话的人和接电话的人,信息发出者和信息接受者,施害者和受害者,家长和孩子,游戏领袖和追随者,以及亲密朋友和新朋友。图10.4展示了一个常见的情景,两个手机使用者(两个朋友)用两部手机相互收发短信,并相互影响形成一个动态系统。

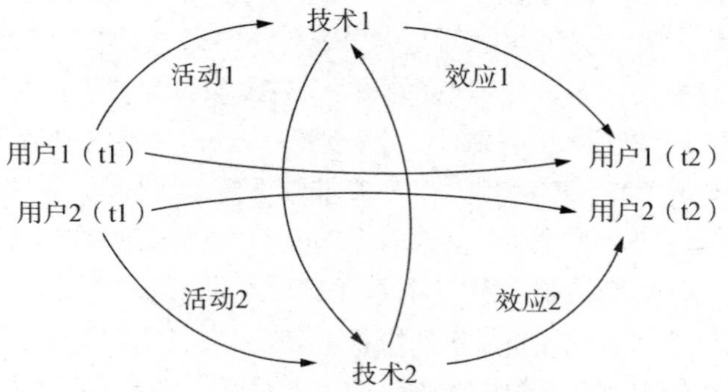

图10.4 一个动态系统模型:两个朋友之间相互收发短信,在时间进程中通过相互影响发展两人关系 282

具体来说,这一复杂的模型有三个功能。首先,这一模型的上半部分表现了一个手机使用者(用户1)如何从时间点1发展到了时间点2,并在这段时间内使用了手 283
机(技术1),在手机活动(活动1)中产生了相应的手机效应(效应1)。其次,模型的下半部分展现了另一个手机使用者(用户2)如何从时间点1发展到了时间点2,并在这段时间内使用了另一部手机(技术2),在另一个手机活动中(活动2)中产生了相应的手机效应(效应2)。第三,用户1和用户2通过两部手机(技术1和技术2)产生了相互影响。虽然从系统动力的角度来说,这一模型还非常朴素,但其可以为复杂的纵向时间研究做铺垫,用以研究多个因素在多个时间点之间的多重联系,而这种联系比我们见过的许多统计模型都要复杂得多。

使用系统动力模型具备许多优势:(1)这一模型可以用于模拟那些极度复杂的,有着成百上千个变量和变量间联系的动态系统(例如,世界范围的环境变化,或是手机行为的整个系统);(2)这一模型对检验多因素间的复杂关系尤其有效(例如,正性或是负性相关、环路相关、相互因果关系,或是时间延迟相关),而不仅仅只能检验多因素之间的简单关系;(3)这一模型只用了几个简单的核心概念,并有许多容易使用的系统动力程序可供选择(如 Vensim 和 JDynSim),[1]同时系统动力模型一开始上手学习时入门较快。总而言之,系统动力模型对于我们建立与手机行为有关的第二系统复杂思维非常有帮助,对于我们理解手机行为的复杂性也有很大的促进作用。

4. 第三系统:直觉复杂思维

了解并分析手机行为的复杂性是我们最初的目标。不过,在拥有充分学习的机会,有长时程反馈练习以及高度支持性学习环境的条件下,我们可以更进一步发展第三系统能力(专家直觉,或者说是直觉复杂思维)。第三系统思维反应速度快,且内容丰富,无需意识努力又具备了相当程度的洞察。在专家直觉的帮助之下,我们能够更 284 快更好地理解不同手机行为的复杂性。这当然不是一件容易的事情,但我们至少能够做到把手机行为视为一把双刃剑。这一点非常重要,我们应当把它牢牢记在心里。

正如我们在本书不同章节中不同人的快速回答中看到的那样,人们几乎总是只从一个角度(或者是积极,或者是消极)来看待手机行为,而很少有人能够同时从两个角度全面地来看待这个问题。例如,手机使用者经常被认为是正常的或是良好的公民(从来没有人考虑波士顿的马拉松爆炸案案犯),涉及的手机技术也都是质量良好的(完美的密码保护特征,或是无害的电池),手机活动总体上被认为是积极的(人们总是提到有用的多任务学习,而很少有人想到对学习产生的干扰),被提到的手机效应大都是积极的效应(帮助家庭协调成员间的活动),或者就是完全消极的效应(造成大脑癌变)。在本书中,我们有意地收集并讨论了不同角度的手机行为案例,从而帮助我们形成没有偏倚的思维习惯,也就是说能够从积极和消极两个方面来考虑手机行为,而不是只从单一角度、片面地理解手机行为。如果我们能够将这种思维习惯发展为专家直觉,我们就可以真正做到同时考虑好的和坏的手机用户,设计良好或是很差的手机技术,建设性的或是破坏性的手机活动,以及有益的或是有害的手机效应,并将这种思维习惯内化,稳固于心。

总而言之,回顾我们从本书第一章到最后一章的内容,我们经历了一场有趣的智慧旅行。现在,我们能够明白,将第一系统的直觉思维转变成第二系统的复杂思维非常关键;而将第二系统的复杂思维转变到第三系统的直觉复杂思维也是非常有帮助的。通过这一方法,我们就能够由简入繁,再由繁入简。本书即将结束,但对于我们而言,这不应该成为终点,而是成为我们下一次智慧旅行的新起点。我们对手机行为复杂性的进一步探索将惠及全世界成千上万的手机用户,包括我们自己。每当您拿起手机时,请记住,这小小的设备中蕴含着整个复杂的世界。

---

① 参见 https://en.wikipedia.org/wiki/Comparison_of_system_dynamics_software.

索引①

access,通达,85,87,93,106,112
action,动作,85,90,97
activities,活动,146,149 - 150,153 - 154,158,161 - 162,168,170,172 - 173,180,183 - 187,190 - 192,194,196,199,201,204,206,211,213 - 214,242 - 243,245,247 - 248,252 - 253,255 - 258,261,263,265 - 266,268
activity-based mobile phone behavior,基于活动的手机行为,11
addiction,成瘾,146,153,164,170,177 - 182,184
apps,应用,57,66,74,151,153,170,176,182,184 - 185,190 - 194,196,199 - 202,205,212 - 213,215,218 - 219,240
bad users,坏的用户,29,54
behavioral characteristics,行为特征,54 - 55,184
behavioral effects,行为效应/影响,124,144
brain cancers,脑癌,146,154,169
business,商业,10 - 11,17 - 20,62,72,74,76,78,84,185 - 213
Calling,呼叫/打电话,57,67,252,266,269
complex thinking,复杂思维,21 - 22,270,272,283
complexity,复杂性,270
daily life,日常生活,11,242
Daniel Kahneman,丹尼尔·卡尼曼,3
demographic characteristics,人口统计学特征,27,37,48,54 - 55,184
device bacterial contamination,设备细菌污染,115,141
device contact dermatitis,设备接触性皮炎,115,140
disabled learners,学习障碍者,242
distraction,分心,242
driving,驾驶,23,242,249,255,257,262,266
dynamic system modeling,动力系统模拟,270,280,282
dyslexia,读写障碍,23,40,54
education,教育,10 - 11,17 - 21,67,72,74,78,84,215 - 218,220,222,224 - 231,233 - 236,239 - 243
educational activities,教育活动,215,228,235,240
educational effects,教育效应,215,240
educational technologies,教育技术,215 - 216,226,240
educational users,教育用户,215,239
effect-based mobile phone behavior,基于效应的手机行为,11
effects,效应,146 - 149,152 - 154,161 - 164,168,170,172 - 174,176 - 178,182 - 186,190,193 - 194,196,198,200 - 202,204,

① 索引中页码为原版书页码,请参照中文版边码检索。——编辑注

209,211 - 214,242 - 243,245,249 - 250,252 - 253,256,260 - 261,263,266,268
four basic elements,四要素,1,10
gaming,游戏,85,87,90 - 94,97,99 - 100,102 - 103,106 - 108,113
GPS,全球定位系统,57 - 58,62,70 - 71,76,83,242,245 - 247,256,265,269
health effects,健康效应,125,144 - 145
health care,医疗保健,57,69,74,76,78,115,121,146 - 150,152,156 - 157,170,173,177,183 - 184
human side,人性的一面,1,9
intuitive thinking,直觉思维,3,19,21,57 - 58,143,270 - 272
learners with special needs,有特殊需求的学习者,215
learning,学习,215 - 216,222,224 - 225,227 - 229,231,233 - 237,239 - 240
medicine,药物,10 - 11,17 - 18,20,70,72,74,84,146 - 147,149 - 150,152,154 - 155,157,160 - 163,169,171,173,177,182 - 184
mobile activities,手机活动,216,227,229 - 230,236,239
mobile banking,手机银行,185,193,199 - 200,206,213
mobile commerce,移动电子商务,185,205,212
mobile credit cards,手机信用卡,197 - 198,212
mobile devices,移动设备,57,73
mobile effects,手机效应,227,229 - 231,239
mobile Internet,移动互联网,216,239
mobile learning,移动学习,87,113
mobile payment,移动支付,185,197 - 198,207 - 208,213
mobile phone,手机,1,3,5 - 6,8,57,60,62 - 64,72,74 - 75,78,85,87,242 - 246,248,250 - 253,255 - 260,262 - 263,265 - 266,268 - 269
mobile phone activities,手机活动,10,85 - 88,90 - 92,97 - 100,102 - 103,106,111 - 113,240
mobile phone addiction,手机成瘾,153,177,182
mobile phone allergy,手机过敏,115,133
mobile phone behavior,手机行为,1 - 2,8,18 - 19,58 - 60,62,64 - 72,76 - 79,82 - 83,116 - 117,120,123,130 - 133,138,144,146 - 147,149 - 150,152 - 154,157 - 158,161,163 - 164,168 - 169,171,182 - 186,188 - 194,197 - 198,200 - 206,211 - 212,215 - 220,222,224,226 - 227,230 - 231,235 - 236,239,242,263
mobile phone distraction,手机导致的分心,217,239
mobile phone effects,手机效应,10,115 - 117,120,122,124 - 125,133,138 - 139,143 - 144,164,170,182 - 184
mobile phone multitasking,手机多任务处理,215
mobile phone school policy,关于手机的学校政策,23
mobile phone technologies,手机技术,10,19,57,240
mobile phone use,手机使用,87,89,93,95 - 97,102,106 - 107,112,124,126,132 - 133,135 - 136,138,144 - 145,218,226,237,240
mobile phone users,手机用户,5,7,10,22 - 23,49,189,196,206,212,217 - 218,225,237,239
mobile sensing,手机传感,57,75 - 76
mobile technologies,移动技术,149 - 151,154,182,227,229 - 231,233,239,269
mobile video,手机视频,216,239
multi-function technology,多功能技术,7
multiple user,多用户,23,30
negative and positive effects,利弊,115,118
penetration rates,覆盖率,23,30

personal technology,个人技术,7,9
personalities,个性,23
phantom vibration syndrome,震动幻觉综合征,115
problematic users,问题用户,23,47,54
psychological effects,心理效应,115,122,144
psychological processes,心理加工,144
radiation exposure,辐射暴露,23,47,49,52
rational thinking,理性思考,3,21
reuse,重新使用,85,91,100
science of mobile phone behavior,手机行为科学,1,11
screen time,屏幕使用时间,85,110
security,安全保障,57,72 - 73,78,83,185,190 - 191,193,212 - 213
sexting,色情短信,23,33,45,54,85,97,215 - 216,220 - 221
simple diagram,涂鸦,276
six-step sequence,六步序列,21
social effects,社会效应,115,124 - 125,144
special characteristics,特性,29,45,54,56
structural equation modeling,结构方程模型,280
summary diagram,概要图,277
system,系统,3,270 - 275,283 - 284
tablets,平板电脑,215,234
technologies,科技,146 - 151,155,158,161,164,170 - 171,177,182 - 186,190,194,196 - 199,204,206 - 207,209 - 213,242 - 243,246,252,254,256,259,261,263,265 - 266,268
technology-based mobile phone behavior,基于技术的手机行为,11
text,文本,215 - 217,222,224 - 225,227,239
text-based interventions,基于文本的干预,269
texting,发短信,57,61,65,67 - 68,72,74,78,81 - 83,215 - 217,220 - 222,225 - 226,230 - 231,237,239 - 240,248,252,256,258 - 259,263,269
tweeting,Twitter 使用,85,110 - 111,113
use,使用,85,89,95,106
user-based mobile phone behavior,基于用户的手机行为,11
users,用户,146 - 149,154,157,161,164,167 - 168,170,173,176 - 177,182 - 189,194,196,198,200 - 202,204 - 206,211,214,242 - 246,250 - 252,256,258 - 259,261 - 263,265 - 266,268
visual impairment,视觉损伤,23,46,49